国防科技知识普及丛书

航 天

栾恩杰　总主编

宇航出版社

强大的國防是和
平的坚强保障

劉華清

一九九九年十一月

《国防科技知识普及丛书·航天》

主　　审：王礼恒　夏国洪

副 主 审：王俊峰

技术顾问：陈德仁　刘承熙　张庆伟

主　　编：郭瑞霞

副 主 编：仇伟立　王庆人

编写人员：仇伟立　王庆人　刘　杭

出版人员：肖沛雨　李之聪

总　序

放眼全球，和平与发展成为主要潮流，但当今世界并不太平。第二次世界大战以后，尽管在较长时期大战没有打起来，但各种局部战争从未间断过。面对复杂、多变的国际形势，以及高科技武器的不断出现，我们更加深切地认识到：人类化干戈为玉帛、铸剑为犁的时代还远远没有到来。强权政治还在大行其道，弱小民族仍在备受欺凌。无情的现实提醒我们：努力提高国防科技水平、加强国防科技工业建设、坚定不移地增强国防实力是多么重要！

我国国防科技工业创建已近50年。回首新中国建国初期，我国物质技术基础十分薄弱，科学技术与工业水平相当落后，综合国力不强而又屡遭敌对势力禁运、封锁。在当时那种情况下，毛泽东同志高瞻远瞩，确立了积极防御的战略。党中央、国务院和中央军委果断决策，独立自主、自力更生地发展我国国防科技工业，建成了包括核、航天、航空、兵器、船舶、电子等行业的独立完整的国防科技工业体系，完成了从常规武器到尖端武器的许多研制任务，大大增强了国防实力。国防科技工业战线上的广大科技人员、干部和工人埋头苦干、无私奉献，以自己的聪明才智为确保我国的独立与安全、争取和平的建设环境作出了重大的贡献。邓小平同志指出："如果六十年代以来中国没有原子弹、氢弹，没有发射卫星，中国就不能叫有重要影响的大国，就没有现在这样的国际地位。"这一切都使我们深深感到：国防科技工业战线几十年来的成就来之不易，老一辈无产阶级革命家的战略决策何等英明！

1999年是中华人民共和国建国五十周年，也是人类即将跨入二十一世纪具有特殊意义的一年。国防科工委组织编写《国防科技知识普及丛书》奉献给广大读者，一是迎接世界新科技革命的挑战，贯彻"科教兴国"的发展战略，亟需提高全民科技素质。提高全民科技素质离不开科普工作，把国防科学技术知识较为系统地、准确地介绍给读者，普及科技知识，反对伪科学的歪理邪说，是我们工作在国防科技工业战线的同志们的义不容辞的责任；二是作为国防科技工作者，我们感到有一种历史赋予的责任：要向祖国人民汇报国防科技工业战线几十年来艰苦奋斗的历程和取得的成就，深入进行爱国主义教育，不断增强国防观念；三是希望《国防科技知识普及丛书》的面世，能使更多的青少年读者提高科技情趣，认真学习科技知识，立志投身到国防科技工业战线上来，像老一辈国防科技工作者那样，为祖国更加繁荣强大而继续拼搏。

愿广大读者从《国防科技知识普及丛书》中汲取知识的力量，感受历史的辉煌。

刘积斌

一九九九年八月十九日

卷首语

近年来，在电视屏幕上频频出现的中国火箭成功发射卫星的镜头，一方面使观众充满了喜悦和自豪，一方面又激起了无数观众的好奇心：什么是航空、航天、宇宙航行？什么是导弹、火箭？它们之间有什么区别、又有什么联系？火箭为什么能在没有大气的空间飞行而飞机却不能？人造卫星和人们的日常生活有什么关系？人类去火星干什么？多年来显得颇为神秘的中国航天事业是怎样发展起来的？……

《国防科技知识普及丛书·航天》很高兴能较为系统、准确地回答这些问题。

本卷开篇，从中国古代火箭讲起，把人类数百年来发展航天技术的历史画面一幅幅重现。创业篇讲述新中国的导弹与航天事业是怎样起步的。导弹、运载火箭、卫星各篇中，中国航天事业几十年的历程和成就历历在目；相关的科技知识和国外的主要进展将使读者大开眼界。终篇，则把人类已经取得的载人航天成就和航天活动的未来展现在读者面前。

相信读者在读完本书后会掩卷沉思：航天技术并不神秘，但它是迄今人类取得的全部高科技成果的结晶；人类进军宇宙的每一步是多么艰辛，而开发宇宙的前景又是多么美好灿烂！

相信读者更会为中国航天已经跻身于世界先进行列而感到无比自豪；同时也会深深体会到：在21世纪即将到来之际，我们还必须用精良的高科技武器，包括各种导弹武器和军事航天器来确保国家的独立与安全，粉碎任何分裂祖国的图谋。

中国人民是不可战胜的！掌握了先进的航天技术的中国人民更是不可战胜的！中国人民也真诚地希望：下个世纪的航天技术能更多地造福于人类社会，而不是用于战争。

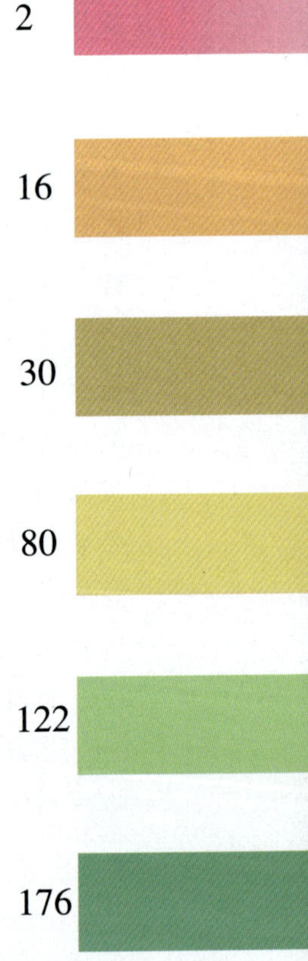

2
16
30
80
122
176

目　录

太空梦

创业

导弹

运载火箭

人造地球卫星

飞向太空

中国——火箭的故乡

中华民族有充足的理由为自己祖先的智慧感到自豪——中国是火箭的故乡。这里所说的火箭，不是指用弓弩射出的、箭头上绑着燃烧物的火箭，而是指靠自身喷气向前推进的、与现代火箭推进原理相同的火箭。据史书记载，中国产生喷气推进的火箭的年代应不迟于12世纪，距今已有800余年。

明代史书上记载的军用
"神火飞鸦"。顾名思义，
外形如乌鸦，用细竹或芦苇
内部填充火药。鸦身两侧各
支"起火"，"起火"的药筒
和鸦身内的火药用药线相

作战时，用"起火"的推力将飞鸦射至100丈开外。飞鸦落地时恰好内装的火药又被点燃，爆炸的飞鸦宛如今日的火箭弹。

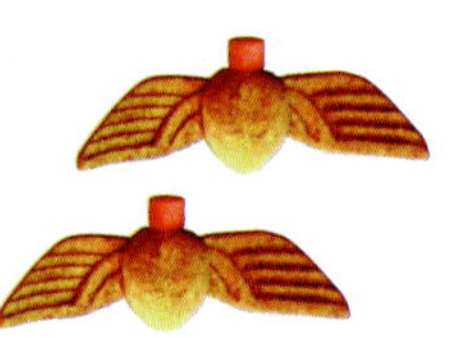

原始的火箭弹——震天雷炮，靠自身装药燃烧推进，记载于明代史书。

名为"一窝蜂"的中国古代军用火箭，是用木制桶状发射器安放32支绑附火药筒的箭矢，再用总药线将32支箭连在一起。作战时，将它埋在地下，点燃总线，箭犹如蜂群飞出，杀伤敌人。火药燃烧产生的喷气推力代替了弓弦产生的弹力，喷着火焰的利箭想必速度更快、射程更远、更具杀伤力。

各式各样的集束火箭武器，当年在阵前一定发挥过极大的威力。其中一种需要人力抬着发射。可以想象，那些怀抱着火药桶的士兵们具有何等的勇气！

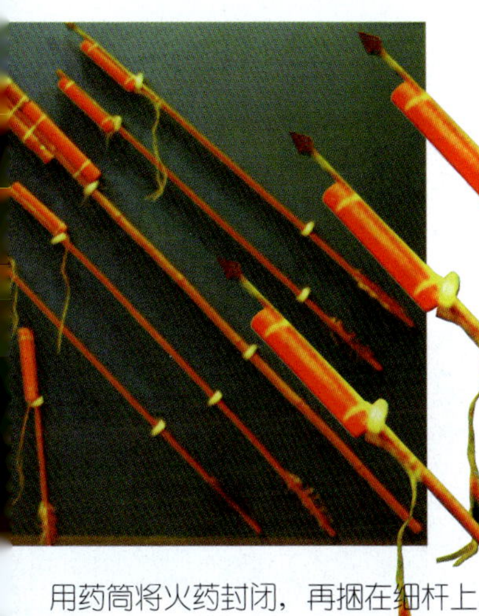

用药筒将火药封闭，再捆在细杆上，名为“起火”。和平时期用作喜庆活动的“烟花”，战时可以用作联络信号。13世纪以后的中国元、明时代，火箭武器已有很大发展。到了16世纪，抗倭名将戚继光已在军中大量装备火箭。箭长5尺以上，都附火药筒，能远射300步，倭寇见之丧胆。

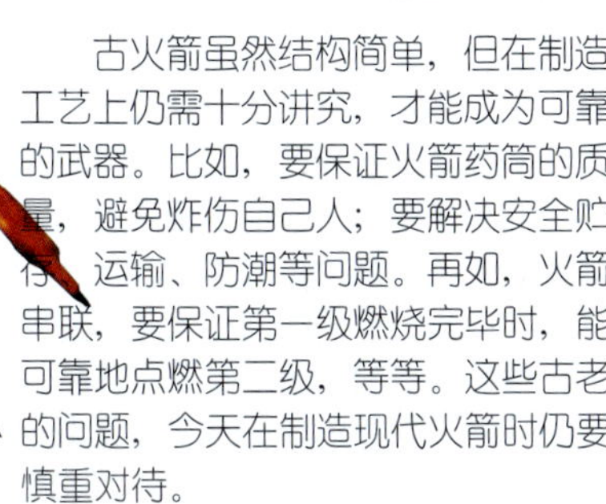

古火箭虽然结构简单，但在制造工艺上仍需十分讲究，才能成为可靠的武器。比如，要保证火箭药筒的质量，避免炸伤自己人；要解决安全贮存、运输、防潮等问题。再如，火箭串联，要保证第一级燃烧完毕时，能可靠地点燃第二级，等等。这些古老的问题，今天在制造现代火箭时仍要慎重对待。

名为“火龙出水”的军用火箭，专用于水战。竹筒制的龙内装火箭，外装“起火”。“起火”将龙身射至空中，又点燃龙身内的火箭，于是火箭再次射出。这已经相当于一种两级火箭了。

火药是中国古代四大发明之一。最早的黑色火药配方，见于被后人尊为“药王”的唐代医药学家孙思邈（581～682）所著《丹经》一书中。火药一出现，就被用于喜庆活动和军事。起初，火药只是被当作燃烧物。后来，人们发现火药燃烧时能产生大量气体，封闭在筒状物里的火药燃烧时能产生推力，火药就成了“推进剂”，能推动火箭前进。

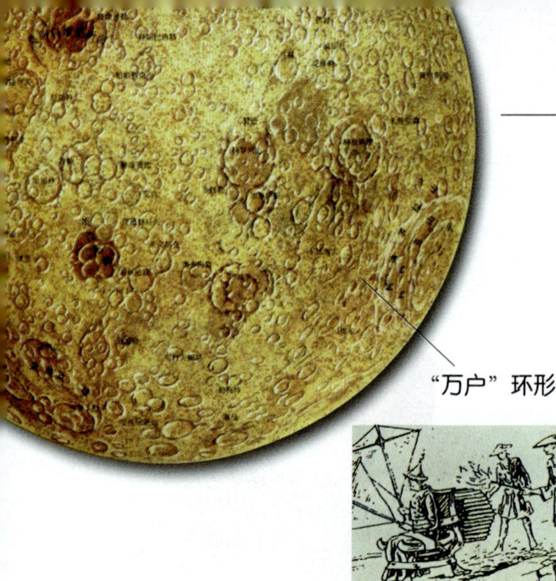

"万户"环形山

奇妙的幻想　　勇敢的探索

我们祖先基于一定科学道理的大胆想像，曾给人类航天技术发展史增添了多姿多彩的一笔。时至今日，人们仍然会惊叹万户的才智和勇气；而优秀的科幻作品则具有永恒的魅力，并给几代立志献身航天的人以启迪。

相传在14世纪，中国明代的一位工匠万户进行了人类历史上第一次借助火箭的力量飞行的试验。他让助手把自己捆在坐椅上，在椅后安装47支当时最大的火箭，然后双手各持一面大风筝。万户设想，火箭同时点燃后，火箭产生的推力和风筝提供的升力将使他飞上天空。这一尝试虽然失败，却被6个世纪以后的国际航天史学家公认为人类试图利用火箭升空的首次壮举。现在看来，万户的确是进行了一次科学探索。他考虑到了升空需要推力和升力，利用了当时所能提供的最先进的技术手段，并勇敢地亲自实践直至献身。

为纪念这位先驱者，国际天文学会已将月球背面"东方海"附近的一座环形山以"万户"命名。月球背面的环形山多以世界著名的古今科学家和哲学家的名字命名，900千米宽的月面盆地"东方海"是月球上最壮观的地貌之一。万户高踞"海"边的山脊之上，永久地凝视着深不可测的宇宙，总算弥补了当年飞天壮志未酬的遗憾！

古老智慧的中华民族有丰富的想像力，隋唐时代出现在敦煌莫高窟的壁画，就描绘了仕女飞天的奇妙景象。也许负责研制军械的明代工匠万户随大军征战到过敦煌，在被飞天壁画深深吸引之后开始了他自己的飞天探索？

法国科幻小说大师儒勒·凡尔纳（1828～1905）在他的作品中令人惊奇地预见到许多未来的科学发明，包括人类挣脱地球引力进行太空旅行。他在1865年发表的《从地球到月球》一书中，讲述了三个探险家乘一颗空心炮弹，由一门巨炮发射升空去月球探险的故事。故事里的主人公没能到达月球，空心炮弹变成了月球的卫星，而他们的天文学家朋友则坚定地相信探险家们一定能返回地球。

英国主教、历史学家哥德温于1638年出版了《月中人》一书，描绘了英雄冈萨雷斯去月球旅行的故事。

凡尔纳科幻小说《从地球到月球》一书的封面。探险家们乘坐的巨型炮弹由“哥伦比亚”炮发射，而美国于1981年4月发射的航天飞机也被命名为“哥伦比亚”号；书中的发射地点为佛罗里达半岛西侧的坦帕城，而半岛东侧距坦帕城约170千米处即是今卡纳维拉尔角肯尼迪航天中心。如此惊人的巧合，实在令人赞叹！

公元10世纪以来，蒙古高原上就居住着很多游牧部落。13世纪初，成吉思汗（铁木真）统一了蒙古各部族，继而攻击华北的金朝，征服俄罗斯，陷中原后复又西进，攻灭中亚阿姆河下游的古国花拉子模（位于今乌兹别克斯坦共和国境内）。至1227年成吉思汗去世前，蒙古帝国已从今北京扩展到黑海。公元1241年和1257年，成吉思汗的继承者又两次西征，建立了一个横跨欧亚大陆的强盛帝国。

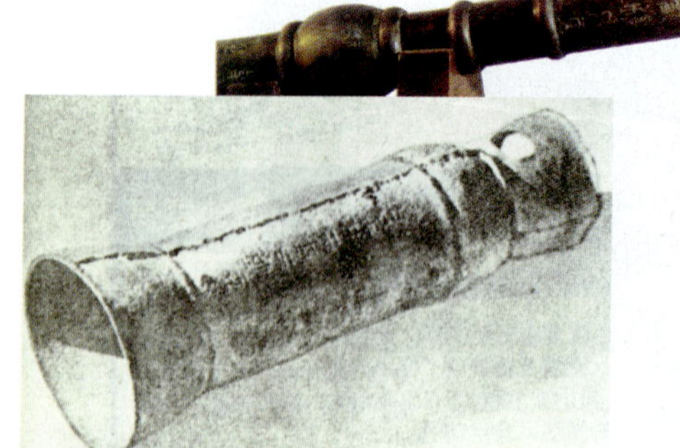

古火箭技术远传欧洲

战争是传播先进军事技术的重要途径。13世纪以后，包括中国古火箭在内的先进军械技术，开始沿各种渠道西传，远至欧洲，使只知道使用长矛、佩剑的欧洲骑士受到极大的震撼。

英国军官康格里夫于1806年造出了军用火箭，多次用于实战。

蒙古军在征战中先是领略了10世纪北宋时代以来已陆续在中原出现的火箭武器的厉害，进而缴获了一些火箭，又俘虏了专门制造火箭的中原工匠和技师以充实自己的军械制造力量。随蒙古军西征的火箭工匠们就这样成了交流军事技术的使者。

史书载，花拉子模古国曾于7世纪前后被阿拉伯人征服，而阿拉伯又紧连欧洲。于是，一条自中国经由阿拉伯到欧洲的火箭技术传播之路就这样形成了。

公元1260年，忽必烈即位蒙古大汗，1271年建立元朝，将金中都改为元大都作为都城。蒙古游牧民族到达中原后，面对古老灿烂的华夏文明“遵用汉法”进行统治，长期遭受战争破坏的生产力得以恢复。

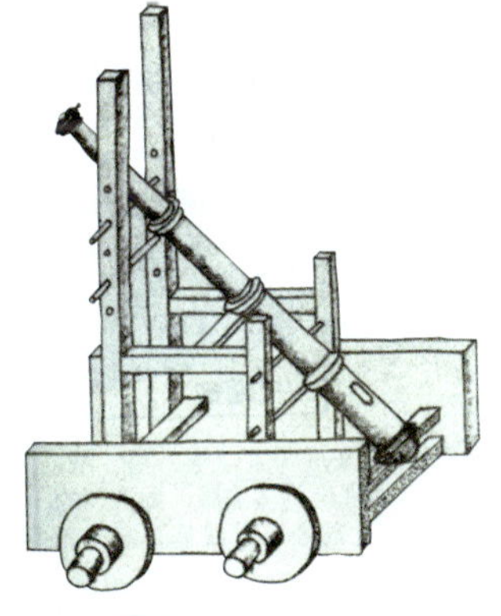

元朝统治时期，中国成为当时世界上最强大最富庶的国家，声誉遍及欧亚非三洲。中国的罗盘、火药、印刷术等在中外友好交往中传入了欧洲。威尼斯人马可·波罗的游记激起了西欧人对中国文明的向往。可见华夏文明的西传，主要并不是通过残酷的战争。

中国明代郑和的船队下西洋，许多先进技术经由印度也传入了欧洲。郑和船队是友好使者，所携带的火箭应当是用作礼仪和庆典活动的烟花而不是用作武器。中国的火箭技术在如此祥和的气氛中西传，一定给当时与我国交往的各国留下了中国人爱好和平的深刻印象。

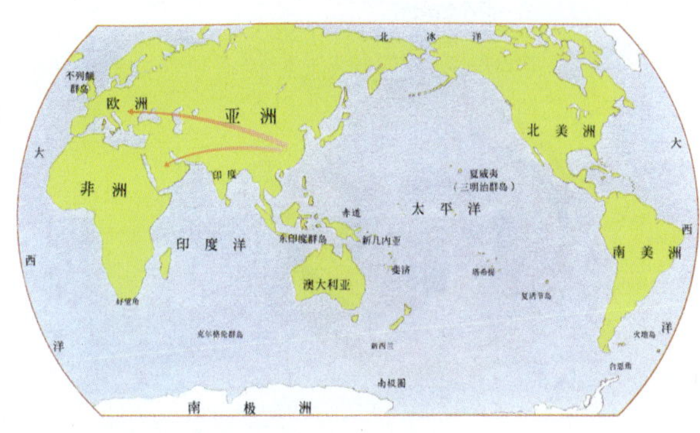

从哥白尼到牛顿：迈入正确认识宇宙的大门

哥白尼（1473～1543）

伟大的波兰天文学家哥白尼的不朽著作《论天球的运转》提出了和基督教义格格不入的日心说，即宇宙的中心是太阳而不是地球。此前，古希腊天文学家托勒密的地心宇宙体系在天文学中占统治地位达1300年之久，而且后来得到宗教神学的支持，哥白尼学说则彻底改变了人类对宇宙的认识。哥白尼对宇宙的具体构想是：宇宙以太阳为中心，行星都附在天球上围绕太阳转动，最外层是静止的“恒星天”。这种认识显然和实际仍有很大距离，这恰好说明人类对宇宙的正确认识不是一次、也不可能是一次就能完成的。哥白尼学说使人类踏进了正确认识宇宙的大门。也可以说，人类真正进入太空的壮举，始于近500年前的“哥白尼革命”。

哥白尼的著作《论天球的运转》旧译《天体运行论》。比较起来,新译法更为准确，因为当时哥白尼认为转动的是整个“天球”，而不是单个的天体。

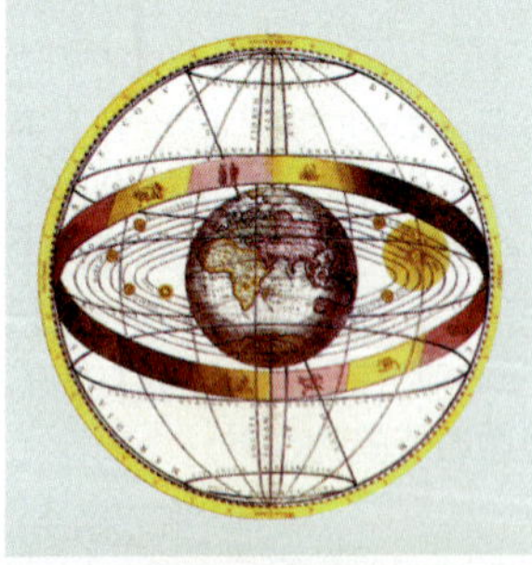

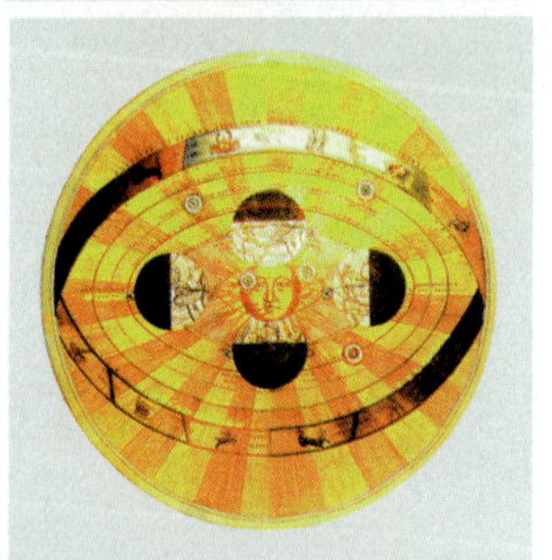

伽利略（1564～1642）

意大利科学家伽利略最先把科学实验和数学分析相结合，在物理学、天文学、数学等领域作出了重大贡献，被尊为近代物理学之父。他对惯性运动和落体运动的研究，为以后牛顿创立物体运动的第一和第二定律奠定了基础。他用自制望远镜观察天体，发现了木星的4颗大卫星、月球上的山和山谷、太阳黑子以及金星位相变化等。1632年，伽利略发表《关于托勒密和哥白尼两大世界体系的对话》,支持哥白尼的日心说,触怒了罗马教廷，次年被宗教裁判所处以8年软禁。本世纪80年代初，以教皇保罗二世为首的罗马教廷正式宣布，350年前对伽利略的审判是错误的。

在伽利略去世320多年以后，乘阿波罗15号飞船登月的宇航员斯科特将一把锤子和一根羽毛带上了月球，在没有大气的月球上做了有趣的自由落体试验。结果当然是轻柔的羽毛和沉重的铁锤同时落到月面。

伽利略登上比萨斜塔做自由落体实验的传说现在无法考证，也许更多地出自故乡人民对自己伟大儿子的怀念之情。

开普勒（1571～1630）

欧洲文艺复兴时期的德国天文学家开普勒是哥白尼学说的坚定拥护者。在丹麦天文学家第谷的丰富的天文观测资料基础上，他深入研究并陆续发现了行星运动的三大定律：所有行星在围绕太阳的椭圆轨道上旋转，而太阳位于椭圆的一个焦点上（第一定律）；太阳至行星的矢径在相等的时间扫过相等的面积（第二定律）；行星公转周期的平方与它到太阳距离的立方成正比（第三定律）。特别是开普勒第二定律，对牛顿后来建立万有引力定律起了关键性的作用。行星在椭圆轨道上运动的理论使开普勒正式建立了太阳系的概念，是人类正确认识宇宙的里程碑。

牛　顿（1642～1723）

天才的物理学家和数学家牛顿于伽利略辞世的当年年末出生于英国一个农民家庭。在他出生前的近一个世纪里，由伽利略、开普勒等科学家开创的近代物理学研究为牛顿的研究铺平了道路。以他名字命名的力学三大定律和万有引力定律构成了近代物理学的基础。牛顿还是微积分学的创始人，在光学方面也有划时代的研究成果。他的《自然哲学的数学原理》是近代科学史上最伟大的著作。

【牛顿定律和万有引力定律的表述】

牛顿第一定律：一切物体在没有受到外力作用时，总是保持匀速直线运动状态或静止状态，直到有外力迫使它改变这种状态为止。第一定律也称惯性定律。

牛顿第二定律：物体受到外力作用时，所获得的加速度与所受外力合力的大小成正比，与物体的质量成反比。加速度的方向与外力合力的方向相同。

牛顿第三定律：两个物体之间的作用力与反作用力总是大小相等、方向相反。

万有引力定律：任何物体都有相互作用力，即引力；力大小与两物体质量乘积成正比，与它们之间的距离平方成反比。

【开普勒第二定律】

相等时间间隔内，太阳和运动着的行星的连线所扫过的面积相等。行星运动近日则快，远日则慢。

牛顿为世人所熟知。讲牛顿看苹果落地而发现万有引力定律的故事成了全世界对儿童的科学启蒙教育。科学上的重大发现当然不会在看苹果落地的一瞬间完成；但牛顿很可能通俗地向他的听众讲解说，使苹果落地的重力和支配行星运动的力是相同的力，是普遍存在的，也就是“万有引力”。

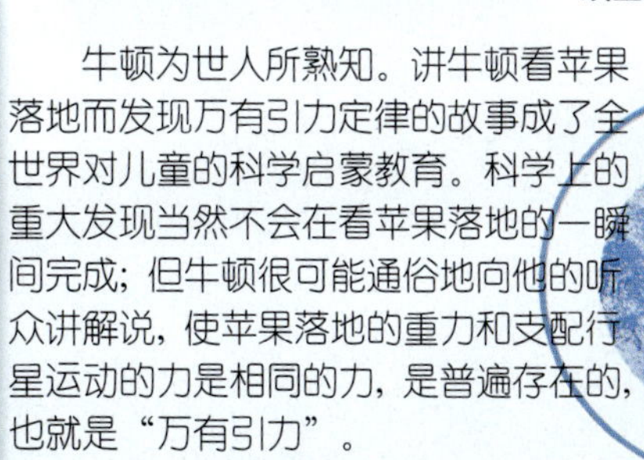

宇航科学理论的奠基人
火箭技术的工程实践者

进入20世纪，科学技术的发展，使科学家开始认真思考人类进入太空的问题。俄罗斯科学家齐奥尔科夫斯基被公认为宇宙航行理论的奠基人；而在工程实践方面，戈达德、奥伯特和布劳恩则是杰出的代表。

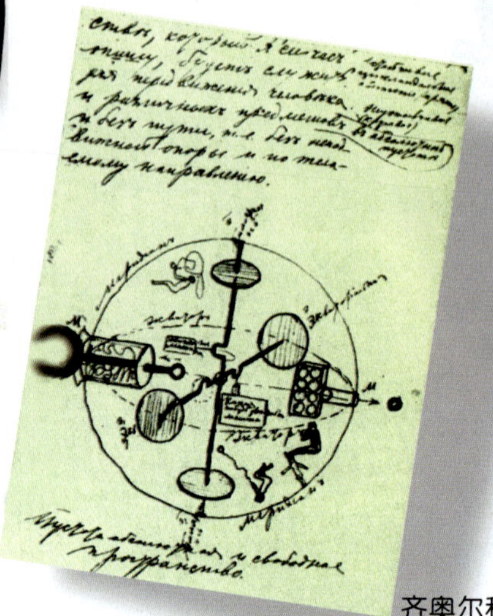

齐奥尔科夫斯基手稿

齐奥尔科夫斯基绘制的宇宙飞船外形像一滴横卧的泪珠，前部为宇航员座舱，后部为燃料贮箱。液体推进剂在锥形喷管中燃烧膨胀，然后喷射出去。齐奥尔科夫斯基自学成才，一生从未制造过他所构思的火箭，却被全世界公认为现代宇宙航行之父。

齐奥尔科夫斯基1857年诞生于沙皇时代，9岁时因病辍学，靠自学获得了渊博的数理学识。他从1896年起对喷气飞行器进行系统的原理性研究，绘制了宇宙飞船示意图，并于1903年发表了《利用喷气装置探索宇宙空间》。这一论文和以后的其他著作，论证了有关宇宙航行的若干理论和工程实现问题。这些问题包括：靠空气提供的升力是不能进入太空的，要在宇宙空间飞行，必须使用自带推进剂、不依赖空气的火箭发动机；宇宙航行应使用如液氧－煤油那样的高能液体推进剂，可以用液体燃料泵调节流量，控制火箭推力；要挣脱地球引力和克服空气阻力飞出地球，单级火箭还做不到，必须用多级火箭接力，等等。这些理论以及他推导出的计算火箭在发动机工作期间获得速度增量的齐奥尔科夫斯基公式，奠定了宇宙航行学的重要理论基础。

齐奥尔科夫斯基于1935年病逝莫斯科西南的卡卢加小镇。列宁和维埃政府对他晚年的研究工作非常心并给予了很大支持，他生前的居地已成为纪念这位宇航理论家和思家的博物馆。

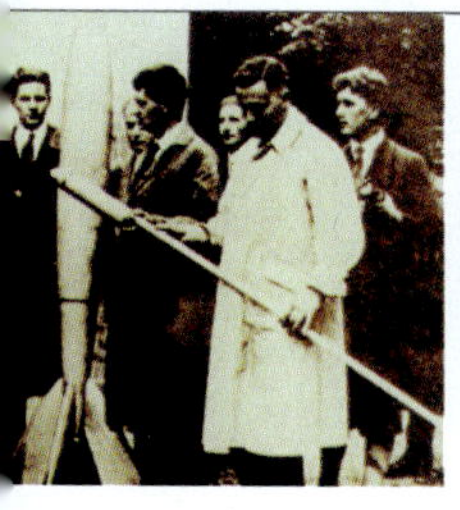

德国火箭工程的创始人奥伯特1894年生于罗马尼亚，是一名数学和物理学教授，后来参加过V-2火箭的研制。他于1923年发表了著作《飞向星际空间的火箭》，确立了火箭在宇宙空间推进的基本原理并对液体燃料火箭、人造地球卫星、宇宙飞船、空间站进行了研究和探讨。1929年，他开始设计名为“锥形喷管”的小型液体推进剂火箭。这种火箭的制造成功是德国火箭技术史上的一个重要里程碑。

美国科学家戈达德（1882～1945）是第一个把齐奥尔科夫斯基的液体火箭理论付诸工程实践的人。他于1926年3月16日发射了世界上第一枚使用液氧－煤油的液体燃料火箭。这枚火箭仅飞行了2.5秒钟，飞行距离为56米，平均速度为103千米／小时，但在火箭工程史上却具有划时代的意义。

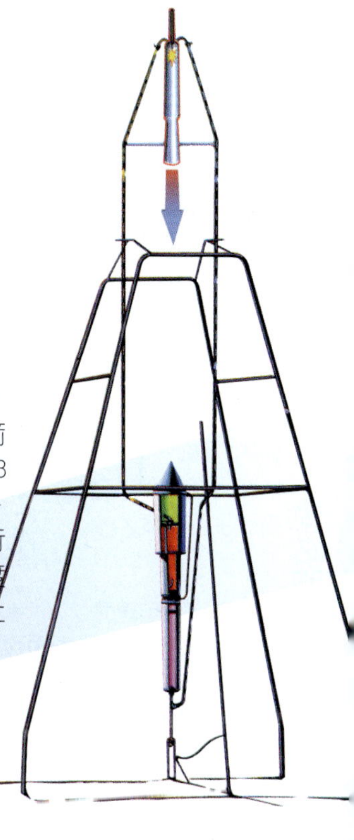

布劳恩（1912～1977）曾是奥伯特的助手，参与了“锥形喷管”的研制工作，1937年到德国佩纳明德火箭研究中心担任技术部主任。到1942年，布劳恩主持研制的A－4液体火箭升高已达85千米，射程达190千米，速度是声速的5倍以上。

后来，希特勒下令将A－4火箭装上弹头攻击英国，这样就出现了为世人所熟知的V-2导弹。

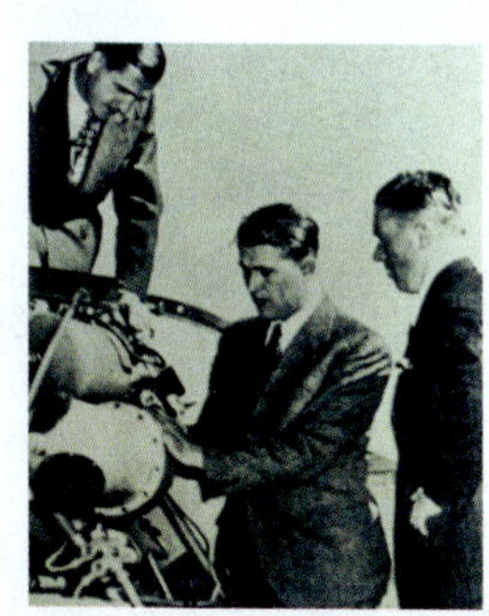

第二次世界大战结束时，苏联得到了纳粹德国的火箭研制设备和资料，美国则得到了布劳恩为首的一批德国火箭专家。布劳恩立即成为美国火箭研制工作的核心科学家，主持了美国第一颗人造卫星的研制和阿波罗登月计划。

V-2导弹在第二次世界大战中曾给英、法、比利时人民带来巨大恐怖和灾难。据1998年初发现的照片披露，在佩纳明德火箭中心于1943年８月遭英国空军轰炸、大部分设施被摧毁后，导弹工厂迁至德国中部的哈茨山区，建在诺德豪森地下60米深处，由集中营的囚徒继续生产V-2导弹，至1945年３月共生产约6000枚。

齐奥尔科夫斯基平生没有制造过一枚火箭，为什么仍被公认为现代航天器和火箭理论的奠基人？

第一、第二、第三宇宙速度

航天器的速度是宇宙航行中最核心的问题。若发射或起飞的角度适当，航天器的飞行速度就决定了它能否飞入太空以及飞到太空的什么地方。

第一宇宙速度是从地球表面发射的人造卫星应该具备的最低速度。

可绕地球自由旋转而不落地的物体，当其旋转半径等于地球半径时所具有的速度称为第一宇宙速度。

第一宇宙速度 $V_1=\sqrt{gR}$

其中，g为地球表面引力常数($=9.81$米/秒^2)

R为地球半径($=6371$千米)

这样可以算出

$V_1=\sqrt{9.81\times 6371000}$

$=7910$（米/秒）

$=7.91$（千米/秒）

人造地球卫星在离地球表面几百千米以上的高空飞行，地球对它的引力比对它在地面时的引力要小，卫星的速度也略小于第一宇宙速度。

第二宇宙速度是物体摆脱地球引力围绕太阳运动应具备的速度。

从地球表面发射一个能永远离开地球引力场的物体所需速度(只计引力作用，不计空气阻力)称为第二宇宙速度。第二宇宙速度又称逃逸速度，即永远离开地球所具有的速度。计算第二宇宙速度时要用到积分学，但其结果形式很简单，即 $V_2=\sqrt{2gR}=\sqrt{2}V_1$， 这样就算出$V_2=\sqrt{2}\times 7.91=11.18$（千米/秒）。

物体脱离太阳系引力场所需的最小速度称为第三宇宙速度。

第三宇宙速度

$V_3 = 1.4875\sqrt{2gR} = 1.4875\ V_2 = 16.63$（千米/秒）

第三宇宙速度是物体摆脱太阳系引力飞向太阳系以外的空间应具备的速度。

目前，人类在地球上的奔跑速度可以达到每秒 10.21米，接近生理极限。

从第一、第二、第三宇宙速度的概念可以看出，如果你站在地球表面向前方抛掷一物体，当角度适当时，物体速度越快(即得到的运动能量越大)，抛出的距离就越远。如果你有本领使抛出的物体速度达到7.91千米/秒，那么物体就不会再落地，而是绕地球旋转起来；速度达到11.18千米/秒时，物体就会永远离开地球；速度再快达到16.63千米/秒时，物体就会离开太阳系，飞向深不可测的外太空。但要注意，这时你要使物体飞行的方向和地球公转的方向一致；如果不一致，所需的速度就不只是16.63千米/秒了。

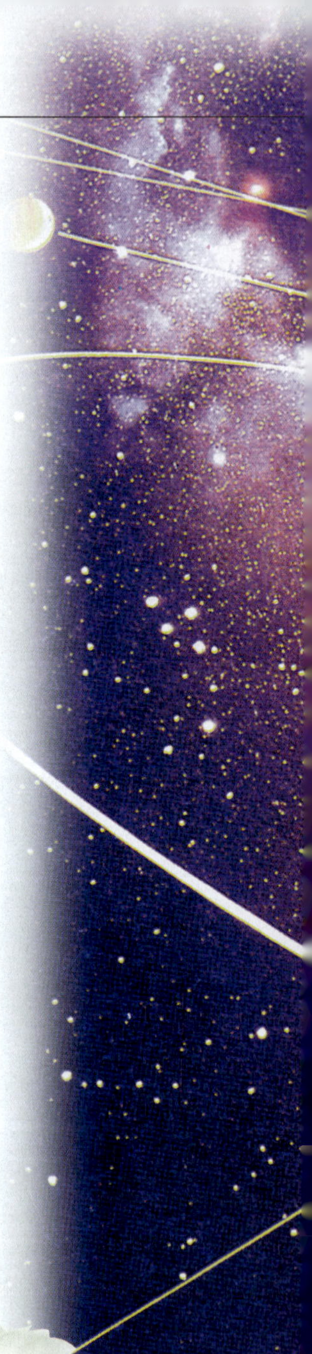

人类进入太空：500年的求索

从约500年前的“哥白尼革命”开始，人类才踏进了正确认识宇宙的大门。正确认识宇宙是人类进入太空的前提。500年来，从牛顿力学到相对论，人类对宇宙的认识不断深化，但仍然没有穷尽。

创建相对论是德国出生的美籍理论物理学家爱因斯坦（1879～1955）最大的成就。

在相对论中，他提出了光速不变原理和认识时间、空间、引力的新概念。他创立的质能方程$E=mc^2$（E为能量，m为质量，c为光速）表明物质粒子可转变为巨大能量，为利用核能开辟了道路。他在“广义相对论”中，对引力本质的认识比牛顿力学深刻得多，牛顿力学解释不了的现象用相对论能很好地说明，而且后来被天文学家的观测所证实。

相对论是人类在认识世界的过程中发展起来的比牛顿物理学更先进的理论体系，使人类更深刻地认识了宇宙。爱因斯坦的智慧使他被誉为现代物理学之父。

晚年的爱因斯坦耗尽精力试图建立“统一场”论，但未成功。这一课题仍是现代物理学的前沿问题，有待于科学家们继续求索。

几个重要的物理学公式，记述了人类几百年孜孜不倦的探索，开辟了人类的通天之路。

$$\sum F = ma$$

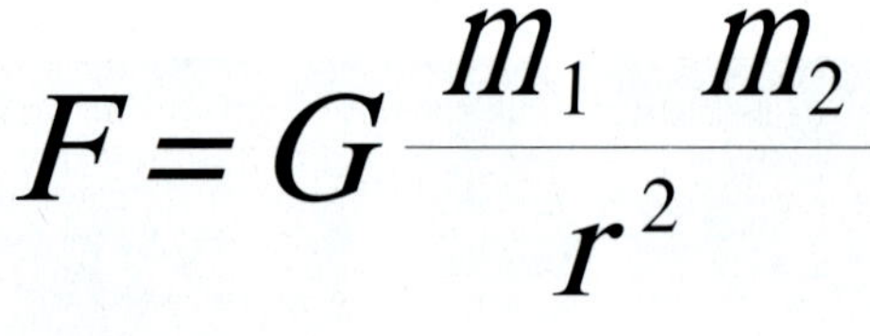

$$F = G\frac{m_1 \quad m_2}{r^2}$$

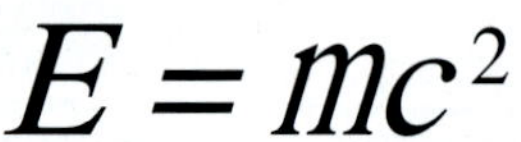

$$E = mc^2$$

按照相对论，引力的“场”是一个“弯曲”的“时间-空间连续场”。这是一个需要有高深的数学物理知识才能理解的理论物理学概念，不能凭日常生活经验去想象，也不能简单地类比。

高瞻远瞩　众志成城

50年代中期，根据当时的国际形势以及毛泽东主席确立的积极防御战略思想，中共中央作出了发展我国国防尖端技术的重大战略决策，先后决定自力更生为主研制原子弹和导弹，自行研制人造地球卫星，统称“两弹一星”。

新中国成立以后，一大批爱国科学家冲破重重阻力，从海外回到祖国参加建设，他们当中很多人成为研制“两弹一星”的骨干力量。

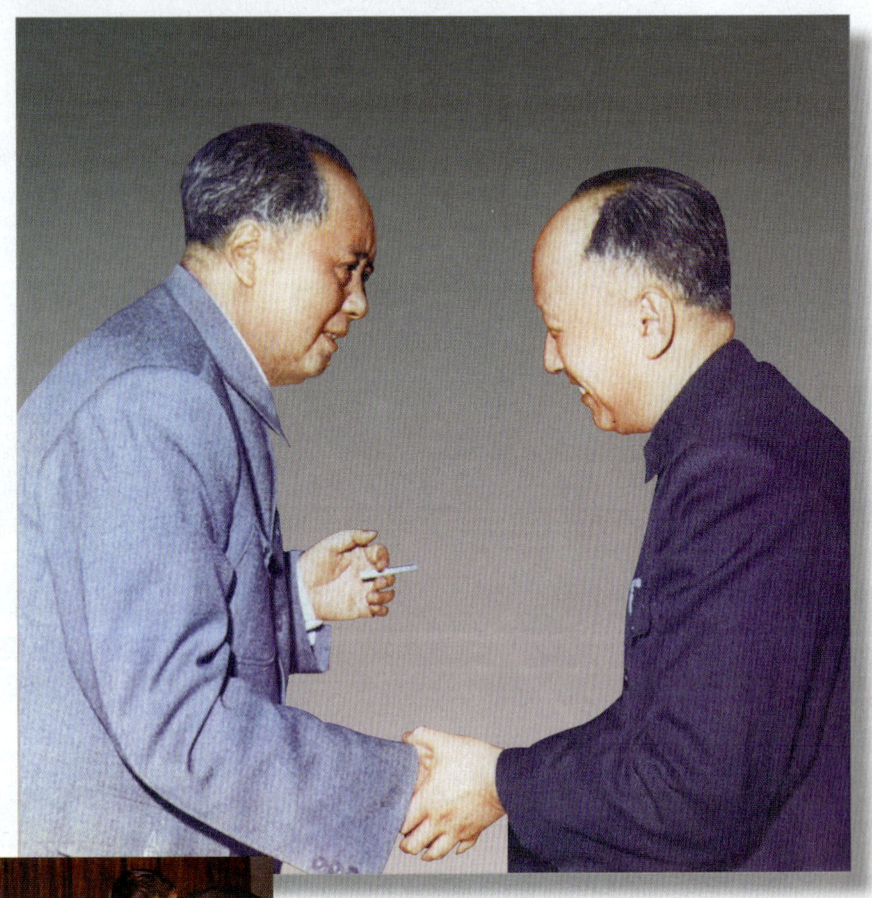

钱学森在国内外都获得过很高的荣誉。1991年，我国政府授予他“国家杰出贡献科学家”称号。江泽民主席称他具有“高度的民族自尊心、民族自信心和民族气节”。

钱学森是50年代回国的爱国科学家的杰出代表。他早年在美国留学，得到力学大师冯·卡门教授的指导，参加过美国火箭导弹技术的研究和教学工作，学术上达到了很高的水平。

新中国成立后，钱学森当即决定回国参加建设。其时，美国参议员麦卡锡操纵美参院调查委员会，制造黑名单，罗织罪名，大肆迫害民主和进步人士，有麦卡锡主义之称，钱学森是受害者之一。他在即将回国之际，被美国当局无理拘留软禁达5年之久。经过中国政府严正交涉，周恩来总理周密安排，钱学森终于在1955年10月回到祖国。

1956年2月，在周总理鼓励下，钱学森怀着对新中国国防事业的强烈责任感，向国家提出了加强国防科技工业建设的建议，还参与了有关规划和计划的制订工作。以后，他历任从事火箭导弹研制的国防部第五研究院院长、中国空间技术研究院院长等职务，为中国导弹和航天技术的发展作出了重大贡献。

周恩来总理坚决贯彻党中央发展国防尖端科技工业的方针并实施具体领导。1956年初，周总理明确提出“向现代科学技术大进军”，亲自领导数百名科学家制订了《1956～1969年科学技术发展远景规划纲要（草案）》，其中包括国防尖端技术和武器装备发展规划。同年，周总理主持中央军委会议，决定组建我国导弹研究机构——国防部第五研究院。周总理亲自调兵遣将，组织起我国最初的导弹研究队伍。

60年代初，党中央决定成立以周恩来总理为主任的中央专门委员会，对核武器和导弹、航天等尖端科技工业实施统一的强有力的领导。以后的10余年间，周总理呕心沥血，具体领导了国防尖端技术战线上的每一次重大试验。他提出的“严肃认真，周到细致，稳妥可靠，万无一失”成为国防尖端科研试验的指针、历次航天发射试验的座右铭。书有这16个字的标语，至今高悬在所有航天产品研制、生产、试验场所。航天工作者们说：看到这16个字，一种强烈的责任感油然而生，敬爱的周总理永远活在我们心中。

1966年6月，周恩来总理视察酒泉导弹发射基地。

1957年9月，以聂荣臻为团长，陈赓、宋任穷为副团长的中国政府代表团赴苏联谈判。10月15日，中苏两国政府签署了国防新技术协定。至1959年6月20日苏共中央单方面撕毁协定之前，苏联政府和人民对建立和发展我国导弹技术事业提供了有益的援助。

中国国防尖端科技工业的领导者聂荣臻元帅，长期担负国家科学技术委员会和国防科学技术委员会的领导工作。他亲临现场组织领导了1966年导弹核武器试验，还组织了远程导弹、人造地球卫星等的研究工作，为中国的国防科技工业特别是航天事业的发展作出了重大贡献。

聂荣臻（左一）率代表团赴苏谈判，右一为代表团副团长宋任穷。

自力更生　艰苦创业

1956年10月8日，中国第一个导弹研究机构——国防部第五研究院宣告成立，钱学森为第一任院长。聂荣臻提出的“自力更生为主，力争外援和利用资本主义国家已有的科学成果”成为五院的建院方针。

经过40多年的拼搏，今天的中国航天科技工业已经跻身于世界先进国家的行列。中国航天人“自力更生，艰苦奋斗，大力协同，无私奉献，严谨务实，勇于攀登”的座右铭已经升华为一种宝贵的航天精神，鼓舞着中国航天人迈入21世纪。

钱学森在五院作报告

为了集中技术力量从事导弹技术研究，根据周恩来总理的决定，从全国各单位选调了30多位专家，加上100多名应届大学毕业生，组成了我国最初的导弹研究队伍。

1958～1960年，这支队伍不断壮大。他们从导弹的概念学起，边学习，边测绘苏联提供的导弹样品，边分析研究，很快掌握了基本的导弹技术。

火箭专家梁守槃

钱学森(左二)和火箭专家任新民(左一)、屠守锷(右二)、黄纬禄(右一)

中国运载火箭技术研究院，前身是国防部五院一分院。

中国长峰机电技术研究设计院，前身是国防部五院二分院。

中国海鹰机电技术研究院，前身是国防部五院三分院。

五院创业之初，一切都要从头做起。研究人员在旧房子、旧机库里开展研究工作，使用的是老式的手摇计算器。

中国科学院与“两弹一星”

中国科学院为中国“两弹一星”的研制成功作出了重大贡献。科学院在尖端技术领域的许多研究代表着当时国内的最高水平。科学院的许多研究项目都和导弹技术有关，如高能燃料、耐高温材料、大规模集成电路、远程雷达、各种光学仪器等。国防部五院的许多研究人员来自科学院。新中国第一代探空火箭由科学院上海机电设计院研制成功。中国第一颗人造地球卫星的技术方案由科学院提出并在基本完成了研制工作后将任务交给了第七机械工业部(原国防部五院)。

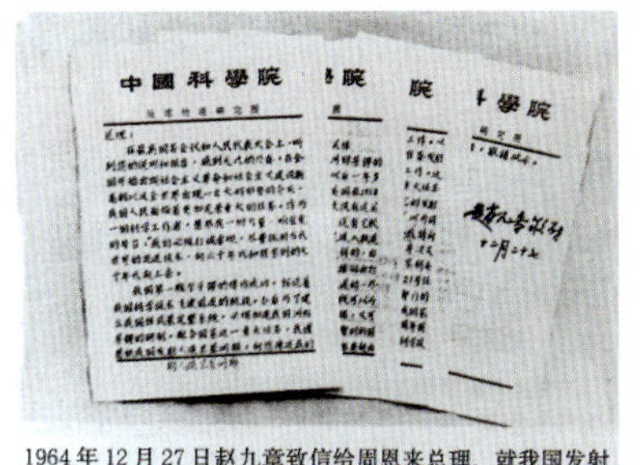

1964 年 12 月 27 日赵九章致信给周恩来总理，就我国发射人造卫星问题提出建议

1964 年 12 月，中国科学院地球物理研究所所长赵九章致信周恩来总理，建议国家尽快制定发射卫星计划。

杰出的地球物理学家赵九章，是我国人造卫星事业的主要倡议者，我国空间科学的开拓者和空间探测技术的先驱。

1958 年，赵九章任科学院专门研究卫星问题的 581 组副组长，组长是钱学森。1965 年，中国科学院组建卫星设计院(651 设计院)，赵九章任院长，开始主持东方红一号卫星的研制工作。他是我国第一批科学院学部委员(院士)之一，为我国的航天事业作出了重要贡献。

担任中国科学院力学研究所所长的钱学森，为科学院科研人员讲授航天课程，出版了著名的学术专著《星际航行概论》。

1958 年 10 月，中国科学院地球物理研究所所长赵九章(右一)率代表团赴苏联，主要目的是考察人造卫星问题。

1956 ~ 1967 年主持中国科学院日常工作的张劲夫(右二)，在周恩来总理、聂荣臻元帅领导下，组织科学院的科学家参与“两弹一星”的研制工作。

我国航天科技工业初创时期，国防部五院和科学院一大批科学家和科技人员走到一起，为祖国作出了特殊贡献。历史将永远记住他们。

中国探空火箭：从 8 公里开始

在我国火箭研制工作的创业史上，探空火箭的研制占有重要的一页，这一页始于1958年。从那以后，生物、气象、地球物理、空间科学试验等多种类型的探空火箭陆续被研制出来，在发展我国的空间科学技术方面发挥了重要作用。

尽管探空火箭是结构简单的无控火箭，但却是新中国的航天人向祖国献上的第一枚真正的火箭。

1960年，上海机电设计院研制成功T-7M探空火箭。

T-7M火箭发射试验场位于上海远郊的东海之滨，人烟稀少、条件艰苦、发射设施简陋：发电站用芦席围成，指挥部设在废地堡里；没有通信工具，总指挥用手势或大声喊话下达命令。创业之初的中国航天人就靠着这种艰苦奋斗的精神研制发射了第一代探空火箭。

1960年2月19日，第一枚T-7M火箭发射成功。4月18日夜，聂荣臻在张劲夫、钱学森陪同下，冒雨来到上海江湾机场内的简易试车台，视察了探空火箭发动机试车。

1960年5月28日，毛泽东参观上海新技术展览会，观看了会上展出的探空火箭，仔细阅读了产品说明，并询问火箭能飞多高，讲解员回答：能飞8公里。毛泽东意味深长地说：8公里那也了不起！他勉励大家：应该8公里，20公里，200公里地搞上去。

T-7M是由液体燃料主火箭和固体燃料助推器串联起来的两级无控火箭。当助推器工作完毕时，主火箭能在空中自动点火。在主火箭飞行到弹道顶点附近时，箭头与箭体分离。箭头和箭体分别用降落伞回收。

探空火箭和高空科学探测活动

探空火箭是在近地空间进行探测和科学试验的火箭。所谓近地空间，是指低于人造地球卫星的低轨道高度的空间。进行高空探测的另一种工具是高空探测气球；而探空火箭比探空气球飞得高，比低轨道运行的人造地球卫星飞得低，是30～200千米高空的有效探测工具。

探空火箭分类

通常将探空火箭按用途（研究对象）分类，比如生物火箭、气象火箭、地球物理火箭等。生物火箭用于外层空间的生物学研究；气象火箭专用于30～100千米高度的大气常规探测，如测大气压力、密度、温度，还可测风速、风向等气象参数；地球物理火箭用于地球物理参数的探测，飞行高度在120千米以上。

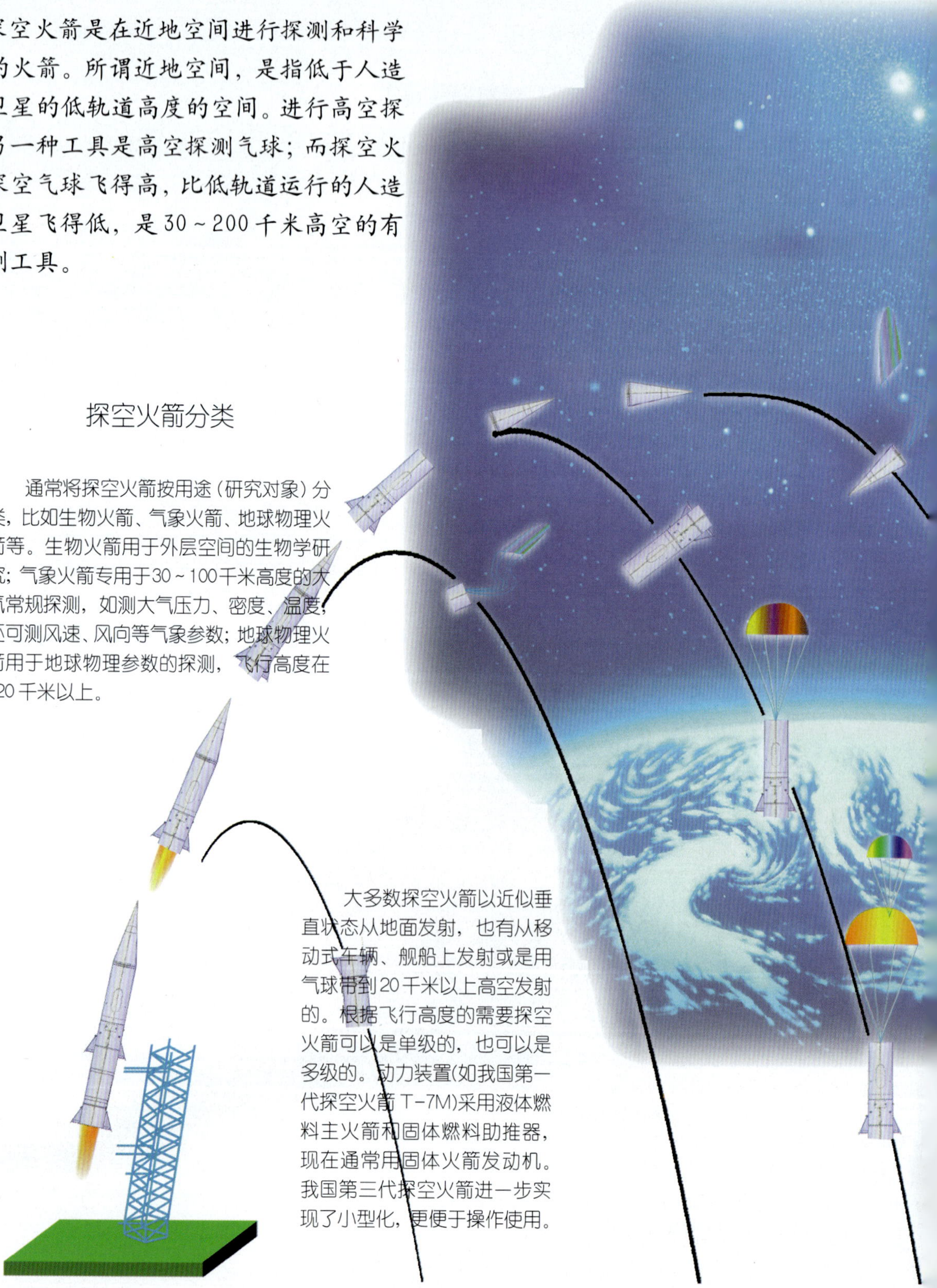

大多数探空火箭以近似垂直状态从地面发射，也有从移动式车辆、舰船上发射或是用气球带到20千米以上高空发射的。根据飞行高度的需要探空火箭可以是单级的，也可以是多级的。动力装置(如我国第一代探空火箭T-7M)采用液体燃料主火箭和固体燃料助推器，现在通常用固体火箭发动机。我国第三代探空火箭进一步实现了小型化，更便于操作使用。

首次乘坐T-7A（S2）生物试验火箭上天的小狗——“小豹”

发射探空火箭获取的资料用途很广，可以为弹道导弹、运载火箭、人造卫星、载人飞船的研制提供环境参数，也可用于天气预报、地球物理学以及空间生物学、医学等方面的研究。探测日食、极光、太阳耀斑等一些短时间出现的特殊自然现象时，发射探空火箭简便、经济，有其独特的优势。

与需要跟踪目标的导弹和需要精确控制落点的运载火箭相比，探空火箭对飞行的弹道和姿态的要求不那么严格，因此一般不设置控制系统，即无控。它只靠尾翼或绕自身纵轴旋转来保证飞行稳定。

探空火箭结构简单、操作方便、准备时间短、发射成本低；在更为复杂、精密的各种航天器纷纷出现以后，探空火箭仍有自己的价值和使用空间。

探空火箭系统由火箭本身、发射装置、地面接收台站和有效载荷（探测用的各种仪器仪表装置）组成。有效载荷一般装在火箭头部的仪器舱内，收集到的信息可发送到地面台站处理，也可将载荷从火箭中分离出来，用降落伞降到地面回收。

50年代，我国导弹事业创业之初，曾受益于当时苏联政府提供的援助。中苏两国政府于1957年10月签订了“国防新技术协定”。正当我国导弹研制人员仿制苏联P–2地地导弹的工作进入决战阶段，由赫鲁晓夫任总书记的苏共中央突然于1959年6月致函中共中央，单方面撕毁协定，撤走专家，中断援助。消息传到正在北戴河召开的中共中央工作会议上，毛泽东说：“要下决心搞尖端技术。赫鲁晓夫不给我们尖端技术，极好！如果给了，这个帐是很难还的。”

50年代，我国取得了抗美援朝战争的伟大胜利。我国工业、农业、文化教育事业飞速发展，社会主义建设取得了巨大

50年代末，苏美核军备竞赛势头正猛。双方加紧研制新型导弹，频频进行核试验，争先恐后企图称霸世界。

肯尼迪和赫鲁晓夫，又要联手搞核垄断，又要互相争夺霸权。

1959年中华人民共和国国庆10周年宴会上的毛泽东主席表情严肃、正气凛然；那位客人则心怀叵测。

就在一年多以前的1958年7月，赫鲁晓夫曾访问中国，公然提出组建联合舰队，派军舰驻守中国港口，还要共建长波电台，眼睛盯着中国主权。对此，毛泽东主席的回答是：**不！**

美国和台湾当局进行以中国大陆为目标的联合军事演习。

苏联全面撕毁协议后，我国的经济建设蒙受严重损失，但在中国共产党领导下，已经站起来的中国人民不会屈服于强权，自力更生、艰苦奋斗的精神从此更加深入人心。

以后谈及于此，毛泽东主席风趣地说过:应该给赫鲁晓夫发一个1吨重的勋章!

我国的国防科技工业就是在这样的背景下，主要依靠自己的力量发展起来的。

中国自己制造的第一枚导弹

聂荣臻和第一枚导弹试验人员在试验基地

导弹武器自第二次世界大战后期在德国问世以来，发展的速度惊人；但由于它昂贵、复杂，50年代还只有几个主要发达国家具备研制导弹的能力，并以导弹武器装备了部队。50年代末，面对大国争霸、复杂多事的国际环境，出于保卫祖国主权不受侵犯的迫切需要，中共中央决定：自力更生，自己制造导弹。

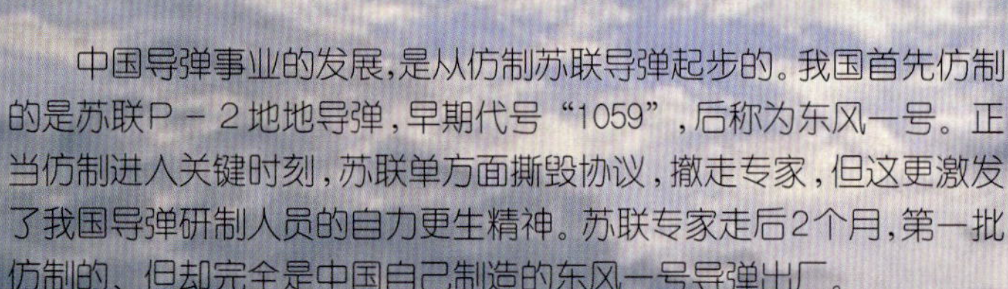

中国导弹事业的发展，是从仿制苏联导弹起步的。我国首先仿制的是苏联P－2地地导弹，早期代号“1059”，后称为东风一号。正当仿制进入关键时刻，苏联单方面撕毁协议，撤走专家，但这更激发了我国导弹研制人员的自力更生精神。苏联专家走后2个月，第一批仿制的、但却完全是中国自己制造的东风一号导弹出厂。

1960年11月5日，中国自己制造的第一枚近程地地导弹东风一号，在酒泉导弹试验基地点火升空，几秒钟后转向正西方向，7分钟后弹头落在目标区内，试验获得圆满成功。

聂荣臻元帅亲赴发射试验基地，指挥了这次具有划时代意义的导弹试验。他兴奋地说：“今天，在祖国的地平线上，飞起了我国自己制造的第一枚导弹。这是我国军事装备史上一个重要的转折点。从此以后，我们有了自己的导弹了。”

近程地地导弹东风一号全长17.7米，最大直径1.65米，起飞时重20.5吨，射程590千米。火箭发动机采用液氧和酒精作推进剂，推力为370千牛。

1960年12月，又进行了两次东风一号导弹发射试验，均获成功。东风一号近程地地导弹制造成功，全面带动了我国导弹研制工作，培养了人才，积累了经验，为今后自行研制导弹打下了坚实的基础。

在首都北京的中国人民革命军事博物馆里，矗立着一枚东风一号导弹——中国人民自立更生造出的“争气弹”，观众至此，无不肃然起敬。遥想当年，大漠戈壁，“争气弹”直上云天，实现了我国导弹从无到有的突破。

从半封建半殖民地废墟上站起来的新中国，仅仅经过了11个寒暑，就有了自己制造的现代化武器——导弹。大国凭借尖端武器使中国臣服的图谋彻底破产了！

人民日报 号外

1966年10月27日星期四

我国发射导弹核武器試験成功

导弹飞行正常，核弹头在预定的距离，精确地命中目标，实现核爆炸

中共中央、国务院和中央军委向参加核试验的解放军指战员、工人和科技人员等热烈祝贺，高度赞扬他们活学活用毛主席著作取得的新成就

中国决不首先使用核武器

导弹飞行正常，核弹头在预定的距离，精确地命中目标，实现核爆炸

中共中央、国务院和中央军委向参加核试验的解放军指战员、工人和科技人员等热烈祝贺，高度赞扬他们活学活用毛主席著作取得的新成就

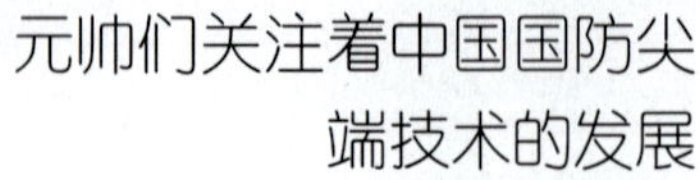

元帅们关注着中国国防尖端技术的发展

贺龙元帅，曾任分管国防工业的中央军委副主席，尤为重视航空航天工业的发展。

彭德怀元帅，在任国防部长期间领导组建了我国第一个导弹研究机构——国防部第五研究院。

刘伯承元帅，50年代主持军事科学研究和教学工作，长期致力于中国人民解放军的正规化和现代化建设。

陈毅元帅，主张不惜一切代价也要把我国尖端技术搞上去的元帅外交部长。

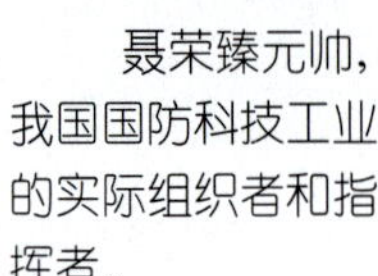

聂荣臻元帅，我国国防科技工业的实际组织者和指挥者。

仿制P-2导弹的近程地地导弹东风一号发射成功以后，导弹研究部门开始独立研制中近程导弹东风二号。从设计到第一枚东风二号导弹出厂，只用了一年多时间；后又根据试验情况修改设计，于1964年6月将东风二号发射成功。

东风二号导弹全长20.9米，最大直径1.65米，起飞时重29.8吨，射程比近程地地导弹提高近一倍。修改设计后的东风二号，射程又增加了20%，成为有实战价值的导弹武器。

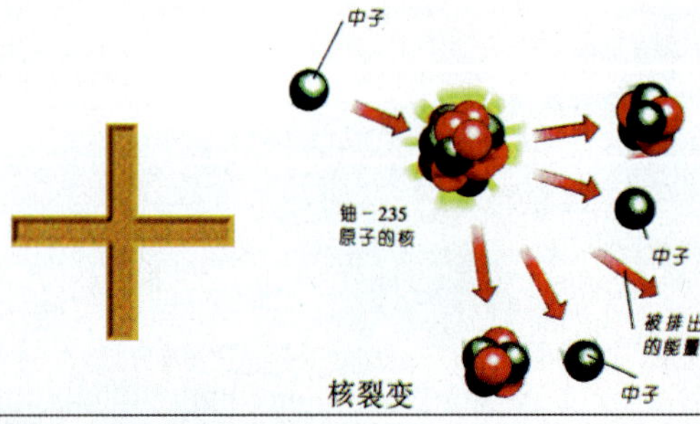

1964年10月16日，我国原子弹爆炸成功，极大地振奋了全国人民。这是一次固定在试验塔上的核爆炸，核弹头还没有装在运载工具上。就在这时，中近程地地导弹东风二号研制成功，原子弹加导弹的“两弹结合”便水到渠成了。

用东风二号导弹装上核弹头，在我国本土上进行“两弹结合”试验，技术上要求非常可靠。为此，先进行了两次成功的不装核燃料的“冷”试验，为真正的“两弹结合”做好了充分准备。

1966年10月27日，东风二号导弹装载着真正的核弹头从试验场升空，向西飞行。核弹头按预定程序分离后，准确到达弹着区上空，在靶心上空距地面569米高度实现核爆炸。“两弹结合”试验圆满成功了！

导弹——形形色色的制导武器

由制导系统导向、靠自身动力推进、用所装备的弹头将目标摧毁的飞行武器称为导弹。

导弹在第二次世界大战后期问世，是半个多世纪以来发展最快的武器。导弹可以在固定阵地上发射，也可以装备在飞机、舰艇或车辆上，有的还能由步兵携带操作。

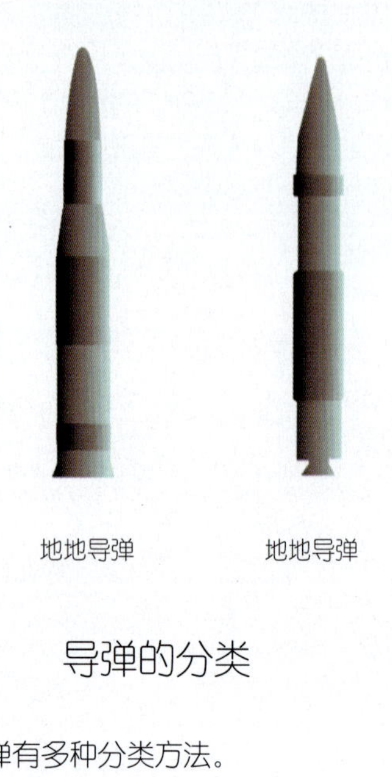

地地导弹　地地导弹　潜

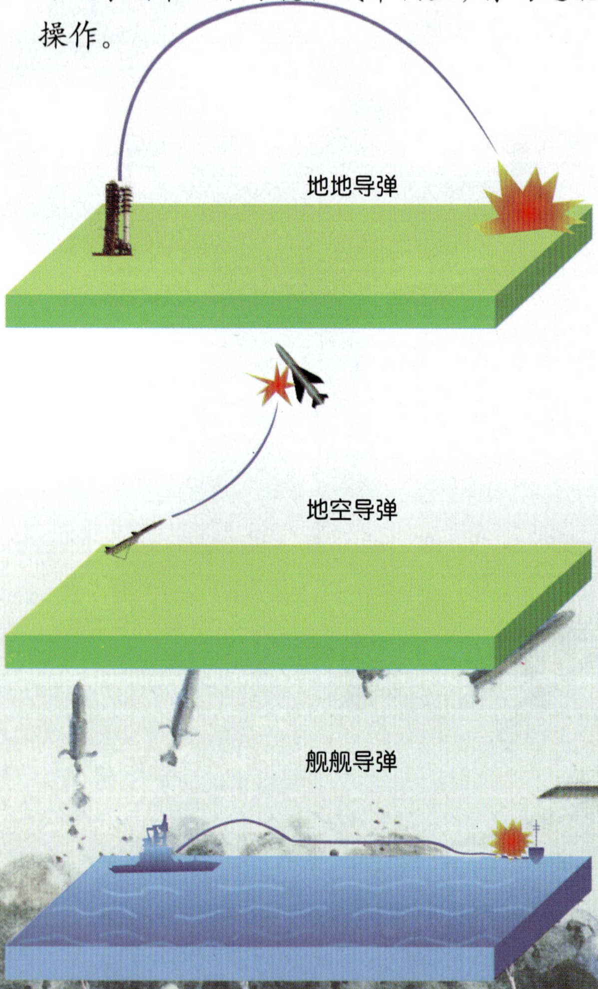

地地导弹

地空导弹

舰舰导弹

巡航导弹

导弹的分类

导弹有多种分类方法。

按其在战争中的用途或作用，可分为战略导弹和战术导弹。

用于攻击敌方政治、经济中心和军事基地、交通枢纽等战略目标的是战略导弹。在战役、战斗中，直接用于作战的是战术导弹。

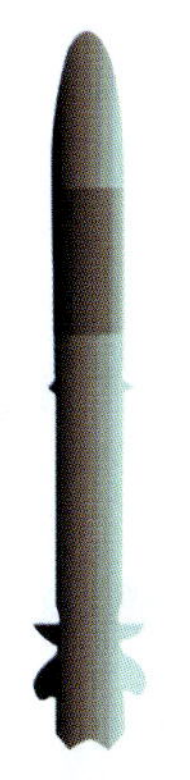

空空导弹

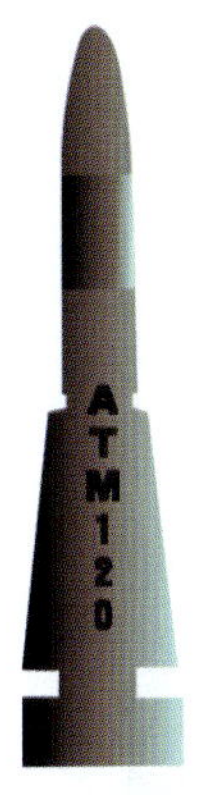

空空导弹

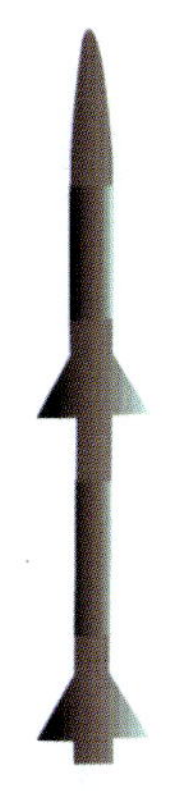

空空导弹

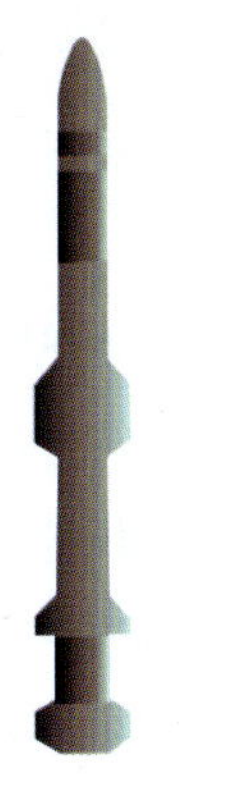

舰舰导弹

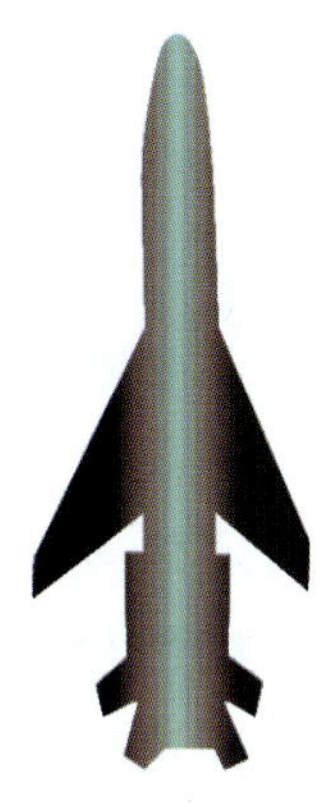

巡航导弹

形状各异的各类导弹（上图只是展示导弹的外形，它们的实际尺寸相差很大）

地空导弹

若按导弹与所攻击目标的位置关系来分类，又可将导弹划分为：
地地导弹——从地面上发射，攻击地面（包括海上）目标；
潜地导弹——从潜艇上发射，攻击地面（包括海上）目标；
地空导弹——从地面（包括舰艇）上发射，攻击空中目标；
空地导弹——从飞机上发射，攻击地面（包括海上）目标；
空空导弹——从飞机上发射，攻击空中目标。

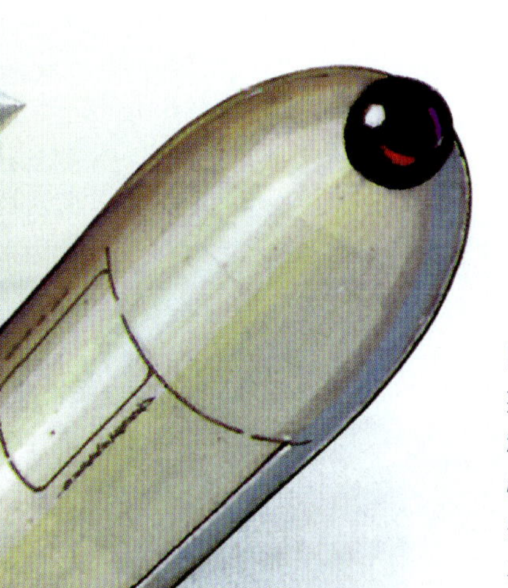

此外，还可以将导弹按飞行轨迹来区分。靠发动机推进到一定速度后终止推力，像炮弹那样依靠惯性落向目标的称为弹道导弹；在其主飞行轨迹以近乎恒速与等高度作巡航飞行的有翼式无人驾驶武器称为飞航式导弹，其中射程大于500千米的，称作巡航导弹。

将第一类分类法与其他分类法组合，就有了战略地地导弹与战术地地导弹，战略弹道导弹与战术弹道导弹，战略巡航导弹与战术巡航导弹、战略空地导弹和战术空地导弹等称谓。

地地导弹

地地弹道导弹

地地弹道导弹是一种陆基发射、攻击敌方地面目标的弹道导弹。它用液体或固体发动机推进，在制导系统的控制下，按预定弹道飞向目标。地地弹道导弹的弹头有常规弹头和核弹头两种，主要用于攻击敌方重要城市、港口、重大军事设施及交通枢纽等。

近程导弹　中近程导弹　中程导弹　中远程导弹　洲际导弹

中国地地弹道导弹

地地弹道导弹按其射程一般分为:
近程导弹——射程 1000 千米以内;
中程导弹——射程 1000 ~ 3000 千米;
远程导弹——射程 3000 ~ 8000 千米;
洲际导弹——射程 8000 千米以上。

1000 千米

3000 千米

地地导弹于第二次世界大战后期出现，迄今多次参加实战，比较著名的是:
1944 年，纳粹德国用 V-1（飞航式），V-2（弹道式）导弹袭击英国;
1973 年，埃及用飞毛腿 B 导弹攻击以色列军队;
1988 年，伊朗和伊拉克用飞毛腿 B 导弹及其改进型侯赛因导弹、阿巴斯导弹展开大规模导弹战;
1991 年，伊拉克在海湾战争中用飞毛腿导弹袭击沙特阿拉伯和以色列。

美国第一枚地地弹道导弹于1945年9月发射成功，被命名为“下士”。下士导弹全长13.7米，直径0.76米，射程120～160千米。苏联第一枚地地弹道导弹于1948年秋发射成功，被命名为“P-1”。P-1导弹全长14.96米，直径1.65米，射程300千米。

装有核弹头的地地弹道导弹一般为战略导弹，射程在1000千米以上，是一个国家主要的核威慑力量。

射程在1000千米以内的地地弹道导弹一般为战术导弹，可装常规弹头，也可装核弹头。

中国洲际导弹

弹道导弹的命中精度是射击准确度和密集度的总称。常用“圆概率偏差”(或称“圆公算偏差”)表示。它的含义为：如果以目标为中心画一个圆，而射出导弹数量的50%都落在圆内，那么这个圆的半径就是表示命中精度的“圆概率偏差”。圆的半径越小，导弹命中精度越高。五六十年代，洲际弹道导弹的圆概率偏差为数千米。以后命中精度不断提高，现在有的已可达到百米以内。

美国陆军战术导弹系统

俄罗斯PC-20A洲际导弹

弹头重返大气层时，表面环境温度可达7000～11000摄氏度，只靠金属壳体本身难以承受。因此，弹头外面必须覆盖防热层。但防热层在弹头再入大气层时会猛烈燃烧，使弹头尾部拖上一个长长的亮尾巴(尾迹)，容易被对方发现。所以，还要研制尾迹小的防热材料，采取消除尾迹的技术措施。

千米

8000千米以上

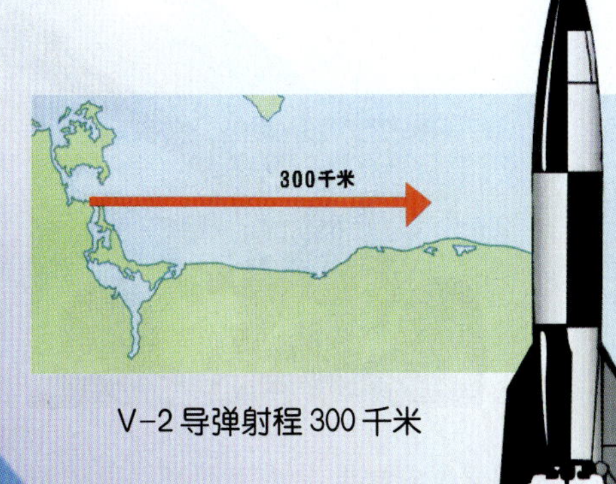

V-2导弹射程300千米

弹道导弹的动力和控制

弹道导弹的动力来自它的动力装置——火箭发动机。作为可控飞行器，它具有姿态控制系统和制导系统。姿控系统不断测量导弹实际飞行弹道与设定弹道之间的偏差，控制导弹的飞行姿态，使导弹沿设定的弹道飞向目标。制导系统随时修正横向偏差并根据射程要求控制火箭发动机的关机，使分离后的弹头击中目标。

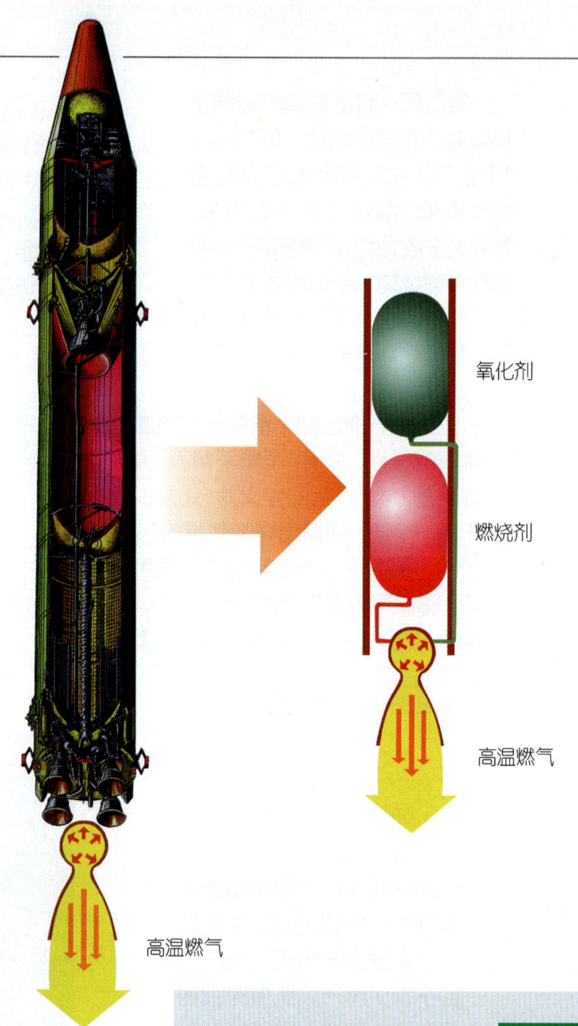

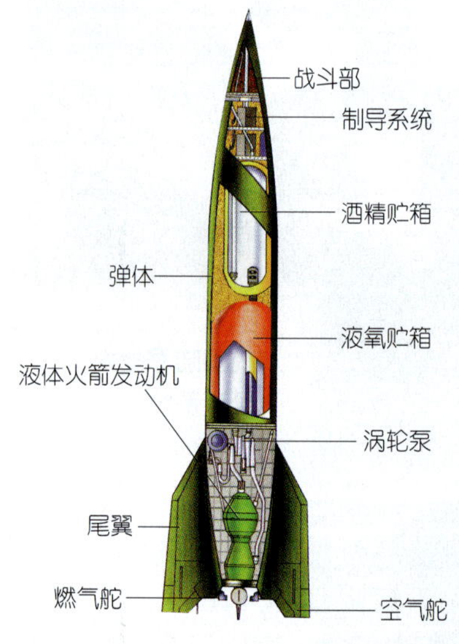

世界上第一枚弹道导弹——V-2导弹，采用惯性制导。导弹由液体火箭发动机推进，达到一定速度后，发动机关机，导弹沿设定的弹道飞向目标。当时因技术水平所限，弹体和弹头不分离，发动机关机后也一起飞向目标。

传统的火炮，炮弹是根据射击前由各种相关参数（称为射击诸元）确定的弹道飞行的。弹头出膛后，便不再接受控制。而导弹射出后则是接受控制的，所以弹头命中率大大提高，为炮弹弹头所远远不及。

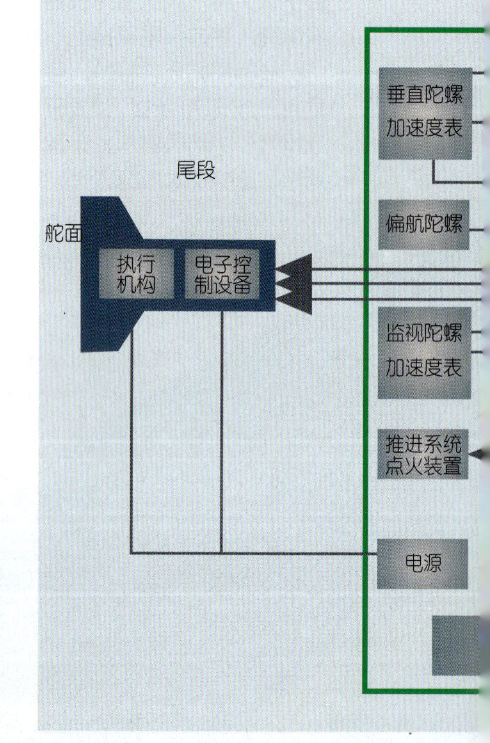

弹道导弹要在稠密的大气层以飞行，所以要用火箭发动机作为力装置。弹道导弹常用的火箭发机有液体火箭发动机和固体火箭动机。

液体火箭发动机使用常温下或温下呈液态的推进剂。发动机性好，推力可以调节，可以多次启，适应性强。

固体火箭发动机的推进剂是由化剂、燃料和其他添加剂组成的态混合物，直接装在燃烧室里。动机结构简单，可长期贮存，适于要求反应时间短、机动性强的弹武器。

一种战略地地弹道导弹的火箭发动机

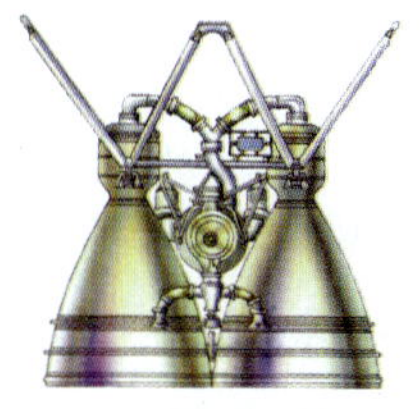

二级发动机

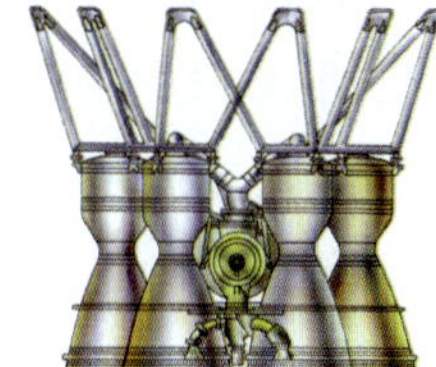

一级发动机

不断发展的惯性制导系统是弹道导弹最常用的制导系统。它属于“自主式”制导系统，其制导功能完全由导弹本身安装的设备来实现。它可以在不受敌方干扰的情况下把导弹引导到固定目标，但制导误差随时间（或距离）的增加而增加。

一种战略地地弹道导弹的制导与控制系统方框图

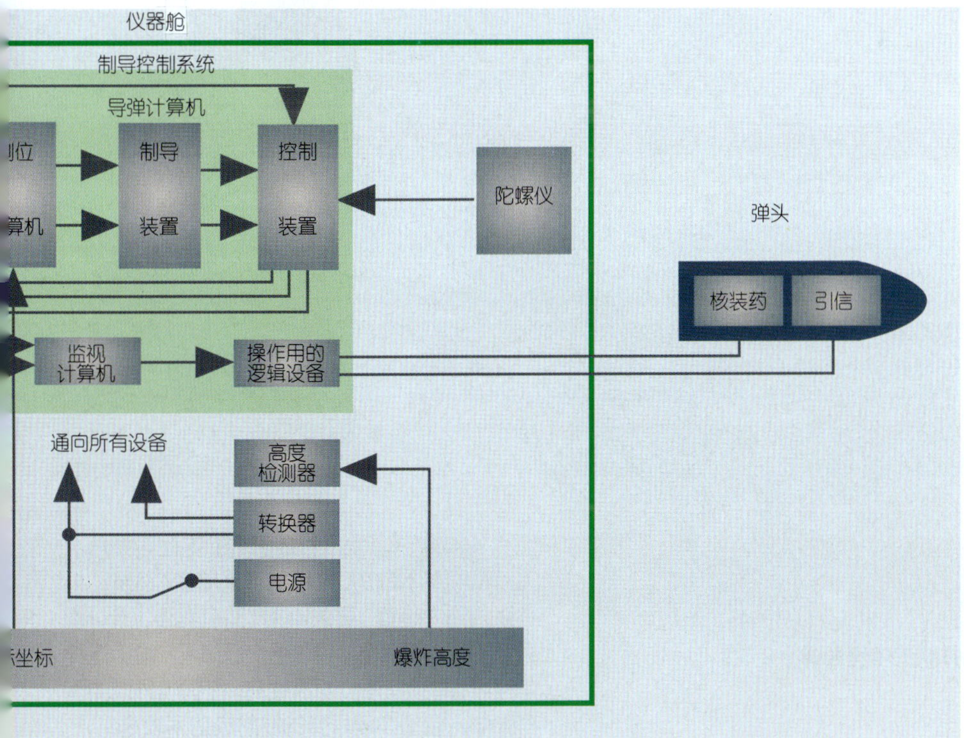

基于物体惯性现象的惯性仪表是弹道导弹制导和姿控的重要设备，主要包括位置陀螺仪、速率陀螺仪和加速度表等。这些仪表以及安装加速度表的稳定平台都少不了陀螺仪。陀螺仪是弹道导弹控制系统中最重要的器件。

陀螺稳定平台利用陀螺仪在惯性空间使台体保持方位不变化，又叫惯性平台。惯性仪表直接安装在导弹弹体上（固联），构成捷联式惯性制导系统。

中国中程、中远程地地弹道导弹

1964年，我国在中近程导弹“东风二号”研制成功后，随即安排了中程、中远程导弹的研制。比起“东风二号”，中程导弹的技术性能有了质的飞跃，而且所用的材料全部立足于国内，还采用了许多比较成熟的新技术、新工艺。中程导弹的研制成功，为导弹从单级向多级的中远程导弹和洲际导弹发展打下了基础。

4台发动机并联的中程导弹

1966年底，我国独立研制的中程导弹首次飞行试验基本成功。中程导弹采用了4台发动机并联的动力装置。要求4台发动机同步工作，而且推力大小要一致。经过多次改进和试验，这种中程导弹使用方便、可靠性高，在国内外同类型导弹中，我国中程导弹的发射成功率较高。

3000 千米

8000 千米

1970 年初，我国研制成功两级液体中远程导弹。因为导弹由两级组成，第二级要在近似真空状态下的高空点火，而且两级之间既要牢固连接，又要可靠分离，再加上导弹外形细长，姿态控制的难度也增加了。但通过努力，这些关键技术问题都得到很好的解决，这就为研制洲际导弹打下了基础。

两级液体中远程导弹

中国运载火箭飞向太平洋

1980年5月18日，我国第一枚洲际射程的运载火箭从酒泉发射场起飞，经过30分钟飞行，准确地到达南太平洋预定海域——我国成为世界上第三个获得洲际射程的运载火箭全程飞行试验成功的国家。

乳白色的洲际射程运载火箭喷着火焰，直上蓝天。

中共中央、国务院、中央军委致电，热烈祝贺发射运载火箭取得圆满成功，并在人民大会堂召开庆功大会。

人民日报

我国将进行向太平洋发射运载火箭试验

中共中央国务院中央军委向从事试验的全体同志致电

热烈祝贺发射运载火箭巨大胜利

庆祝我国向太平洋发射运载火箭成功大会

携带核弹头和常规弹头作为有效载荷的火箭称为战略或战术导弹；

携带卫星、飞船等作为有效载荷的火箭称为运载火箭。

党和国家领导人邓小平、聂荣臻亲临北京指挥厅，对我国第一枚洲际射程的运载火箭发射成功表示热烈祝贺。

世界各国普遍关注我国这次试验。一些外国飞机、舰艇赶往南太平洋，监测试验情况，所以迅速安全地取回数据舱是这次试验圆满成功的关键。

飞奔万里的弹头重返大气层，在预定落区距海面几千米的空中弹射出记录各项测量数据的磁记录装置数据舱。数据舱入水时，荧光剂将海水染成数百米长的绿色标志带。直升机迅速赶来，放下悬梯，潜水员仅用5分多钟就将密封数据舱打捞上来。

苏联于1960年第一次在太平洋试验洲际导弹时，落区为500千米长、300千米宽的矩形水域。我国第一枚洲际火箭试验落区为半径130千米（70海里）的圆形海域。

驰骋大洋的中国战略核力量

1982年10月12日，我国试验潜艇成功地从水下发射了第一枚固体战略导弹；1988年9月15日，我国核动力潜艇首次水下发射潜地导弹也获得圆满成功，在驰骋大洋的战略核力量当中，出现了中国导弹核潜艇的身影。

我潜艇水下发射归来

我导弹核潜艇出海训练

准备下潜的核潜艇

潜地导弹是从潜艇发射用以攻击地面目标的导弹。

潜地导弹武器系统由导弹和导弹潜艇组成。潜艇可以是常规动力、也可以是核动力的。每艘导弹潜艇可装备多枚导弹，一般为3~24枚。潜艇空间有限，因此潜地导弹是弹头、核装置小型化的导弹。

我国潜射固体战略导弹首次发射成功

1982年10月12日清晨，在我国某导弹试验基地，一次重要的导弹发射试验即将开始。旭日东升，碧空如洗。装载着固体潜地导弹的试验潜艇徐徐驶向深海，随后下潜，消失在平静的海面下。突然，海面腾起数十米高的水柱。一枚闪着银光的导弹喷射出桔红色的火焰，呼啸着穿出海面，直上蓝天，飞向预定的公海海域。此前的10月1日，新华社已受权庄严公告，中华人民共和国将在该海域进行运载火箭发射试验。

导弹准确溅落的消息传来：中国第一枚潜地导弹发射成功了！这标志着我国战略导弹技术已经从液体(燃料)导弹发展到固体(燃料)导弹；从陆上发射发展到水下发射；从固定阵地发射发展到隐蔽机动发射，中国已成为世界上第5个拥有潜地战略导弹的国家。

潜地导弹　水下奇兵

潜艇发射战略导弹被认为是在第一轮核攻击后，仍可保存下来以再次进行核攻击的主要战略武器。与陆基战略导弹相比，它隐蔽性好、生存能力强、发射准备时间短、可随时实施攻击。

俄罗斯“台风”级弹道导弹核潜艇。每艇装备20枚SS-N-20潜地洲际战略弹道导弹。

1943年纳粹德国海军成功地进行了世界上首次潜艇水下发射导弹试验。

潜地导弹，好像把地面阵地上的导弹搬到了水下，其优点显而易见。

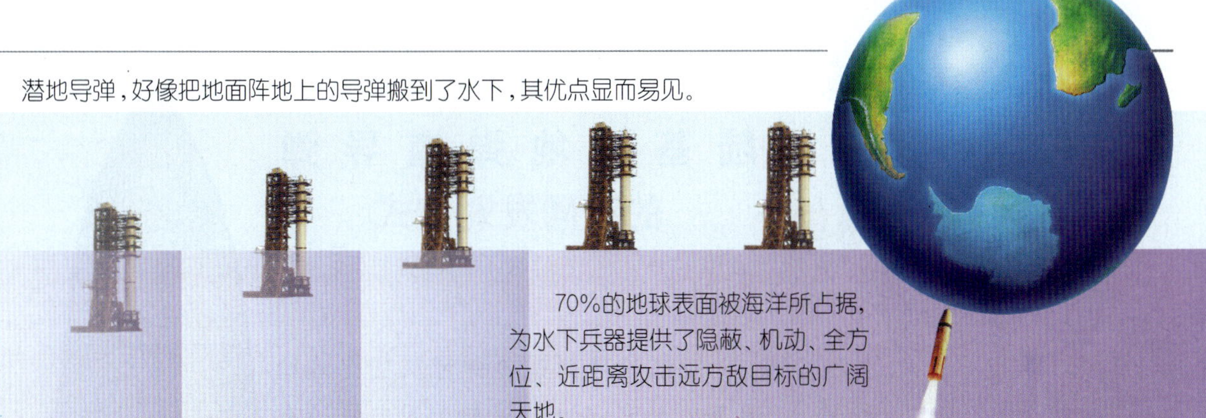

70%的地球表面被海洋所占据，为水下兵器提供了隐蔽、机动、全方位、近距离攻击远方敌目标的广阔天地。

研制潜艇发射核导弹有很多关键技术。除了至关重要的核装置的安全防护外，最主要的是导弹水下发射技术和精确的水下导航定位技术。

导弹上潜艇后，最初只能在潜艇露出水面后发射。1960年，美国在潜艇水下发射技术上取得重大突破。7月20日，美国乔治·华盛顿号核动力潜艇成功地在水下发射了一枚北极星A1弹道导弹，导弹射程1780千米。

60年代以后，美苏军备竞赛不断升级，陆续研制出多种射程远、精度高的潜地弹道导弹。70年代出现了能携带分导式多弹头的潜地弹道导弹。以后，由于战略弹道导弹受到1972年美苏限制战略武器条约的限制，而巡航导弹不在限制之内，潜艇发射的巡航导弹又被研制出来。

因此，目前潜地导弹除了弹道式，还有巡航式，即潜射巡航导弹。

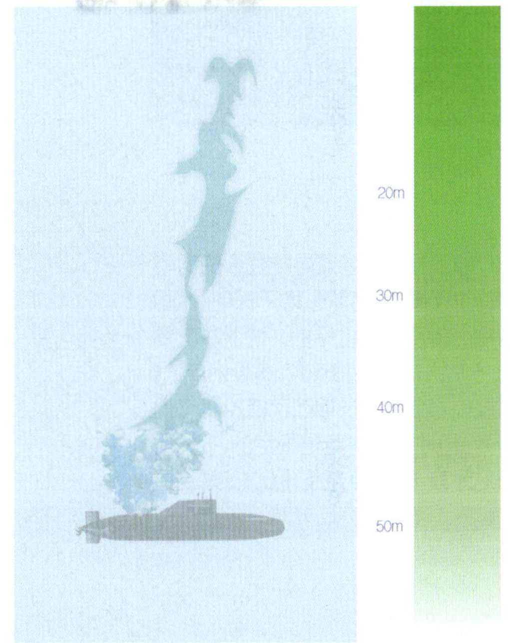

潜地导弹从水下几十米处发射，必须具有一定的初速。先是进入海水，继而出水。在潜艇摇摆（纵、横向）、浪涌的影响下，导弹必须保持大姿态稳定能力。

飞行中的美国三叉戟1潜地远程战略导弹。每艇装备24枚，具有分导式多弹头。

陆基地地弹道导弹的不同发射方式

陆基地地弹道导弹可从固定阵地发射，也可以机动发射。固定阵地有地面阵地和地下发射井两种;陆基机动发射又分为铁路机动和公路机动。

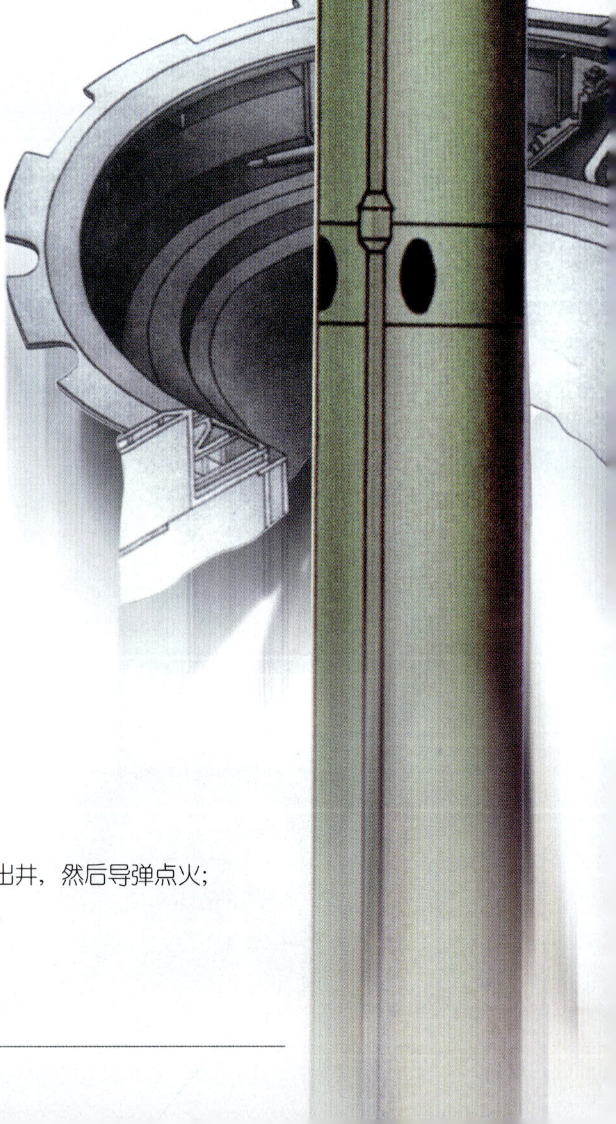

地下井发射

地下井发射装置是圆柱形的钢筋混凝土工事,完全置于地下深处,上面用专门的顶盖加以保护。地下井主要由竖井、发射控制室和坑道等组成,既可发射导弹又可长期贮存待发状态的导弹。但地下井毕竟是固定的,不灵活而易受攻击。相比之下,机动发射更具优越性。

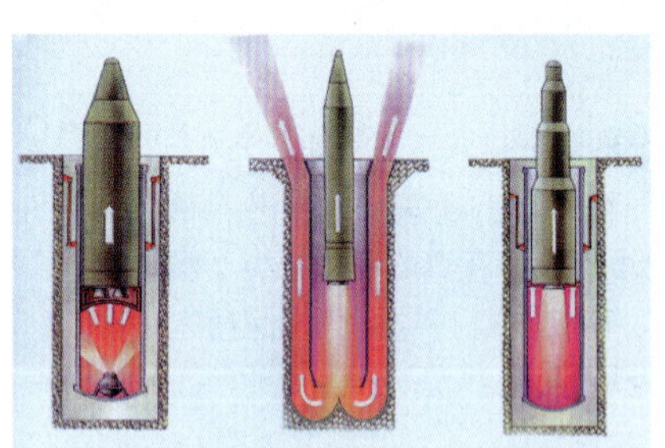

从地下井发射装置发射导弹又有三种类型。
中为主动式，又称迫击炮式，导弹在井内点火;
左为反作用式，又称气动式，先用高压气体将导弹弹射出井，然后导弹点火;
右为主动式－反作用式，是前两种方式结合的发射方式。

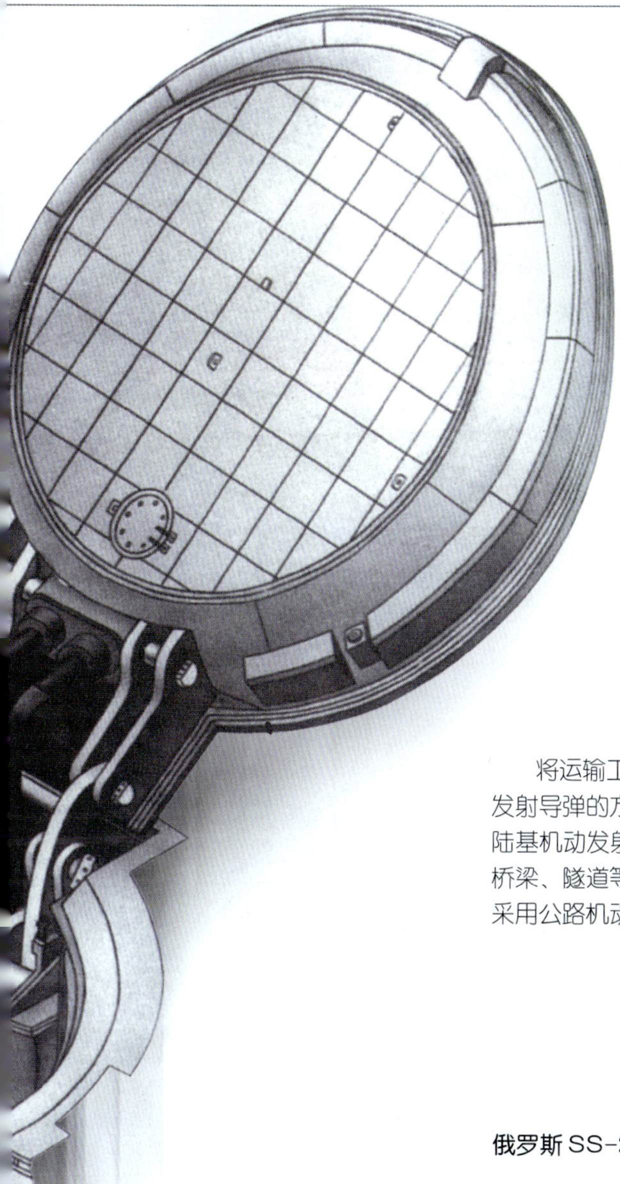

俄罗斯 SS-24 铁路机动发射弹道导弹

机动发射

将运输工具和发射装置组合起来以便适时变动地点发射导弹的方式称为机动发射。铁路机动和公路机动是陆基机动发射的两种方式。铁路机动发射受到铁路线、桥梁、隧道等的限制，因而现在部署的地地战略导弹多采用公路机动发射。

俄罗斯 SS-20 公路机动发射弹道导弹

弹道导弹的发射方式也是不断发展的，总的趋势是发展机动发射的导弹武器系统，重点发展陆上机动发射技术；继续完善潜地导弹技术，试验空中发射弹道导弹技术。

SS-20 的分导式多弹头

地地弹道导弹的发射

地地弹道导弹是一个复杂的武器系统。从接到发射命令到把导弹发射出去，要按照武器系统的操作程序，执行很多指令。从实战需要出发，尽可能缩短发射准备时间对提高导弹的作战效能是十分重要的。

地地弹道导弹的弹头

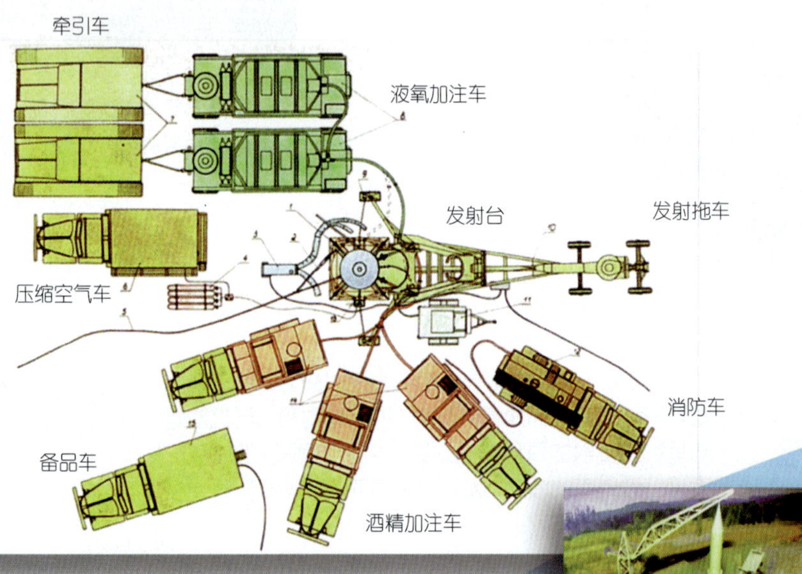

苏联第一代弹道导弹P－1和P－2的发射阵地俯视图。图中同心圆处是发射台，周围都是配合导弹发射的各种车辆。

导弹置于运输－起竖车上。

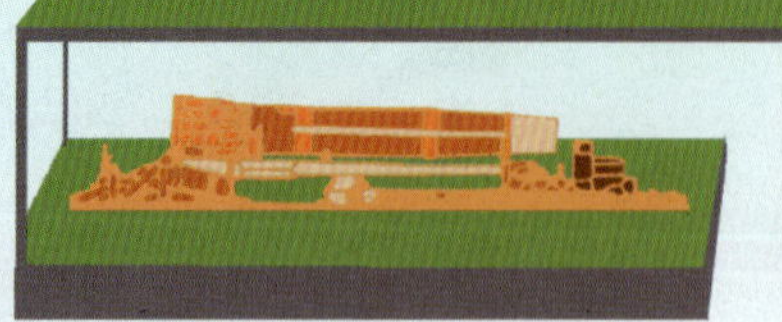

发射架连到导弹上，运输－起竖车卸下车轮并连到发射架上。

将弹头运输车开来，对接弹头，做好起竖的准备。

两级地地弹道导弹的对接、起竖和发射

地地弹道导弹的飞行轨迹可分为两段——主动段与被动段。

主动段：发射后，导弹由发动机推进至预定点关机，随即弹头与弹体分离。这一段为主动段，导弹靠自身动力飞行；

被动段：弹头与弹体分离后，靠惯性飞行直至击中目标，这一段为被动段。

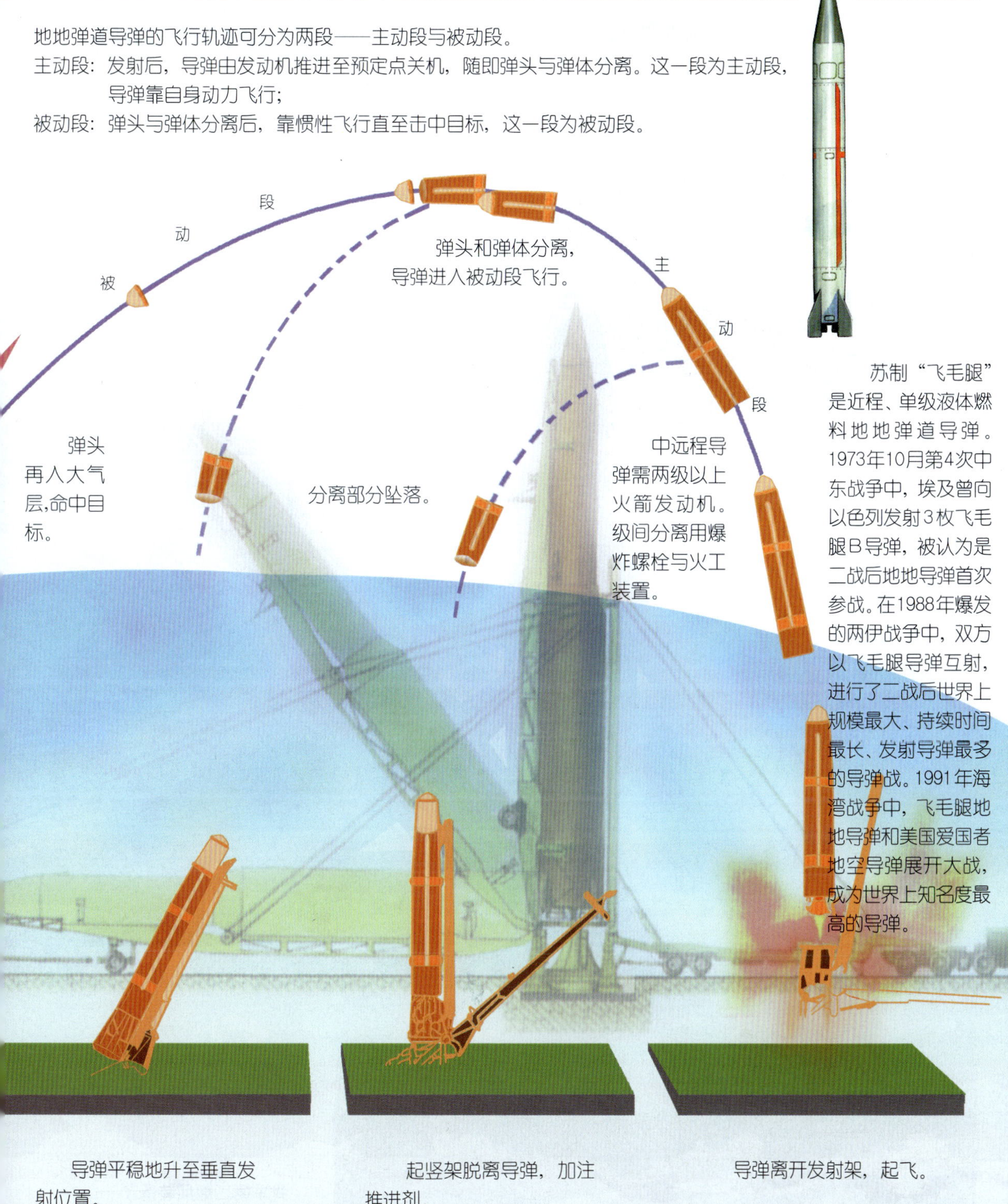

苏制“飞毛腿”是近程、单级液体燃料地地弹道导弹。1973年10月第4次中东战争中，埃及曾向以色列发射3枚飞毛腿B导弹，被认为是二战后地地导弹首次参战。在1988年爆发的两伊战争中，双方以飞毛腿导弹互射，进行了二战后世界上规模最大、持续时间最长、发射导弹最多的导弹战。1991年海湾战争中，飞毛腿地地导弹和美国爱国者地空导弹展开大战，成为世界上知名度最高的导弹。

导弹平稳地升至垂直发射位置。

起竖架脱离导弹，加注推进剂。

导弹离开发射架，起飞。

中国战略导弹部队

世界和平与发展这两大问题，至今一个也没有解决。社会主义中国应该用实践向世界表明，中国反对霸权、强权政治，永不称霸。中国是维护世界和平的坚定力量。

——邓小平

我军第二炮兵装备了多种型号的战略导弹

第二炮兵进行导弹发射演习

1966年7月1日，我国正式组建了战略导弹部队，由周恩来总理亲自命名为“中国人民解放军第二炮兵”。自60年代至今，这支部队装备了我国自行研制的近程、中近程、中程、中远程和洲际射程的战略导弹和部分战术导弹，打破了核垄断，形成了核反击作战能力，为确保我国的独立和安全做出了重要贡献。

1984年10月，我军东风系列战略导弹通过天安门，接受党和国家领导人检阅。

我军装备的潜地导弹

我国组建战略导弹部队的意义是什么？

现代城市防空体系

早期，因为飞机速度慢，飞得也不高，所以用探照灯、高射枪炮、高空气球等就可以组成有效的防空网。

自从飞机作为空袭兵器投入战争，在大城市和其他战略要地建立有效的防空体系，就成了实施国家防御计划最重要的措施之一。一个现代化的防空体系，由警戒探测、信息处理、指挥控制和防空武器构成，防空武器在整个防空体系中的作用是不可替代的。

欧洲中世纪国王或领主构筑城堡，作为防御设施的核心。

在城市四周建造城墙抵御敌人的进攻，那时还没有空中威胁。

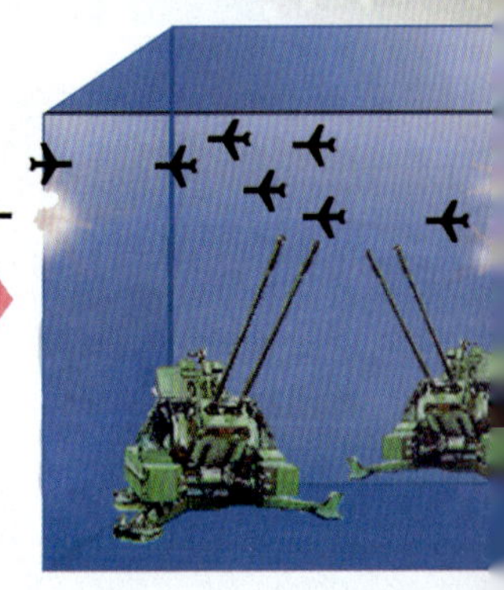

高射炮是60年代前防空武器的主力。

随着城市的出现，抵御敌人进攻、保卫城市就被提上了重要议事日程。城市的防御经历了从平面防御到立体防御的演变。

空袭兵器的出现，意味着城市必须构筑一个包括防空在内的立体防御体系。

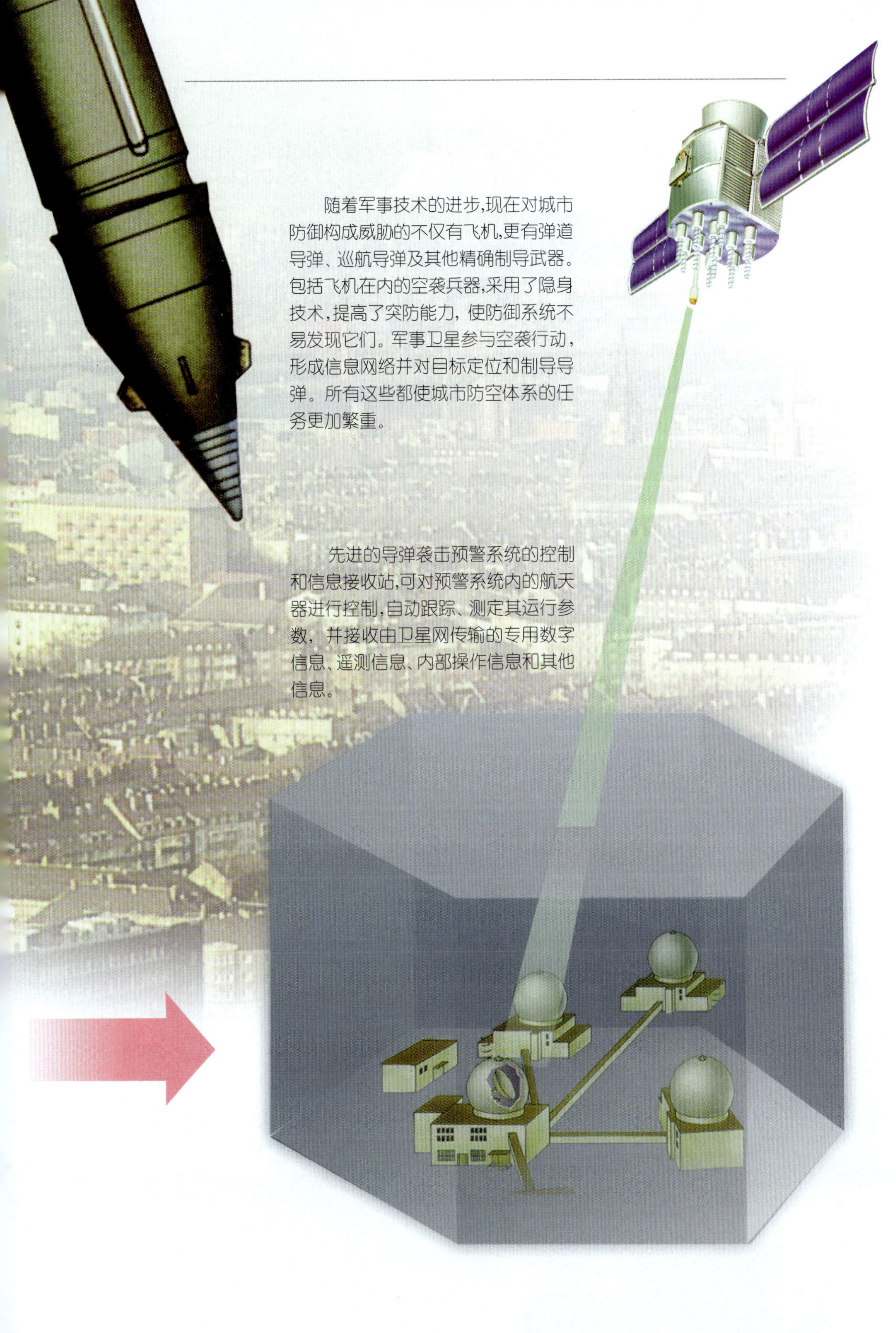

随着军事技术的进步,现在对城市防御构成威胁的不仅有飞机,更有弹道导弹、巡航导弹及其他精确制导武器。包括飞机在内的空袭兵器,采用了隐身技术,提高了突防能力,使防御系统不易发现它们。军事卫星参与空袭行动,形成信息网络并对目标定位和制导导弹。所有这些都使城市防空体系的任务更加繁重。

先进的导弹袭击预警系统的控制和信息接收站,可对预警系统内的航天器进行控制,自动跟踪、测定其运行参数,并接收由卫星网传输的专用数字信息、遥测信息、内部操作信息和其他信息。

先进的反弹道导弹防御系统

在战略要地和大城市建立反弹道导弹防御体系是现代城市防御的有效措施。

用弹道导弹对城市进行远距离攻击，会给被攻击方在军事、经济、政治上都造成巨大损失，心理上形成难以承受的压力。因此，建立对弹道导弹攻击的预警系统，解决弹道导弹“防不胜防”的问题十分重要。这种预警系统主要由人造卫星、预警飞机和地面上的预警雷达组成。

弹道导弹和空间目标跟踪雷达，是莫斯科市反导弹防御系统的主要组成部分。这是一种四面体雷达，有固定的相控阵天线，用于探测跟踪弹道导弹，测量其坐标，分析复杂的目标和引导反弹道导弹。

图中右侧为一种雷达系统中的“天线阵”，外形巨大而怪异。

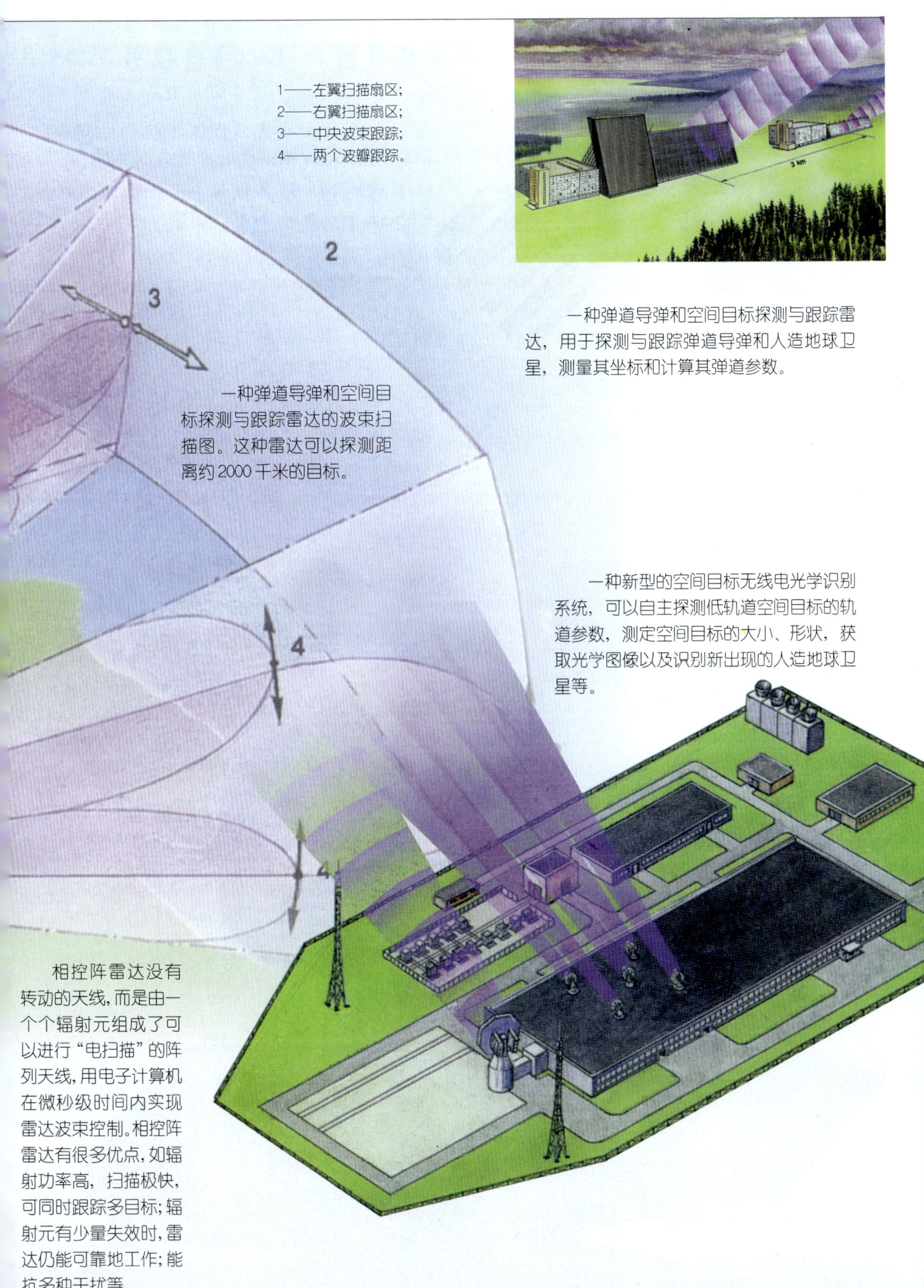

一种弹道导弹和空间目标探测与跟踪雷达，用于探测与跟踪弹道导弹和人造地球卫星，测量其坐标和计算其弹道参数。

一种弹道导弹和空间目标探测与跟踪雷达的波束扫描图。这种雷达可以探测距离约 2000 千米的目标。

一种新型的空间目标无线电光学识别系统，可以自主探测低轨道空间目标的轨道参数，测定空间目标的大小、形状，获取光学图像以及识别新出现的人造地球卫星等。

相控阵雷达没有转动的天线，而是由一个个辐射元组成了可以进行“电扫描”的阵列天线，用电子计算机在微秒级时间内实现雷达波束控制。相控阵雷达有很多优点，如辐射功率高，扫描极快，可同时跟踪多目标；辐射元有少量失效时，雷达仍能可靠地工作；能抗多种干扰等。

电子战斗智　U-2飞机技穷

五六十年代，我国年轻的地空导弹部队曾和美制U-2间谍飞机斗智斗勇，多次较量。国产红旗一号、红旗二号地空导弹在战斗中大振军威。

我军民欢呼击落U-2间谍飞机的胜利；被击落的U-2残骸置于首都北京中国人民革命军事博物馆广场上，观者如云。

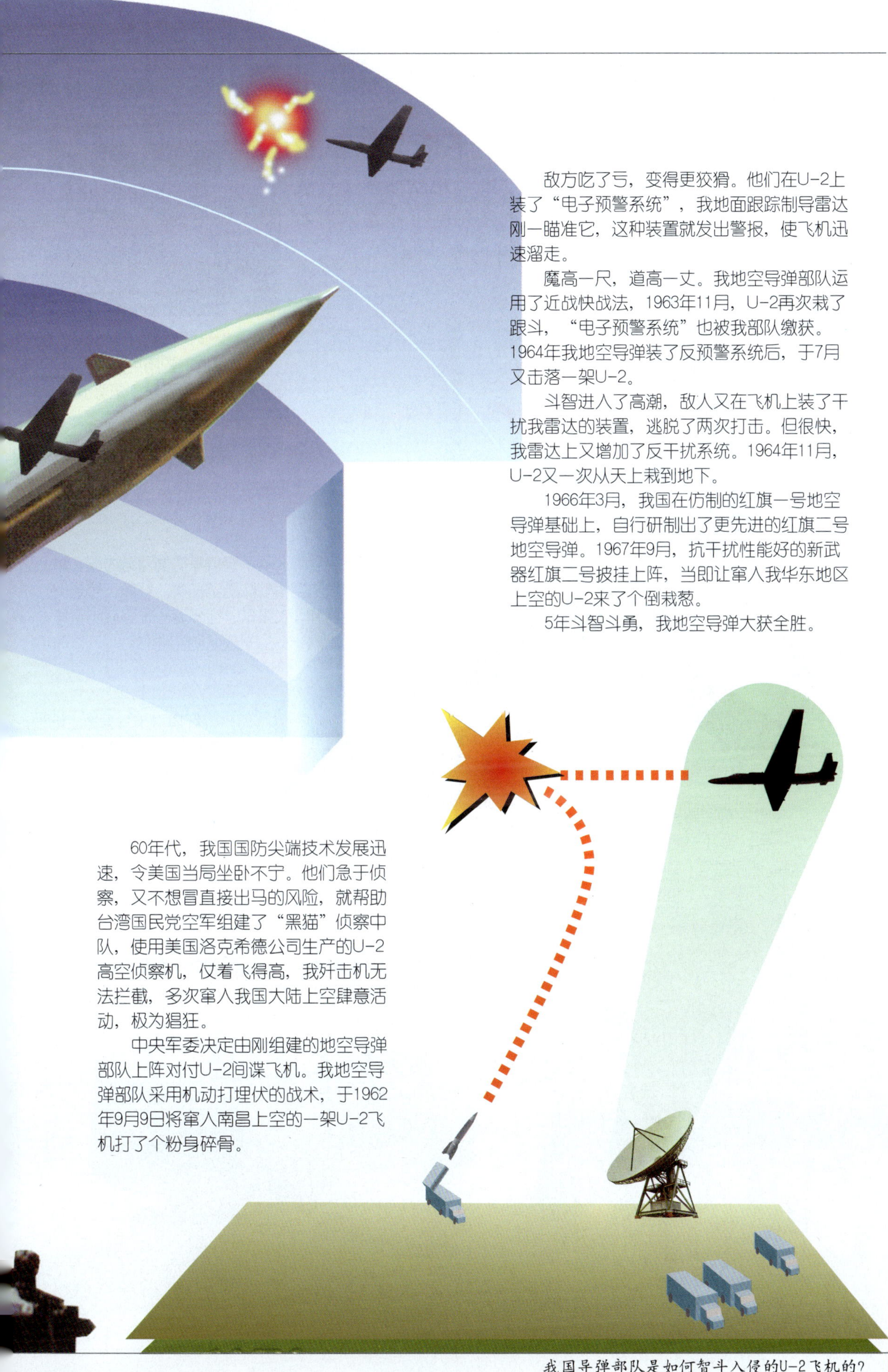

敌方吃了亏，变得更狡猾。他们在U-2上装了“电子预警系统”，我地面跟踪制导雷达刚一瞄准它，这种装置就发出警报，使飞机迅速溜走。

魔高一尺，道高一丈。我地空导弹部队运用了近战快战法，1963年11月，U-2再次栽了跟斗，“电子预警系统”也被我部队缴获。1964年我地空导弹装了反预警系统后，于7月又击落一架U-2。

斗智进入了高潮，敌人又在飞机上装了干扰我雷达的装置，逃脱了两次打击。但很快，我雷达上又增加了反干扰系统。1964年11月，U-2又一次从天上栽到地下。

1966年3月，我国在仿制的红旗一号地空导弹基础上，自行研制出了更先进的红旗二号地空导弹。1967年9月，抗干扰性能好的新武器红旗二号披挂上阵，当即让窜入我华东地区上空的U-2来了个倒栽葱。

5年斗智斗勇，我地空导弹大获全胜。

60年代，我国国防尖端技术发展迅速，令美国当局坐卧不宁。他们急于侦察，又不想冒直接出马的风险，就帮助台湾国民党空军组建了“黑猫”侦察中队，使用美国洛克希德公司生产的U-2高空侦察机，仗着飞得高，我歼击机无法拦截，多次窜入我国大陆上空肆意活动，极为猖狂。

中央军委决定由刚组建的地空导弹部队上阵对付U-2间谍飞机。我地空导弹部队采用机动打埋伏的战术，于1962年9月9日将窜入南昌上空的一架U-2飞机打了个粉身碎骨。

中国防空导弹

为了保卫祖国的领空，必须建立一个能有效地对付敌人空袭的防空体系。我国从1958年仿制苏式C-75地空导弹（后被命名为“红旗一号”）起步，40多年来已经研制出能在不同高度、不同的作战场合打击来犯敌机的多种防空导弹。

单兵携带的肩射超低空地空导弹红缨五号，是野战部队非常重要的防空武器，是武装直升机的主要克星。

防空导弹武器系统按其功能可分为国土防空、野战防空和舰队防空三类。红旗二号是国土防空导弹；飞獴80、红缨五号是野战防空导弹；红旗六十一号是舰队防空导弹。

中低空舰空导弹红旗六十一号，设计为地舰两用导弹，机动性强、命中精度高、杀伤概率大、使用维护简便。

红旗六十一号搬上陆地，装在轮式越野车上，成为红旗六十一号甲导弹，它是一种中低空近程防空武器，主要用于要地防空。

雷达侦察系统时刻监视着天空，为防空导弹系统提供信息，是现代防空体系必不可少的组成部分。

先进的国土防空综合系统严阵以待。

我国自行研制了红外寻的空空导弹霹雳 -9。

中国长峰机电技术设计研究院

我国中高空地空导弹红旗二号在60年代立下赫赫战功，以后不断改进，又出现了红旗二号甲和红旗二号乙等。比起红旗二号，红旗二号乙导弹射得更高、飞得更快、机动能力更强，对付敌人干扰的本领也大了不少。它可以打击距离35千米远、高度27千米的敌机。

我国80年代研制成功的飞獴80地空导弹是对付来袭敌机、武装直升机和飞航式导弹的有力武器，“飞獴80”可以打击低至15米飞行的敌机，而且可以在各种天气条件下作战，是“全天候”武器系统。

地空导弹的作战高度

地空导弹按作战高度可分为超低空、低空、中低空、中高空和高空几种类型。先进的地空导弹可进行全空域作战，即从超低空到高空都可以作战。

中国红旗二号地空导弹，作战高度1～30千米。

中国红缨五号便携式地空导弹，作战高度50米～2.5千米。

习惯上还将地空导弹按射程分类：
远　程——射程100千米以上；
中远程——射程40～100千米；
中近程——射程10～40千米；
近　程——射程10千米以内。

高空（25千米以上）

中高空
（20～25千米）

霍克导弹——美国全天候超声速地空导弹，作战高度60米～13.7千米。

中低空
（10–20千米）

爱国者导弹——美国陆军第三代全天候、全空域地空导弹，作战高度0.3～24千米。

低空（1–10千米）

俄罗斯C–300地空导弹，作战高度25米～25千米。

超低空（1千米以下）

攻击活动目标的导弹制导技术

导弹攻击活动目标时，其制导功能的实现不同于攻击固定目标。这时导弹制导系统如同人体的神经系统，起“感觉”和“控制”作用。一方面，它要测量目标和导弹的相对位置，确定导弹飞行的轨迹；另一方面，它要保证导弹沿着上述确定的轨迹稳定飞行。制导系统在功能上由测量装置、计算装置和执行装置三个主要部分组成，软件把它们按功能和工作顺序结合起来，保证制导任务的完成。

攻击活动目标的导弹制导系统通常按产生导引信号的来源分为两大类：
遥控式——导引信号由设在导弹外部的指挥站发出；
自动导引式——弹上设备直接感受目标辐射或反射的各种电磁波，形成导引信号。

现代作战飞机飞得很快，在空中一掠而过；又飞得很高，可达两三万米的高空。从电视上看过导弹打飞机镜头的观众无不惊叹：导弹怎么就如同长了眼睛一样紧盯着飞机不放、直到轰然一声把它击落？

看过《动物世界》电视节目的观众，一定对猎豹追逐羚羊的场面留下了深刻印象。只见猎豹盯紧目标，跑出曲折的路线，迅速接近并果断扑向羚羊。

遥控式制导分为指令制导（无线电指令、有线指令、电视指令等）和波束制导（雷达波束、激光波束）。

自动导引式制导又有主动式、半主动式、被动式、主动－被动兼容式等。

主动式，是弹上发射信号照射目标，再接收目标反射信号；

半主动式，是导弹以外的雷达照射目标，弹上设备接收反射信号；

被动式，是不发射照射信号，弹上设备接收目标辐射信号。

自动寻的式电视制导系统的主要部件是一部电视摄像机。作战时，摄像机将目标及背景的电视景象送到驾驶员座舱的雷达屏幕上，驾驶员根据它瞄准目标。导弹发射后，摄像机能自动跟踪目标。

导弹飞向目标的过程就如同猎豹追逐猎物。事实上，在地空导弹瞄准飞机的多种方法中，有一种“追踪法”，就和猎豹追逐猎物的方法完全相似。在追踪法中，导弹上的雷达、红外、电视或激光导引头瞄准目标（如同猎豹的双眼盯紧猎物），导弹的飞行方向时刻对准目标，只要导弹比目标飞得快，就一定能追上目标。

雷达、红外、红外成像、激光、电视等多种技术手段在攻击活动目标的导弹制导系统中得到普遍应用，如电视摄像机就被用于导弹制导。

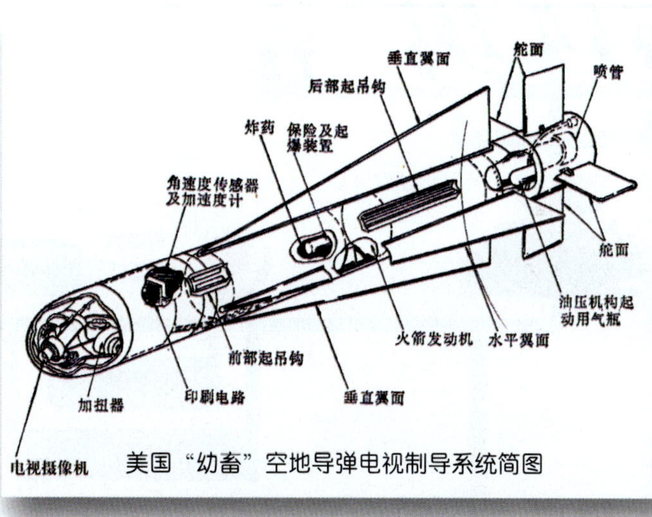

美国“幼畜”空地导弹电视制导系统简图

地空导弹怎样打飞机

要知道地空导弹怎样打飞机，先要了解对付飞机的不仅仅是导弹本身，而是由几大部分组成的一个地空导弹武器系统。这个系统要能发现目标、识别目标、分清敌我；确定目标位置和飞行路线；然后发射导弹，控制导弹摧毁目标。因此，地空导弹武器系统除导弹外还要有相应的探测、制导、发射以及通信、指挥设备。

导弹飞向目标的路径要遵循确定的规律，即导弹的导引规律。常用的有三点法、比例导引法、前置点法、追踪法等。

各种雷达是地空导弹武器系统的关键设备。必不可少的是要有一部搜索雷达，用于搜索和发现目标；还要有跟踪与制导雷达，用来跟踪目标和导引导弹。当搜索雷达探测到目标并识别出敌我后，就将测量到的数据提供给计算机；跟踪与制导雷达根据计算结果跟踪目标。当发射时机成熟时，发射导弹，由制导系统按一定的导引规律把导弹引向目标。

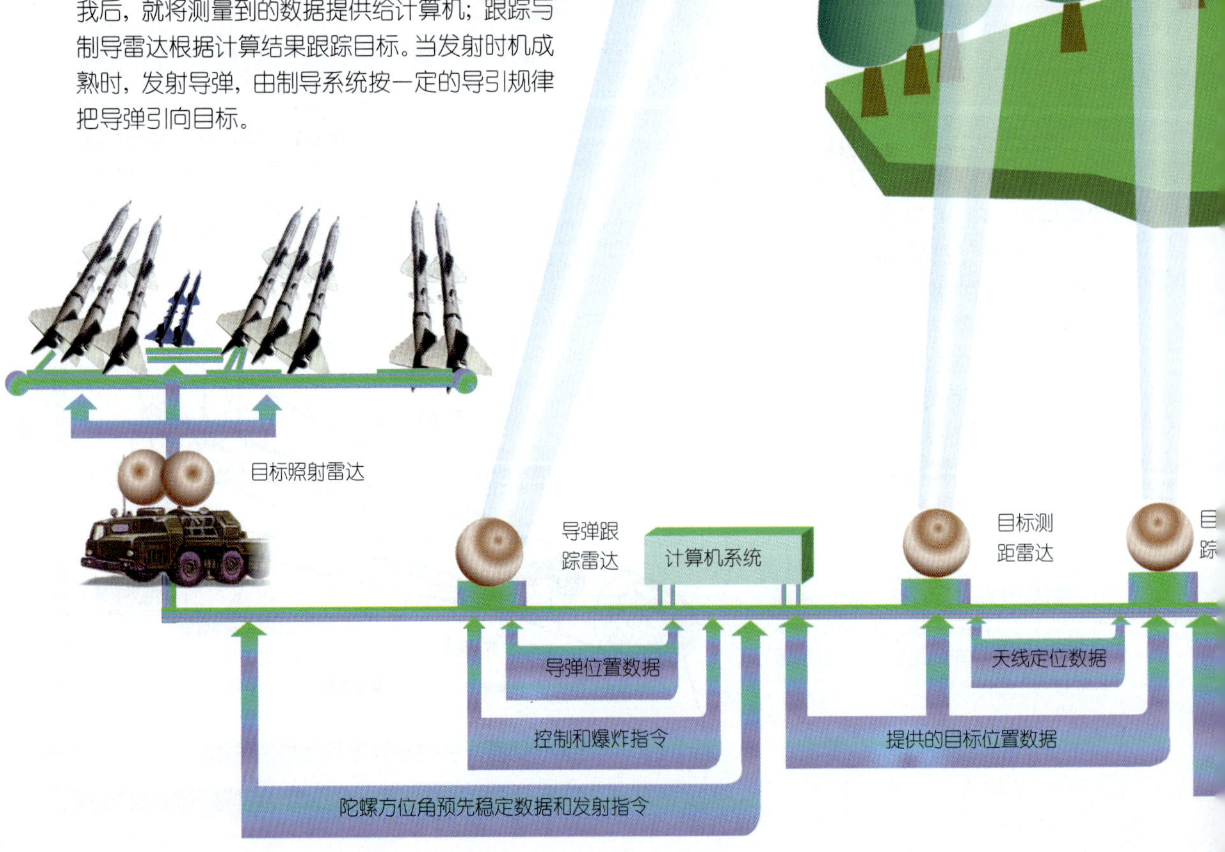

战斗部系统是导弹的重要组成部分，摧毁敌方目标最终要靠战斗部系统。当导弹飞到目标附近时，战斗部系统就要选择最有利的时机摧毁目标。说它是个“系统”，是因为它由战斗部、引信和保险装置等部分组成。

地空导弹的战斗部一般由烈性炸药制成，经常装上各种形状的预制破片，以增强杀伤威力。

引信的作用是保证战斗部在最恰当的时机爆炸，最大程度地破坏目标。地空导弹常常使用“无线电近炸引信”，导弹并不和飞机碰撞，而是距飞机一定距离时爆炸，这样杀伤力更强。保险装置既要保证导弹不伤及自己人，又要在恰当的爆炸时机前把保险解除。

引信和战斗部要很好配合才能最大程度地毁伤目标，这就是“引战配合”。

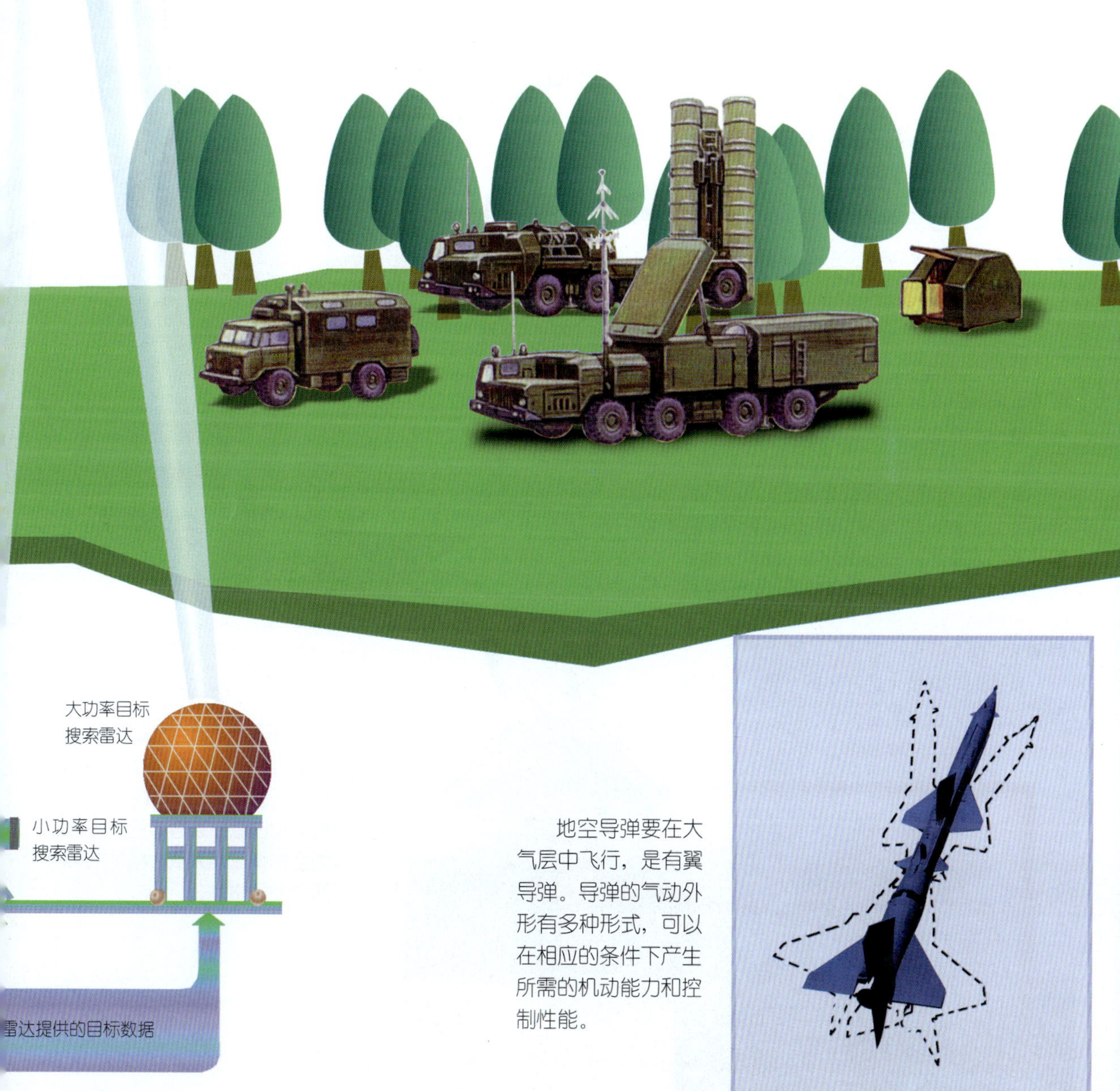

地空导弹要在大气层中飞行，是有翼导弹。导弹的气动外形有多种形式，可以在相应的条件下产生所需的机动能力和控制性能。

地空导弹面临挑战

近年来，地空导弹性能不断改进，但是它的对手是性能不断提高的空袭兵器。如21世纪新一代高超声速飞机（速度可能会达到12～15倍声速）、突防能力不断改善的地地弹道导弹、巡航导弹以及无人驾驶作战飞机等。加之这些空袭兵器的隐身技术水平日益提高，电子干扰能力不断增强，又能得到军事卫星的信息、通信支援或指挥、控制，作战能力成倍增长。看来，地空导弹面前的压力丝毫没有减少。

值得一提的是，在空地导弹中，以追踪雷达波束辐射为特征的反辐射导弹专门攻击地面雷达，对地空导弹武器系统构成了重大威胁。

反辐射导弹在50年代末就已出现。在越南战场上，美国曾用百舌鸟反辐射导弹攻击越南的防空雷达。海湾战争中，美军用第三代反辐射导弹——哈姆导弹摧毁了伊拉克首都几乎所有的防空雷达，使伊军盲目发射的导弹无一命中。

反辐射导弹技术还在不断发展，地空导弹应对的任务仍很繁重。

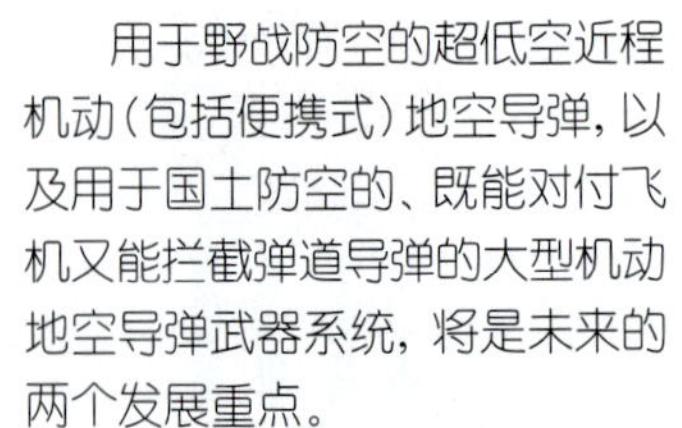

用于野战防空的超低空近程机动（包括便携式）地空导弹，以及用于国土防空的、既能对付飞机又能拦截弹道导弹的大型机动地空导弹武器系统，将是未来的两个发展重点。

新一代地空导弹将不再是“单兵”作战，而是组合成现代化的防空网络，成为国家防御体系的一部分。地空导弹将建立在以运行于外层空间的军事卫星为核心的“天基”预警与指挥控制系统基础之上，具有大大增强的大空域多目标作战能力。

新一代地空导弹技术的核心是更为先进的精确制导技术和更强的抗干扰能力。各种自动寻的精确制导系统、高速信息处理系统、智能化计算机系统、卫星导航系统都将汇集到地空导弹武器系统上来。

智能化计算机技术应用于地空导弹的制导，可以将即时获得的目标图像与数据库中存储的目标图像加以对比，进而识别出目标的类型；之后汇集所有目标参数，自动决定火力配备和打击时机；还能根据打击效果排定以后的打击程序。

近年来，定向能武器技术发展迅速，部分技术已达到实战应用的水平。不久，强激光武器、强微波武器以及粒子束武器等“新概念兵器”将登上前台，并很快和地空导弹武器系统相结合。用定向能武器毁伤敌空袭兵器的电子系统，再用地空导弹最终将目标摧毁，很可能是大有前途的作战方式。

中国要有强大的海防

我国辽阔的国土包括960万平方千米的陆地和300多万平方千米资源丰富的海域。我国的海岸线绵延32000多千米，还拥有6500多个美丽的岛屿。19世纪中叶，西方列强凭借坚船利炮打开了腐败的清政府封闭的国门。一部苦难的近代史教育了中国人民：必须要有强大的海防！

要发展强大的海防，必须建立强大的海军；而现代海军最重要的装备就是种类繁多的导弹武器。

1860年在第二次鸦片战争中被英法侵略军烧毁的圆明园遗址，向世人昭示着帝国主义的残暴和中国人民曾经遭受过的屈辱。

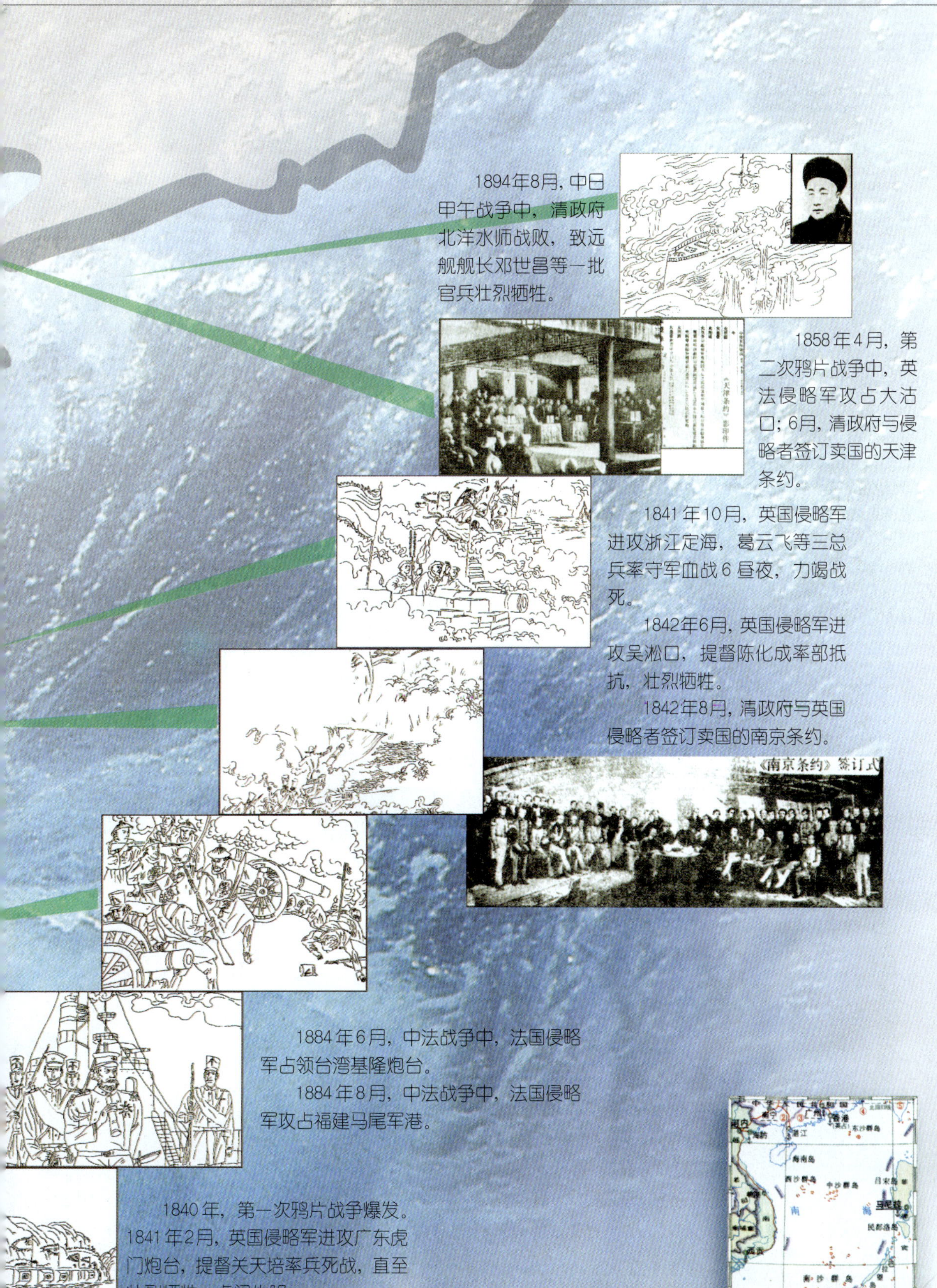

1894年8月，中日甲午战争中，清政府北洋水师战败，致远舰舰长邓世昌等一批官兵壮烈牺牲。

1858年4月，第二次鸦片战争中，英法侵略军攻占大沽口；6月，清政府与侵略者签订卖国的天津条约。

1841年10月，英国侵略军进攻浙江定海，葛云飞等三总兵率守军血战6昼夜，力竭战死。

1842年6月，英国侵略军进攻吴淞口，提督陈化成率部抵抗，壮烈牺牲。

1842年8月，清政府与英国侵略者签订卖国的南京条约。

1884年6月，中法战争中，法国侵略军占领台湾基隆炮台。

1884年8月，中法战争中，法国侵略军攻占福建马尾军港。

1840年，第一次鸦片战争爆发。1841年2月，英国侵略军进攻广东虎门炮台，提督关天培率兵死战，直至壮烈牺牲，虎门失陷。

导弹——现代海军武器装备的主力

海军是综合性军种，各式导弹是现代海军最重要的武器装备。海军拥有的导弹种类之多，居各军种之首。

中国舰舰导弹

由于海上作战环境恶劣，海军装备的导弹和陆地上的导弹相比，有许多自己的特点。比如由于舰艇空间有限，整个导弹武器系统都要小型化，还要能很好地和其他武器、设施配合使用。又如导弹长期安置在舰上，必须耐受温度、湿度的剧烈变化和盐雾的腐蚀。再如在动力设备的振动、噪声的影响下，导弹系统要能可靠地工作。还有，导弹安装在独立游弋的舰艇上，维护条件有限，因此对它的可靠性要求极高，等等。

海军装备的导弹按发射位置－目标位置的不同可分为以下几类：

舰舰导弹——导弹安装在舰艇上，对付敌方舰艇；

空舰导弹——导弹由海军作战飞机携带，对付敌方舰艇；

舰空导弹——导弹安装在舰艇上，对付敌方飞机以及掠海飞行的反舰导弹；

岸舰导弹——导弹装备在海岸上，对付敌方舰艇。

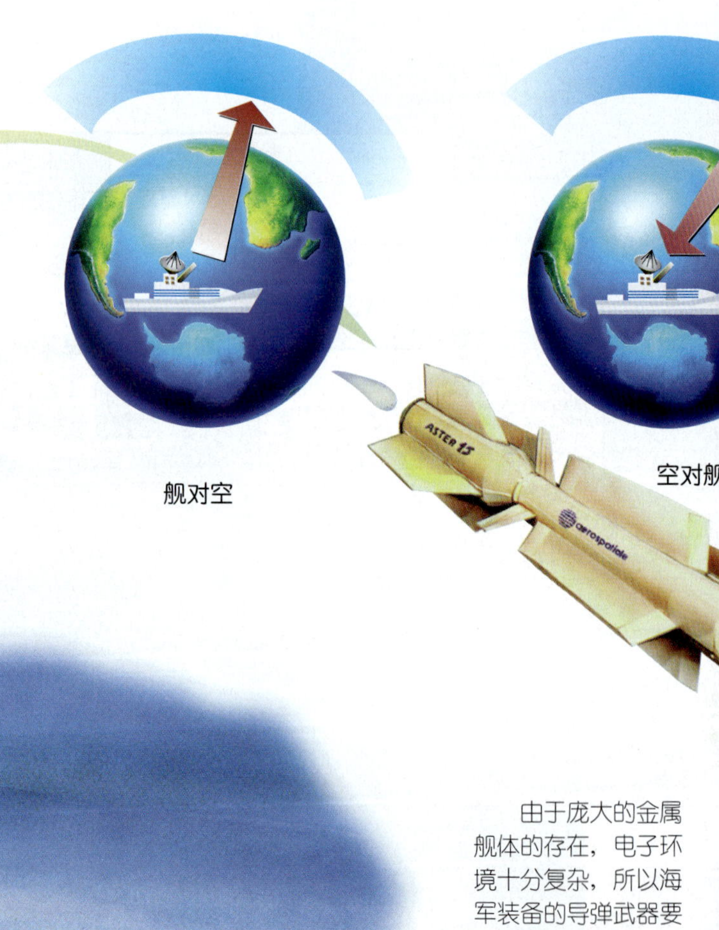

舰对空

空对舰

由于庞大的金属舰体的存在，电子环境十分复杂，所以海军装备的导弹武器要有很强的防电磁干扰能力。

通用性，即一弹多用，是海军装备的导弹武器的一个显著特点。一种类型的舰舰导弹，同时又有岸舰型、空舰型或水下发射型。美国的“捕鲸叉”、法国的“飞鱼”以及意法联合研制的“奥托马特”等舰舰导弹，几乎都有相应的岸舰型、空舰型或水下发射型。

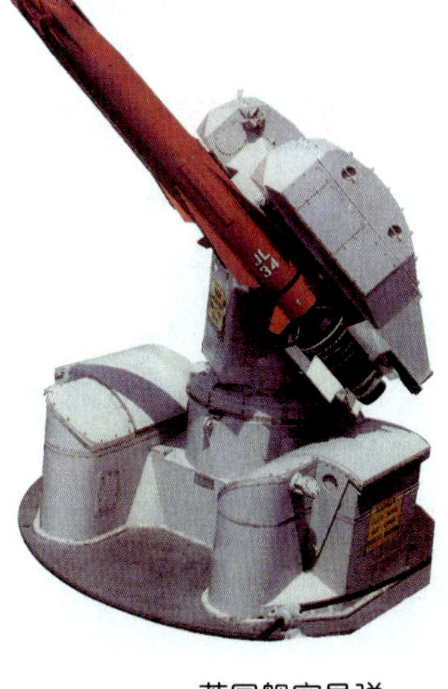

英国舰空导弹

美国舰舰导弹

海军各类舰艇装备了导弹武器以后，海军的作战方式发生了革命性的变化。导弹可以在敌方火力射程之外发射，也可以在敌方可视距离以外发射。第二次世界大战时期，敌对双方舰艇或舰艇与飞机、舰艇与海岸炮之间面对面拼杀的场面，今后出现的机会越来越少了。

舰对舰

岸对舰

飞鱼AM-39空舰导弹在多次实战中应用。1982年5月，在英阿马岛战争中，阿根廷用该型导弹击毁了英国的谢菲尔德号驱逐舰和大西洋运输者号运输船。飞鱼导弹一鸣惊人，每枚身价由20万美元暴涨至100万美元。

法国舰舰导弹

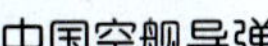

中国空舰导弹

中国岸舰导弹

— 飞航式导弹的制导 —

在海军导弹武器库里，除舰艇防空导弹和潜艇水下发射的弹道导弹外，其他类型的导弹都可以划入飞航式导弹一类。这一类导弹采用的制导技术主要包括惯性制导、无线电或雷达高度表测高以及末制导（雷达、红外、红外成像等）技术。在导弹飞行的各段常采用不同的制导技术或是两种以上制导技术的复合制导。例如，中段通常采用惯性制导，末段则采用主动雷达制导、红外制导等。

习惯上将射程大于500千米的飞航式导弹称为巡航导弹，它可自成一类。巡航导弹采用的主要制导技术是地形匹配制导。

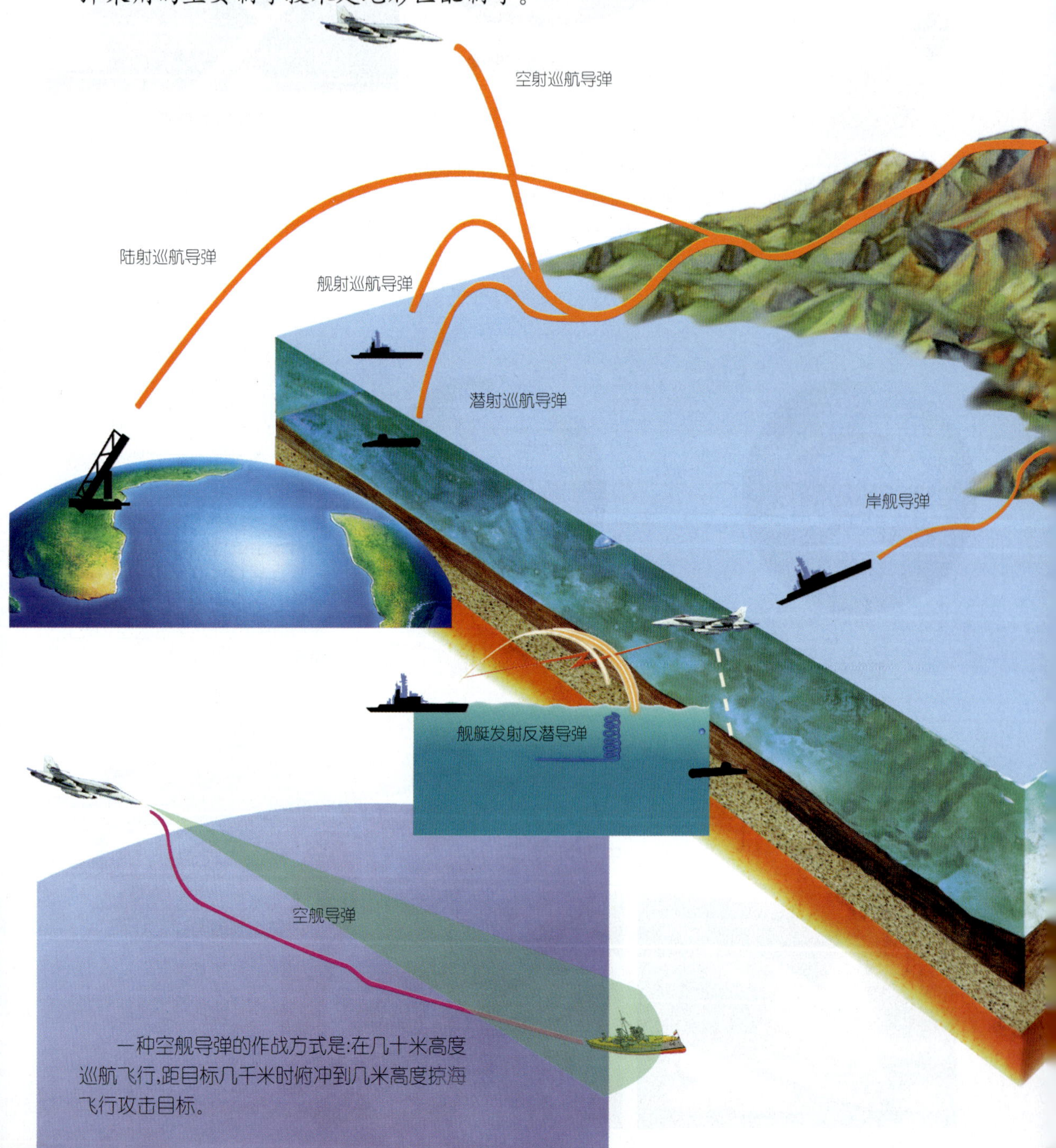

一种空舰导弹的作战方式是：在几十米高度巡航飞行，距目标几千米时俯冲到几米高度掠海飞行攻击目标。

地形匹配制导技术常用于巡航导弹，是利用图形识别技术来导引导弹的一种自主式制导。作战前把用各种侦察手段测到的地形数据储存在弹上计算机中。导弹巡航飞行时，利用即时测得的数据与已知地形数据相比较，以纠正导弹的航向。

GPS(全球定位系统)利用卫星导航，将它加装到巡航导弹上，可以得到更高的制导精度。GPS也有易受干扰等缺点，因此可将它和惯性制导组合，用于巡航导弹的中段制导。

超视距舰舰导弹的制导系统包括第二制导站(直升机或其他舰艇)。直升机的主要任务是搜索跟踪目标，并实时将目标的位置参数连续不断地发送给导弹发射舰。发射舰在导弹发射前，利用直升机发送来的数据计算导弹的飞行弹道。导弹发射后，利用直升机发送来的实时目标数据计算修正指令，再用指令发射机将修正指令发送给飞行中的导弹。

舰舰导弹的“超视距”制导

红外寻的制导是末制导技术的一种，在反舰导弹中应用得很多，因为舰艇本身特别是其动力系统是一个良好的红外(热波)源。红外末制导的抗干扰能力强、导引精度高。

一种舰舰导弹的飞行弹道

一种岸舰导弹的飞行弹道

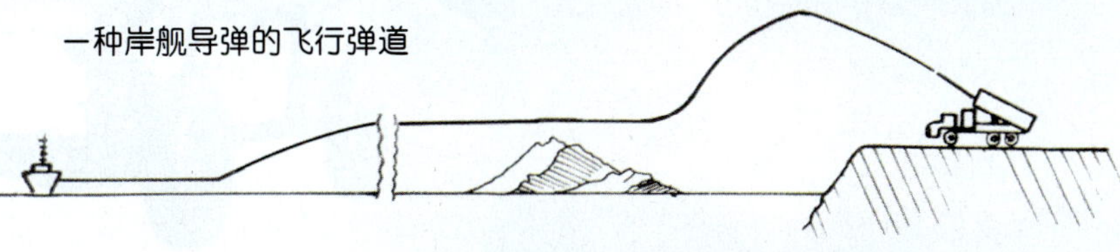

雷达导引头在飞航式导弹末制导中应用也很普遍。通常是在导弹结束巡航时再次降低高度，此时雷达导引头开机，导弹开始自动飞向目标。

海军装备的各式战术导弹

海军装备的战术导弹种类繁多，有舰空导弹，用于攻击空中目标；有空舰、舰舰、岸舰、潜舰导弹，用于攻击各类水面目标；还有巡航导弹，用于攻击水面或陆地目标。

岸舰导弹，外形各不相同，是沿海防御的主要武器。

拉姆（RAM）是近程、超声速、轻型、快速反应的防空导弹系统，用于拦截掠海飞行的反舰导弹和高速飞机，由美国、德国、丹麦联合研制，美国通用动力公司生产。

我国于60年代末研制成功海鹰二号岸舰导弹，走出了一条独立自主发展反舰导弹的道路。以后在它的基础上，又发展了改型、降高、红外弹等多种型号，形成了海鹰二号系列导弹武器。

我国于60年代仿制成功上游一号舰舰导弹，以后经过改进，实现了导弹的超低空飞行，提高了抗干扰能力，为独立研制舰舰导弹创造了条件。

舰队在海上航行，要独立执行防空任务，所装备的舰空导弹，要能打击各种来袭目标。比如，要有能在近距离对付低空飞机的近程低空舰空导弹，也要有在远距离对付高空飞机的远程高空舰空导弹。

先进的舰载防空导弹

“海狼”和“海标枪”都是英国研制的舰空导弹，但在马岛战争的“实战考验”中，战绩却完全不同。近程低空舰空导弹“海狼”弹体小巧(长2米)，速度快(2.5倍声速)，在马岛战争中击落阿根廷飞机多架，还成功地拦截了阿方发射的美制小斗犬空舰导弹。海标枪导弹则因为电子系统预热时间长而丧失了战机，使英国考文垂号驱逐舰被阿根廷飞机用普通炸弹击沉。

AS-15TT是全天候亚声速轻型空舰、岸舰和舰舰通用导弹，其基本型装备直升机，用于攻击中小型舰艇。该导弹由法国航空航天公司战术导弹分部研制。

海上长城——中国反舰导弹

我国于1961年9月组建海防导弹研究机构，从仿制到自行设计、自行研制，再到改进、创新，几十年来研制了成系列的岸舰、舰舰、空舰导弹装备我人民海军。我国的反舰导弹已从早期的近岸防御型发展到近海防御型，为祖国的海疆筑起了一道海上长城。

1984年，挂有C601导弹的载机
固定与活动两种靶标进行发射试验，
4发导弹全部命中目标。我国从此
有了自行研制的空舰导弹。

1985年9月，C801导弹接受全
考核，进行海上发射试验，6发6
试验圆满成功。1987年定型后，C8
导弹正式投入现役。

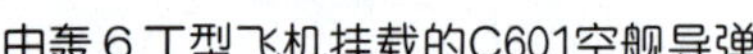

由轰6丁型飞机挂载的C601空舰导弹

高亚声速、超低空掠海飞行的C801多用途反舰导弹

发射中的C801反舰导弹。这种导弹可以装备在导弹快艇、护卫舰、驱逐舰或潜艇上，用以打击敌人的大中型水面舰艇。

新一代的C802机动式岸舰导弹，可以从岸上机动发射，也可以从舰艇、飞机上发射。在沿海布防C802导弹，可以封锁海峡和航道，保卫沿海城市和海上交通线。

中国海鹰机电技术研究院

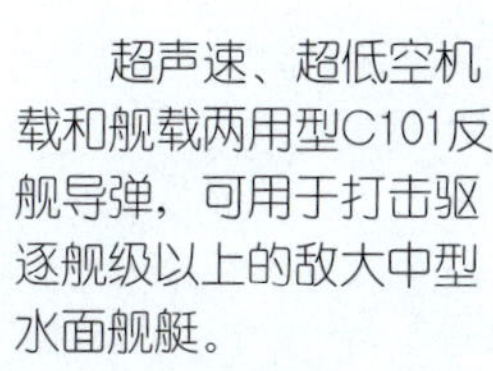

超声速、超低空机载和舰载两用型C101反舰导弹，可用于打击驱逐舰级以上的敌大中型水面舰艇。

C101导弹从舰艇或载机上发射后，舰艇或飞机可以立即机动撤离，舰、机上的雷达也可以关闭，而导弹完全自主地飞向目标。因此，C101属于“发射后不管”的导弹。

巡航导弹——
新一代先进的精确制导武器

巡航导弹实际上是携带核弹头或携带破坏力极大的常规弹头的无人驾驶飞机。它可以远程奔袭，在巡航时低空飞行，既很难被雷达发现，又能有选择地、以很高的精确度打击目标。1991年1月美国战斧巡航导弹在海湾战争中出尽风头，饱经实战考验。在1999年科索沃战争中，巡航导弹也是北约的主要空袭武器。核战略巡航导弹已成为核威慑力量的一部分，巡航导弹可肩负战略、战术双重使命，各国都在加紧研制。

目标已被巡航导弹“锁定”，难逃厄运。

世界上最早出现的巡航导弹是第二次世界大战期间纳粹德国研制的V-1导弹，最大飞行高度915米，最大射程240千米，命中精度以千米计。经过50多年的发展，今日的巡航导弹已不可同日而语。高效率的小型涡轮风扇或涡轮喷气发动机、小型化弹头、中制导和末制导技术加GPS修正技术，已使巡航导弹成为备受世人瞩目的导弹武器。

为了使巡航导弹的攻击精确度更高，新一代设计和改装的巡航导弹增加了GPS（全球定位系统）修正系统。利用GPS对目标进行精确定位，形成智能化精确打击武器系列。

潜艇上待发的战斧巡航导弹

美国的战斧巡航导弹从1972年开始研制，具备战略战术双重作战能力，可以从海、陆、空多种发射平台上发射，在1991年1月海湾战争中的表现非同寻常。

舰艇上装备的“战斧”是这样攻击目标的：

1.舰艇导航系统确定自己的位置，计算出发射导弹所需的全部参数和飞行弹道，输入到导弹的计算机中。

2.发射条件具备时，发射导弹。导弹先上升到一定高度，然后下降，进入巡航段，在7～15米的低空掠海飞行。

3.导弹进入陆地上空后，开始运用“地形匹配”制导技术。地形平坦就平飞，遇到山地就升高，遇到不是目标的障碍物就自动避开。

4.接近目标时，由景像匹配系统校准定位，然后导弹跃升到一定高度，再俯冲下来命中目标。

海湾战争中美军使用的“战斧”，在经历约1300千米的飞行后，能以不超过9米的误差命中目标。

战斧导弹从舰艇上发射

核导弹阴影下的世界

启动核武器的密码箱和大国首脑们形影不离，世界人民期盼密码箱的主人一代比一代更理智。

时刻不离美国总统左右的核按钮密码箱

导弹核武器自本世纪50年代出现至今，一直在威胁着全人类的生存。50年代中期开始的美苏核军备竞赛，到70年代初已使核导弹的数量大大膨胀。美苏部署的战略弹道导弹总数分别达到1710枚和2436枚；战略弹道导弹核弹头总数分别达到过8210枚和11008枚，这些核弹头的TNT当量从数十万吨到百万吨级、千万吨级。参加军备竞赛的大国首脑们也承认，这些核弹头足够把整个世界摧毁多次。

迫于世界人民呼吁和平的强大压力，也出于双方共同利益的需要，在1972～1993年间，不同时期的美、苏（俄）领导人共同签署了5项限制和裁减进攻性战略武器协议，并开始实施部分销毁和限制计划。但是，这些协议却又加剧了核导弹在质量方面的竞赛。更有甚者，因为协议没有限制巡航导弹，大国又转而竞相发展战略巡航导弹。人类仍然生活在核导弹威胁的阴影之下。

中国发展并装备了少量核导弹，完全是为了防御，为了遏制敌人可能发动的核袭击，确保国家的独立和安全；更是为了打破核垄断，最终消灭核武器和核战争。同时，中国政府早已承诺：在任何情况下决不首先使用核武器。

它们都瞄向哪里

TMD(Theater Missile Defence)即战区导弹防御系统。

NMD(Nation Missile Defence)即国家导弹防御系统。

TMD和NMD都是美国里根政府于80年代初提出、后又放弃的“星球大战”计划的部分复现，是以防御为名，以守为攻，企图继续控制别人，称霸世界。

1998年8月以后，美国借口防御可能打到美国西部和东亚盟国的导弹，鼓动韩国、日本共同开发TMD,并企图将台湾置于TMD防御范围之内。

中国政府已明确表示，TMD违反了有关导弹的国际协议，干涉了中国内政。中国坚决反对TMD，坚决反对将我国领土台湾置于TMD防御范围之内。

中华第一箭

1970年4月24日21时35分，是一个历史性的时刻。中国长征系列运载火箭的排头兵——长征一号运载火箭携带着中国第一颗人造地球卫星，从酒泉发射场腾空而起，直奔东南方向的太空。10分钟后，卫星顺利进入轨道。

长征一号运载火箭发射的东方红一号卫星重173千克，超过苏、美、法、日四国第一枚运载火箭所运载卫星的总重。可见，中国运载火箭腾飞伊始，就向世界显示了它的高起点，显示了它强大的生命力和竞争力。

中国运载火箭技术研究院

长征一号

长征一号是一种串联式三级火箭，从底部到顶部依次为Ⅰ子级、Ⅱ子级和Ⅲ子级。第一、二级使用液体火箭发动机。第三级使用固体火箭发动机，被包容在整流罩中。火箭全长29.86米，起飞时重81.57吨，起飞推力为1040千牛。

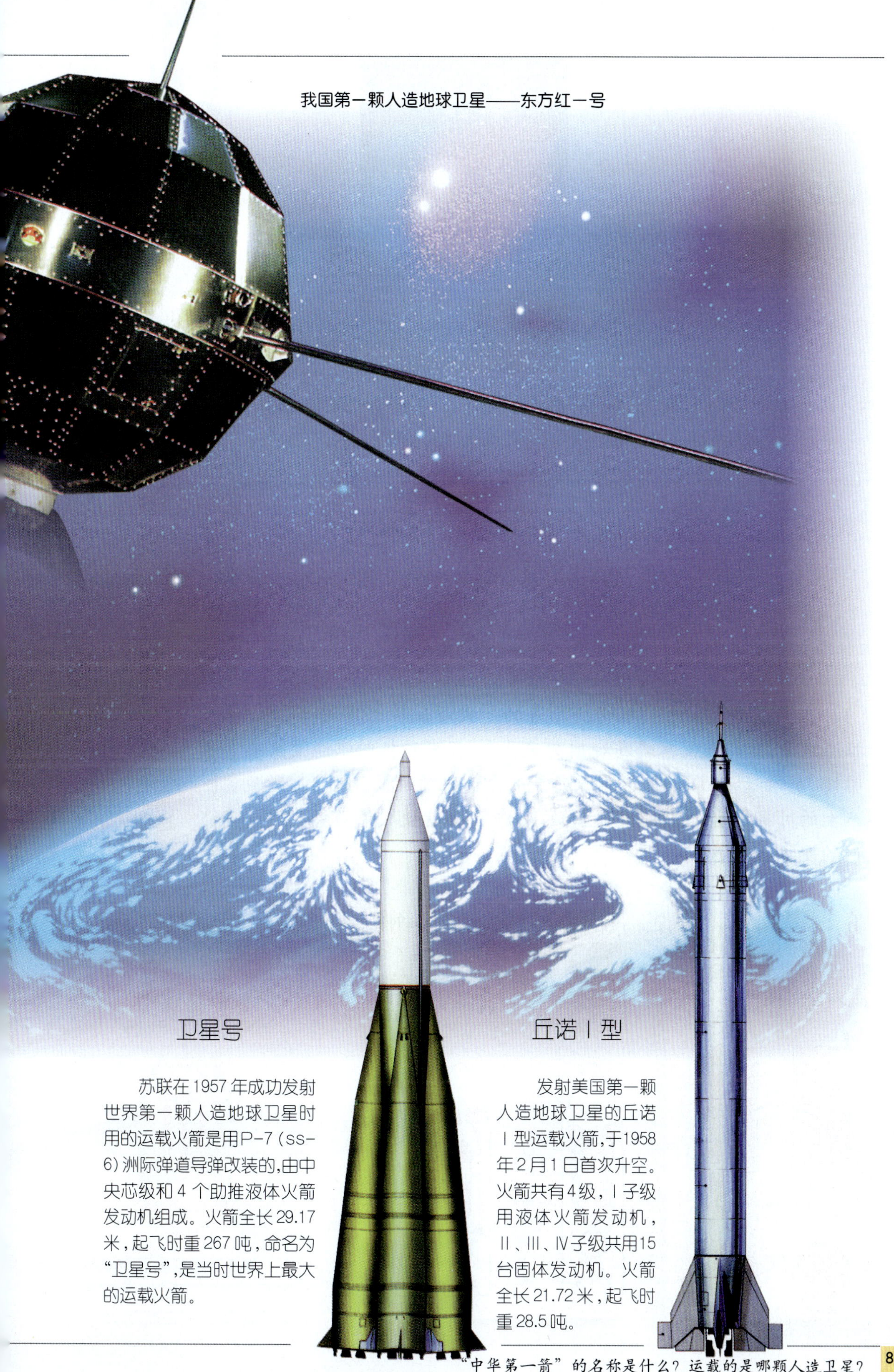

我国第一颗人造地球卫星——东方红一号

卫星号

苏联在1957年成功发射世界第一颗人造地球卫星时用的运载火箭是用P-7（ss-6）洲际弹道导弹改装的，由中央芯级和4个助推液体火箭发动机组成。火箭全长29.17米，起飞时重267吨，命名为“卫星号”，是当时世界上最大的运载火箭。

丘诺Ⅰ型

发射美国第一颗人造地球卫星的丘诺Ⅰ型运载火箭，于1958年2月1日首次升空。火箭共有4级，Ⅰ子级用液体火箭发动机，Ⅱ、Ⅲ、Ⅳ子级共用15台固体发动机。火箭全长21.72米，起飞时重28.5吨。

火箭是怎样推进的?

火箭是靠火箭发动机向前推进的。火箭发动机点火以后，推进剂(液体的或固体的燃烧剂加氧化剂)在发动机的燃烧室里燃烧，产生大量高压燃气;高压燃气从发动机喷管高速喷出，所产生的对燃烧室(也就是对火箭)的反作用力,就使火箭沿燃气喷射的反方向前进。

固体推进剂，从底层向顶层或从内层向外层快速燃烧。

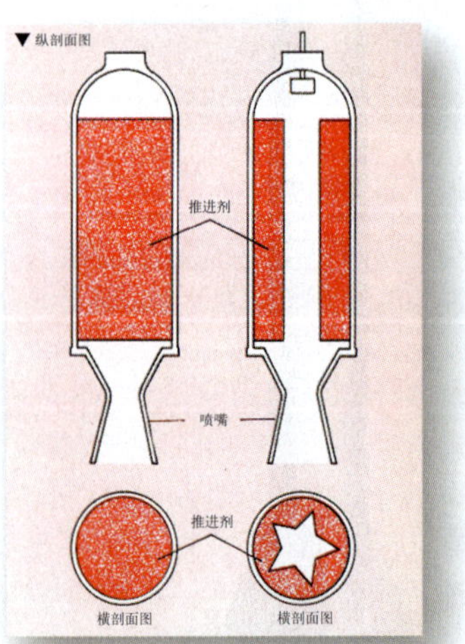

液体推进剂，用高压气体对燃烧剂与氧化剂贮箱增压，然后用涡轮泵将燃烧剂与氧化剂输进燃烧室。

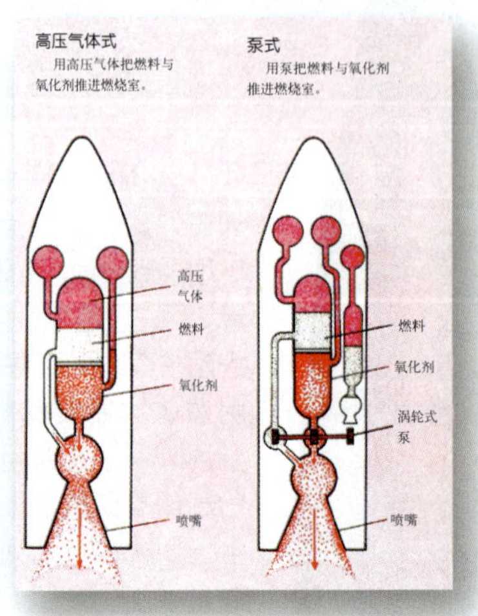

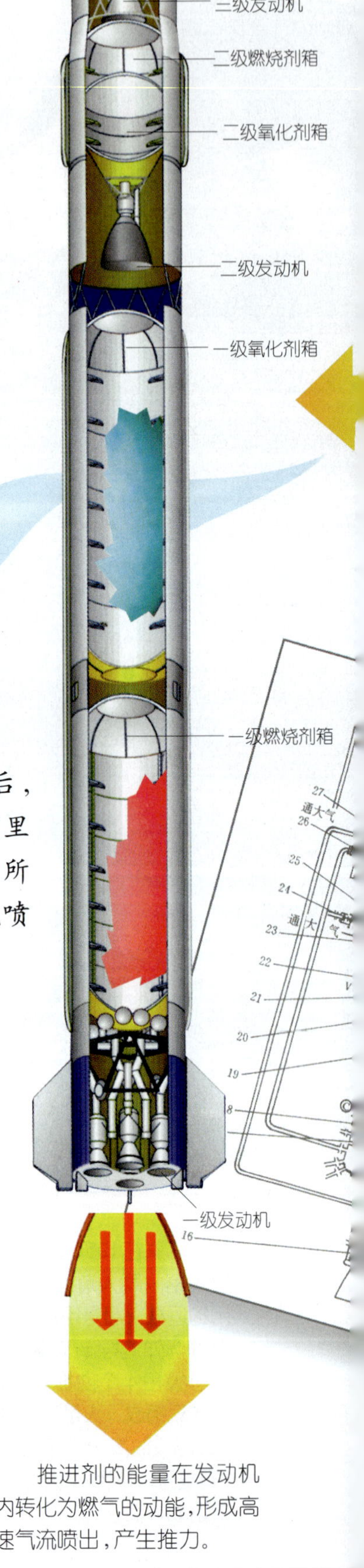

推进剂的能量在发动机内转化为燃气的动能,形成高速气流喷出，产生推力。

火箭推进原理依据的是牛顿第三定律:作用力和反作用力大小相等,方向相反。一个扎紧的充满空气的气球一旦松开,空气就从气球内往外喷,气球则沿反方向飞出。

航天化学动力技术研究院

液体火箭发动机部分结构示意

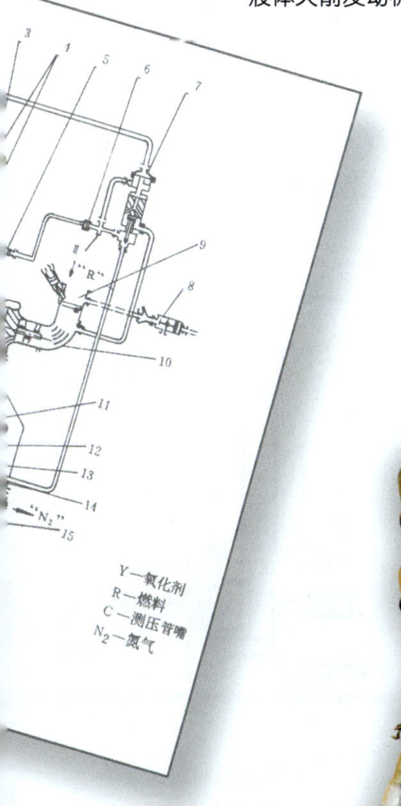

推力是表示火箭发动机性能的主要参数之一，它是推进剂在推力室中燃烧产生的高温燃气经过喷管高速喷射而产生的反作用力。推力是直接作用在推力室内外表面上的力的合力。

比冲,是表示火箭发动机性能的另一个重要参数。它表示火箭发动机在稳定工作状态下，每单位质量的推进剂所产生的推力值。比冲的大小和喷管出口面积与推力室喉部面积之比（面积比）有关。面积比越大,比冲越高。

并联的四台液体火箭发动机

喷管形状直接影响比冲的大小
（燃气从喷口喷出时的速度）

超声速　声速　不加速

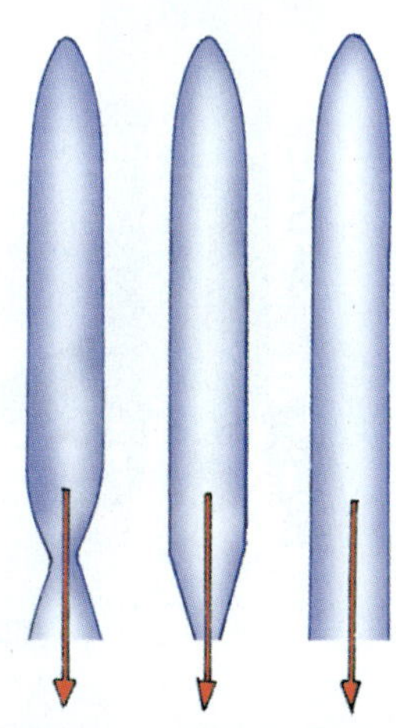

火箭推进时，反作用力是如何产生的？作用到何处？

运载火箭的推进系统

运载火箭的推进系统是火箭飞行的动力源。以将阿波罗11号载人飞船送上月球的美国土星5号运载火箭为例，它是一种串联式三级火箭，每一级火箭都有自己单独的推进系统。

火箭发射时先点燃第一级，第一级工作结束后被分离、抛掉，随即第二级开始工作，以此类推，一级接一级，整个运载火箭随着高度的增加越来越轻，而速度不断增大，直到把飞船送入绕月球飞行的轨道。

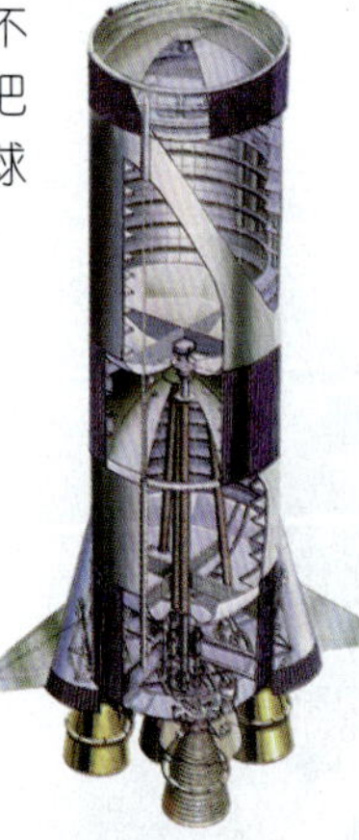

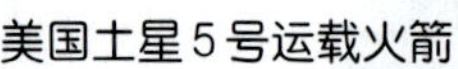

美国土星5号运载火箭

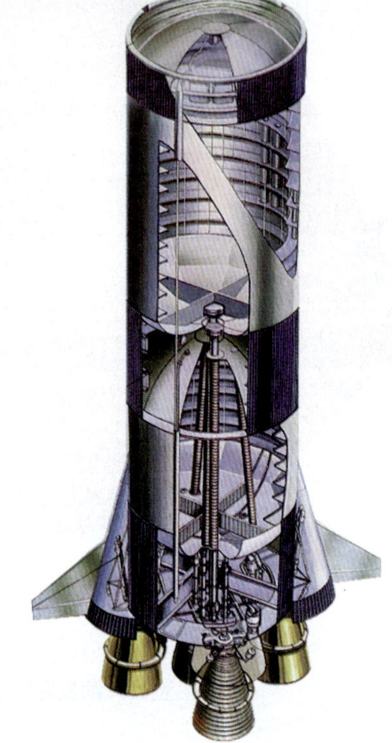

第一级(Ⅰ子级)火箭，装有5台F-1发动机，推进剂为煤油和液氧。

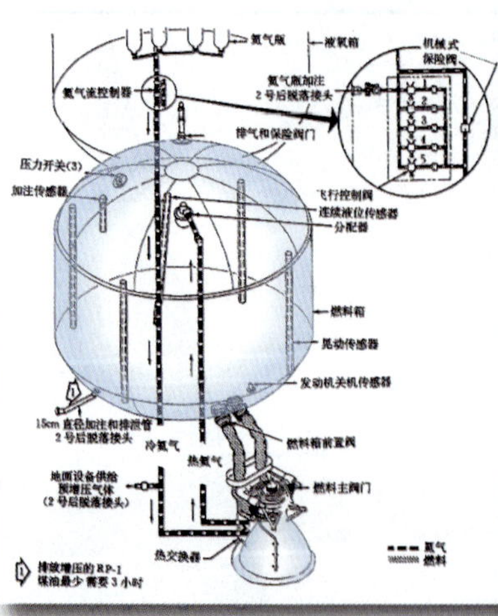

Ⅰ子级燃料输送系统

土星5号推进系统示意图(1)

第二级(Ⅱ子级)装有5台J-2发，推进剂为液氢氧。

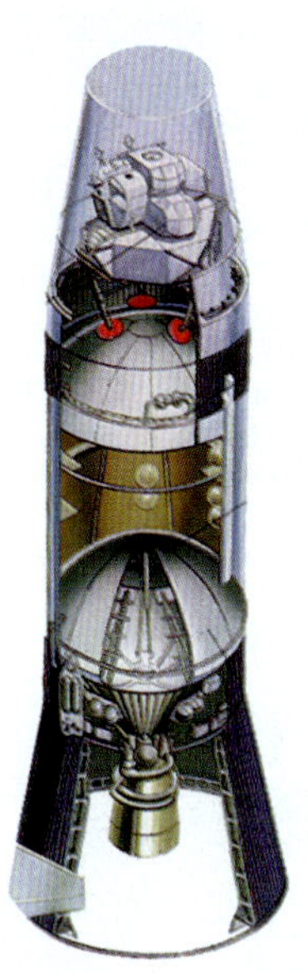

第三级(Ⅲ子级)火箭，装1台J-2发动机，推进剂为液氢和液氧。

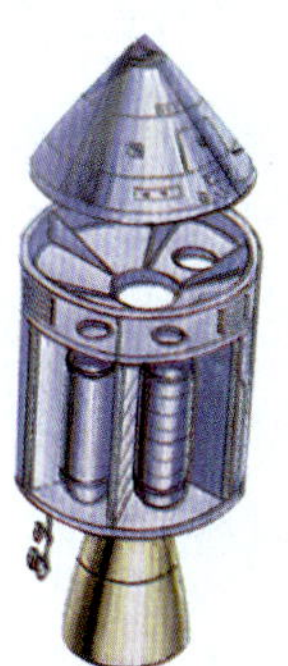

指令舱，乘载的宇航员在其上部。

救生塔，在起飞发生意外时推动指令舱逃逸，运送宇航员到安全区。

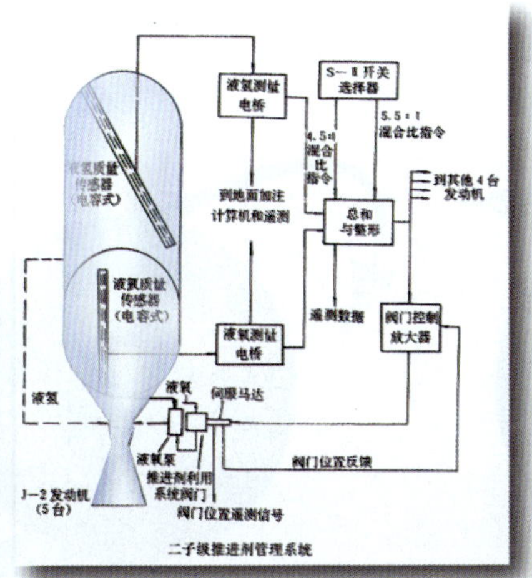

Ⅱ子级推进剂管理系统
土星5号推进系统示意图(2)

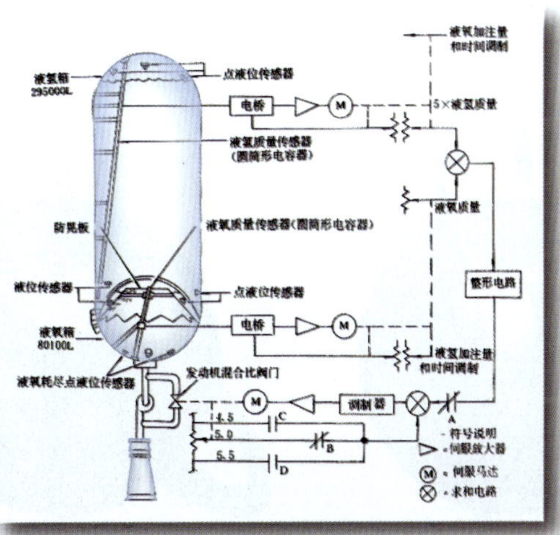

Ⅲ子级推进剂利用系统
土星5号推进系统示意图(3)

航天器的轨道和运载火箭的发射窗口

准确选择发射窗口是保证航天器发射成功的重要条件之一。

广阔的天空无遮无拦，哪里来的"窗口"呢?这里的"窗口"是时间概念，是允许运载火箭发射航天器的时间范围，也就是发射时机。

决定发射窗口要考虑很多因素，包括：天体运行的轨道条件，航天器的轨道要求和工作条件，地面跟踪测控以及气象条件等等。其中，所发射的航天器最终要进入什么轨道，是一个很重要的因素。

人造地球卫星的几种轨道

极轨道

轨道平面倾斜角度为90度、通过地球南北极的轨道。在这种轨道上飞行的卫星可以经过地球上任何地区的上空。

顺行轨道

轨道平面倾斜角度小于90度。把卫星送入这种轨道，火箭要朝偏东方向发射，可利用地球自西向东转的部分速度，节省发射火箭用的能量。

逆行轨道

轨道平面倾斜角度大于度。把卫星送入这种轨道，要加运载火箭的负担，一般不用。但是，有一种"太阳同步道"卫星，必须用逆行轨道

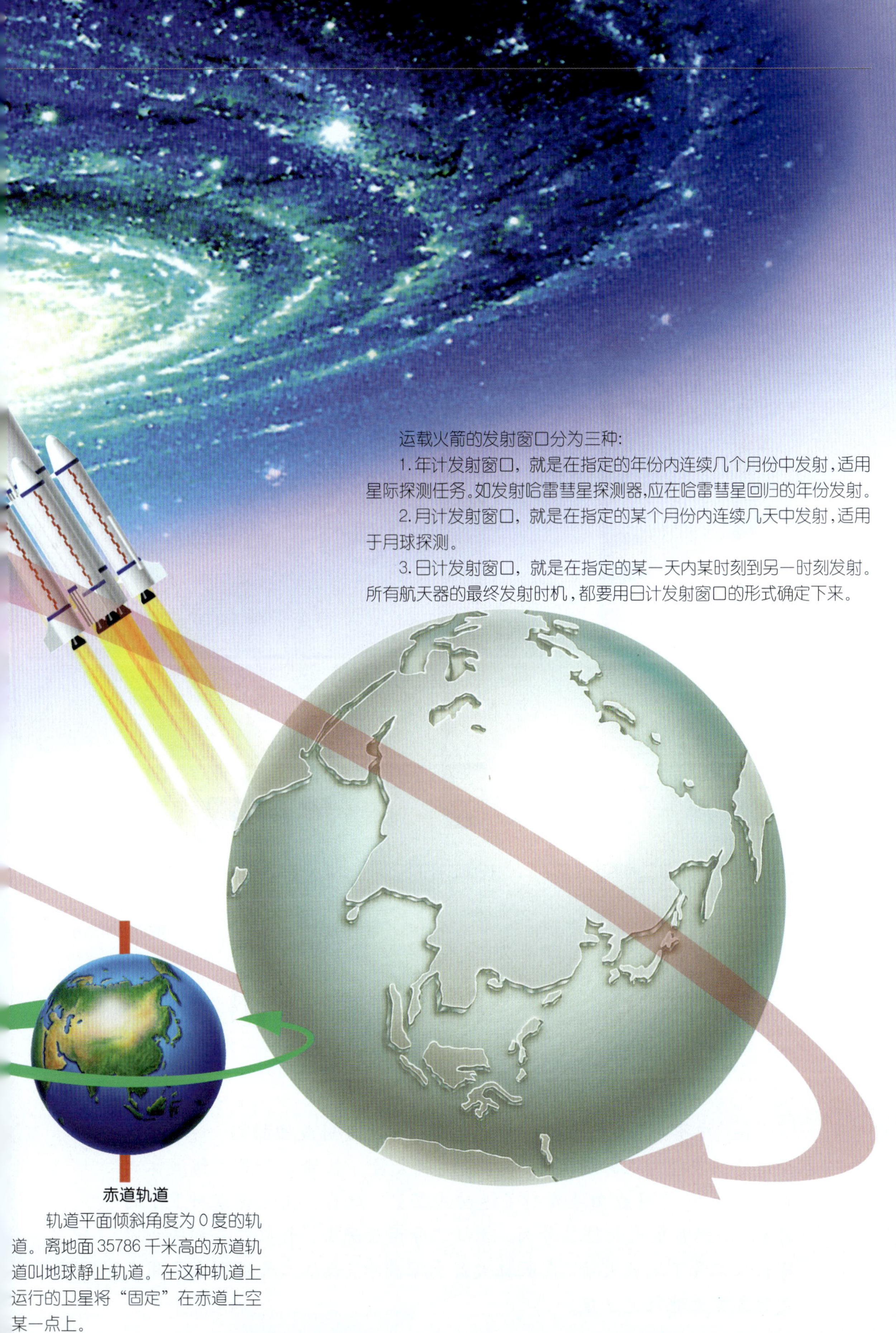

运载火箭的发射窗口分为三种:

1.年计发射窗口，就是在指定的年份内连续几个月份中发射，适用星际探测任务.如发射哈雷彗星探测器,应在哈雷彗星回归的年份发射。

2.月计发射窗口，就是在指定的某个月份内连续几天中发射，适用于月球探测。

3.日计发射窗口，就是在指定的某一天内某时刻到另一时刻发射。所有航天器的最终发射时机，都要用日计发射窗口的形式确定下来。

赤道轨道

轨道平面倾斜角度为0度的轨道。离地面35786千米高的赤道轨道叫地球静止轨道。在这种轨道上运行的卫星将“固定”在赤道上空某一点上。

近地轨道直通车
——长征二号系列运载火箭

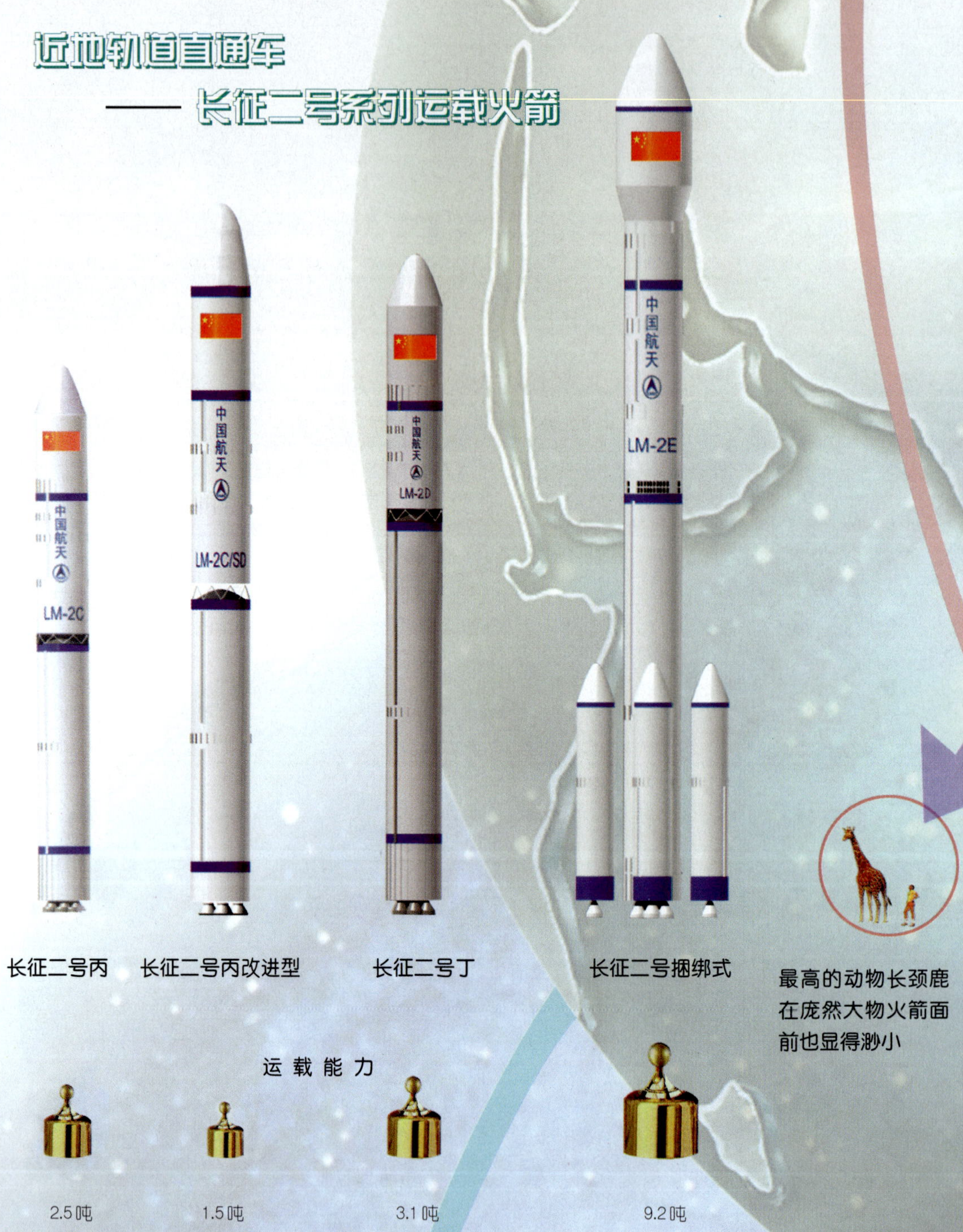

长征二号丙　长征二号丙改进型　长征二号丁　长征二号捆绑式

最高的动物长颈鹿在庞然大物火箭面前也显得渺小

运载能力

2.5吨　1.5吨　3.1吨　9.2吨

在“中华第一箭”长征一号运载火箭首次发射成功的同一年，我国开始研制直径为3.35米的长征二号运载火箭。长征二号是二级液体火箭，1975年11月成功地发射了返回式卫星。此后，又根据发射卫星的需要，陆续派生出长征二号丙、长征二号丙改进型、长征二号捆绑式以及长征二号丁运载火箭。在长征火箭大家族中，长征二号系列主要用于发射各类近地轨道卫星。

长征二号系列运载火箭的近地轨道运载能力：

长征二号	1.8 吨
长征二号丙	2.5 吨
长征二号丙改进型	1.5 吨
长征二号丁	3.1 吨
长征二号捆绑式	9.2 吨

通常把高度在500千米以下的卫星轨道称为低轨道，500～2000千米高的轨道称为中轨道，中、低轨道可合称为近地轨道。在近地轨道上运行着国土普查、气象、资源、移动通信等各种用途的卫星，它们在人类生活中发挥着巨大作用。

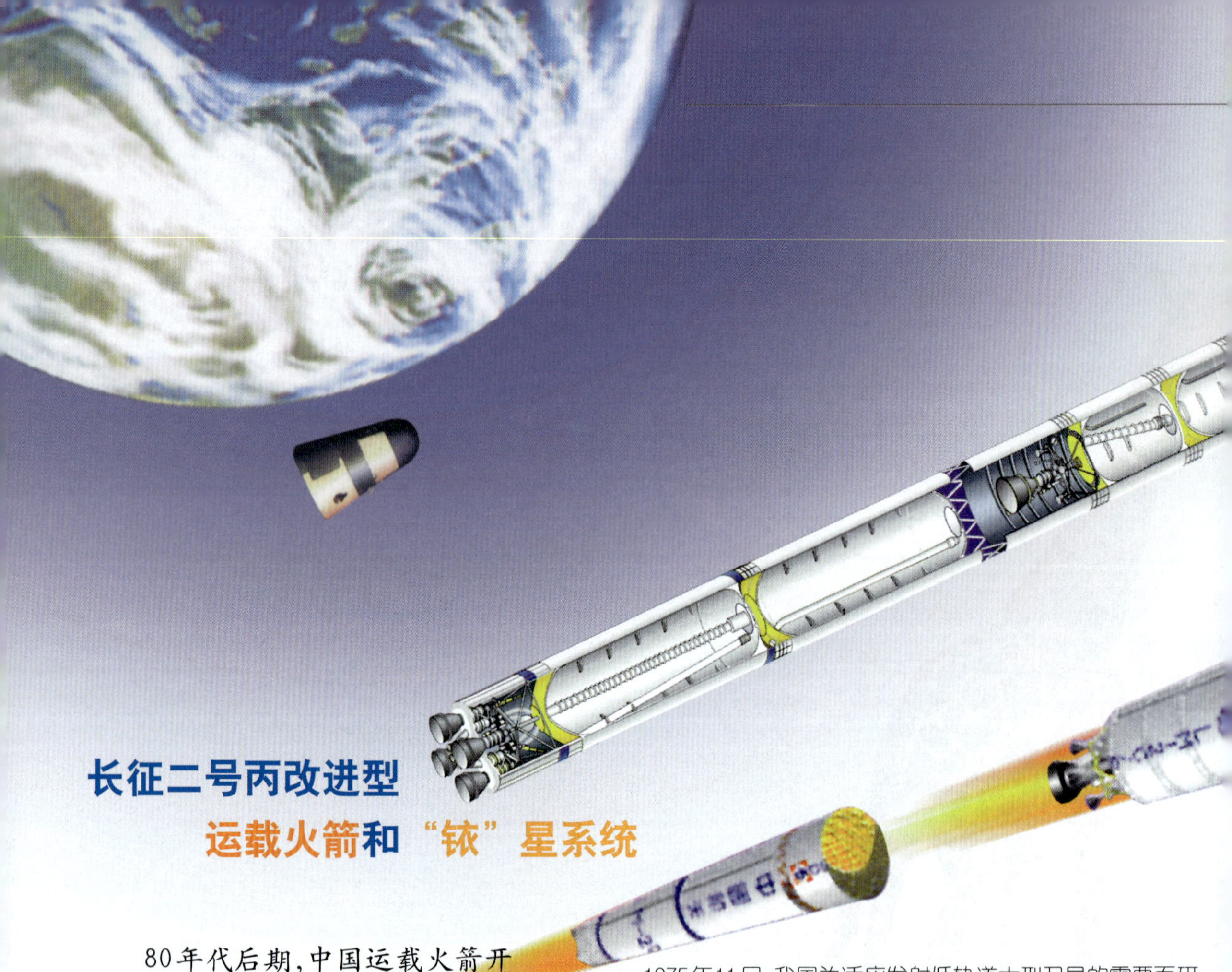

长征二号丙改进型运载火箭和“铱”星系统

80年代后期，中国运载火箭开始挺进国际商业卫星发射市场。

1975年11月，我国为适应发射低轨道大型卫星的需要而研制的第一种大型运载火箭长征二号，在酒泉发射场成功发射了第一颗返回式卫星。长征二号火箭能把重1.8吨的卫星送入数百千米高的椭圆轨道。这种距地球200～800千米的低轨道，适合对地观测卫星的运行，如侦察、气象、资源卫星等。

1982年9月，长征二号火箭系列的新成员——长征二号丙运载火箭发射返回式卫星成功。与长征二号相比，长征二号丙长度增加到35米，近地轨道运载能力从1.8吨提高到2.5吨。

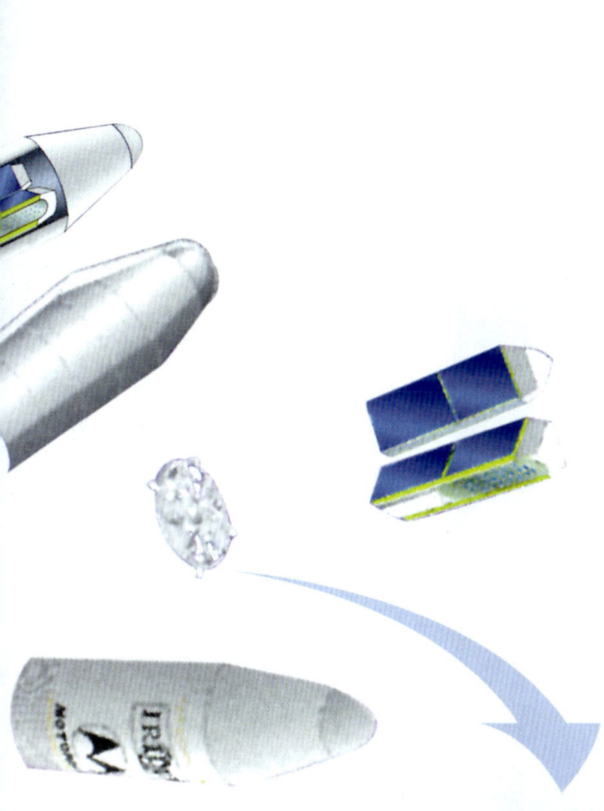

“铱”星系统是美国摩托罗拉公司设计的一种全球移动通信系统。原系统设计77颗卫星，与化学元素铱的电子数目相同，卫星分布也和铱的电子排列接近，因此以“铱”命名。优化设计后，全系统改为66颗（但仍保留了“铱”的命名）。

从1997年12月到1999年6月，长征二号丙改进型火箭先后6次圆满完成了合同中规定的任务——为“铱”星系统组网、补网共发射12颗卫星。

1987～1988年，长征二号丙运载火箭将搭载我国返回式卫星的法国、联邦德国的微重力试验装置送入太空。1993年4月，中美签订用中国火箭发射美国“铱”星的合同，由此产生了长征二号火箭系列的又一个新成员长征二号丙改进型火箭。长征二号丙改进型火箭全长40米，起飞时重213吨，能将1.5吨的有效载荷送入630千米的极地圆轨道。

长征二号丙改进型是在长征二号丙火箭的基础上，加长了II子级燃烧剂和氧化剂贮箱，增加了固体上面级卫星分配器。每次发射可将两颗铱星送入预定轨道。

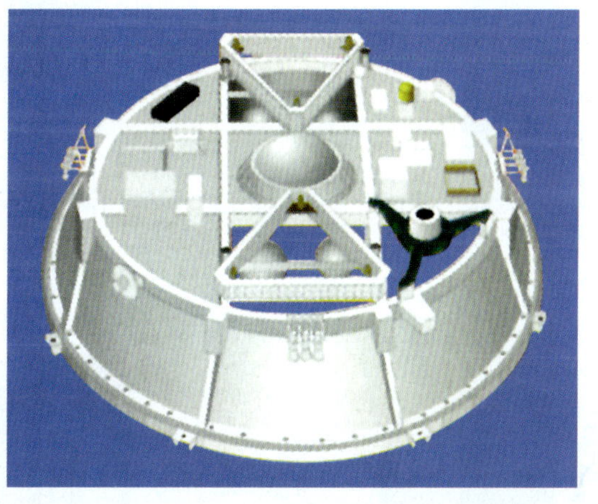

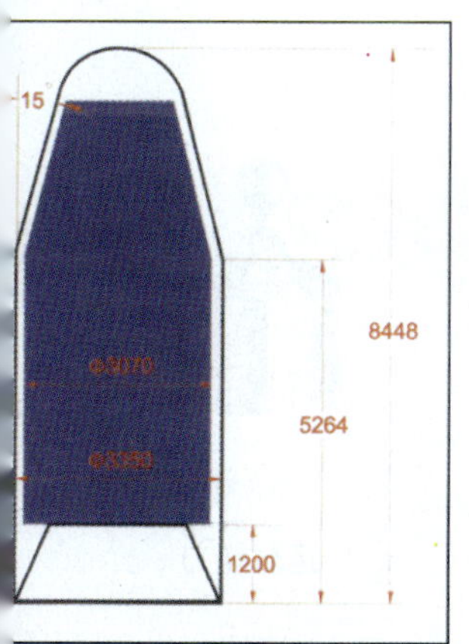

为了完成一箭双“铱”星的发射任务，新研制了卫星分配器。这是因为两颗“铱”星乘同一枚火箭上天，进入轨道时要符合卫星轨道高度和分布的设计要求。卫星分配器在适当的时刻把卫星“释放”出来，使卫星恰好在通信系统所要求的位置上运行。

长征二号捆绑式火箭

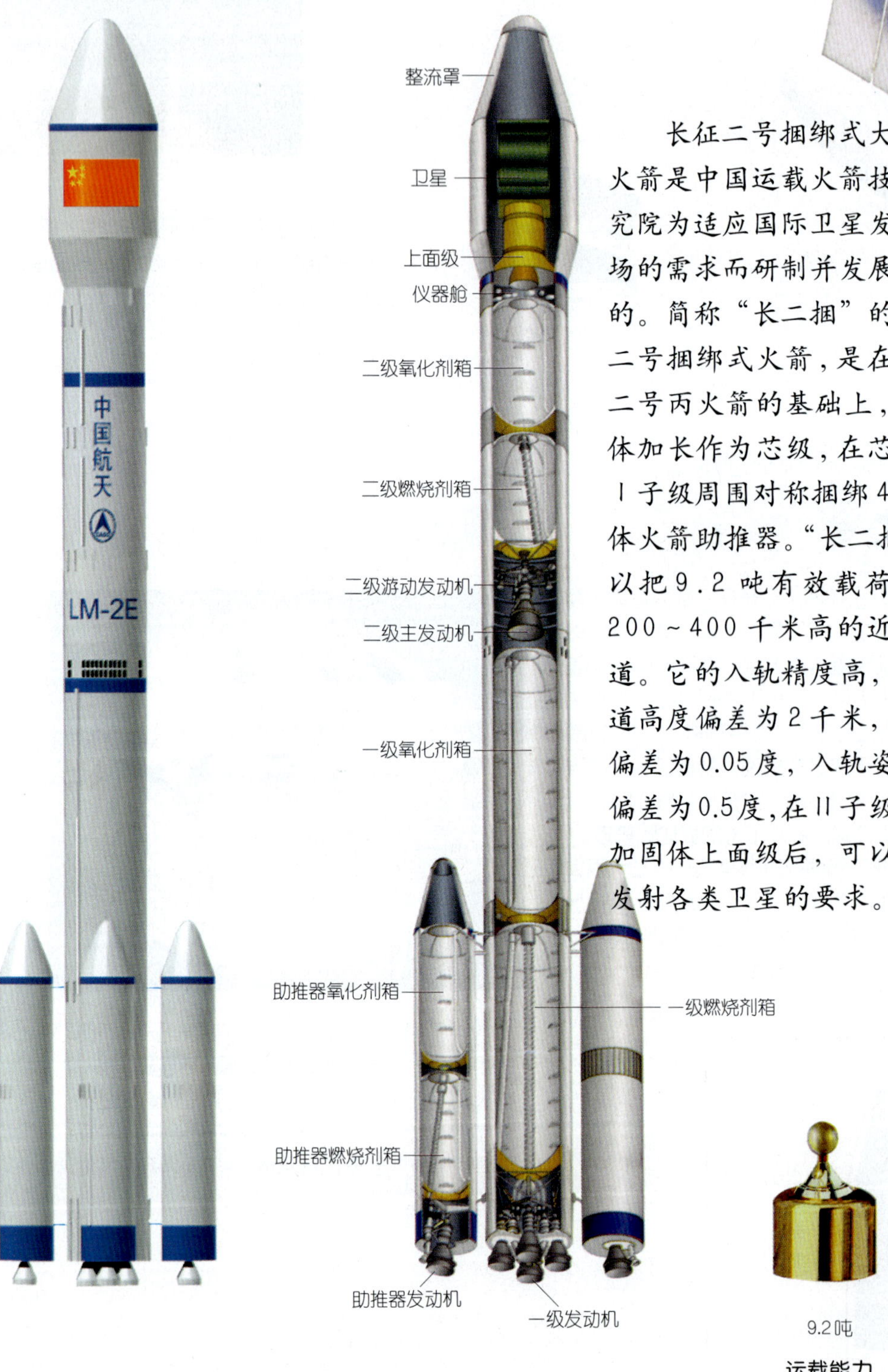

长征二号捆绑式大推力火箭是中国运载火箭技术研究院为适应国际卫星发射市场的需求而研制并发展起来的。简称“长二捆”的长征二号捆绑式火箭，是在长征二号丙火箭的基础上，将箭体加长作为芯级，在芯级的Ⅰ子级周围对称捆绑4个液体火箭助推器。“长二捆”可以把9.2吨有效载荷送入200～400千米高的近地轨道。它的入轨精度高，圆轨道高度偏差为2千米，倾角偏差为0.05度，入轨姿态角偏差为0.5度，在Ⅱ子级上增加固体上面级后，可以满足发射各类卫星的要求。

9.2吨

运载能力

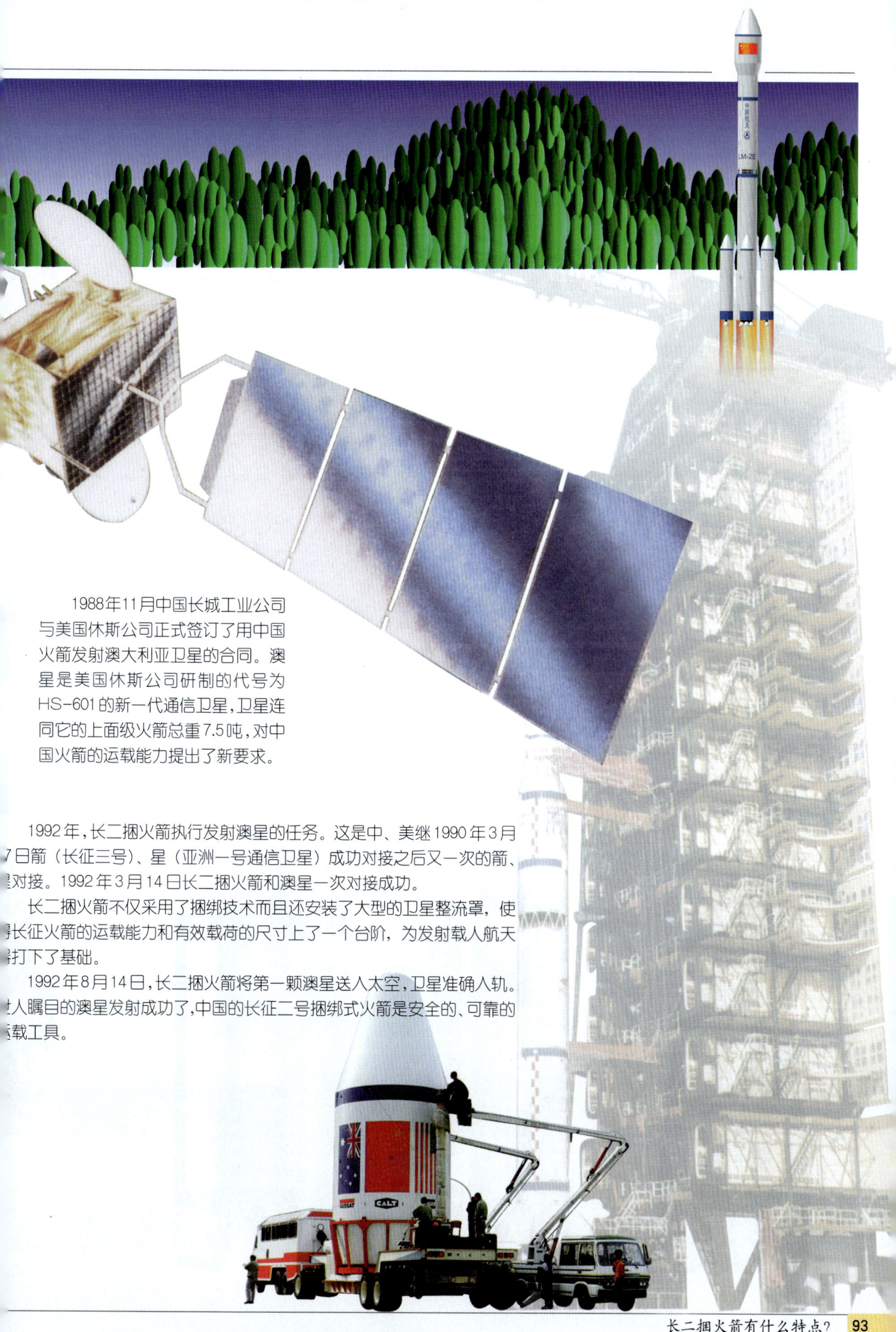

1988年11月中国长城工业公司与美国休斯公司正式签订了用中国火箭发射澳大利亚卫星的合同。澳星是美国休斯公司研制的代号为HS-601的新一代通信卫星，卫星连同它的上面级火箭总重7.5吨，对中国火箭的运载能力提出了新要求。

1992年，长二捆火箭执行发射澳星的任务。这是中、美继1990年3月7日箭（长征三号）、星（亚洲一号通信卫星）成功对接之后又一次的箭、星对接。1992年3月14日长二捆火箭和澳星一次对接成功。

长二捆火箭不仅采用了捆绑技术而且还安装了大型的卫星整流罩，使得长征火箭的运载能力和有效载荷的尺寸上了一个台阶，为发射载人航天船打下了基础。

1992年8月14日，长二捆火箭将第一颗澳星送入太空，卫星准确入轨。世人瞩目的澳星发射成功了，中国的长征二号捆绑式火箭是安全的、可靠的运载工具。

运载火箭的捆绑技术

在运载火箭芯级的Ⅰ子级周围捆绑多个助推器（液体或固体火箭发动机）的技术就是运载火箭的捆绑技术。捆绑技术是加大运载火箭推力的重要技术。多级火箭串联受到结构的限制不能连接得太长，目前最多串联到4级，再要增加起飞推力，就要将发动机并联。目前大推力多级火箭多采用这种技术。

中国长征二号二级捆绑式火箭的Ⅰ子级四周捆绑了4枚液体火箭助推器。

一级氧化剂箱

助推器氧化剂箱

一级燃烧剂箱

助推器燃烧剂箱

助推器发动机

苏联东方号二级捆绑式火箭，Ⅰ子级芯级捆绑4枚固体助推器。

欧洲阿里安5二级捆绑式火箭，Ⅰ子级芯级捆绑2枚固体助推器。

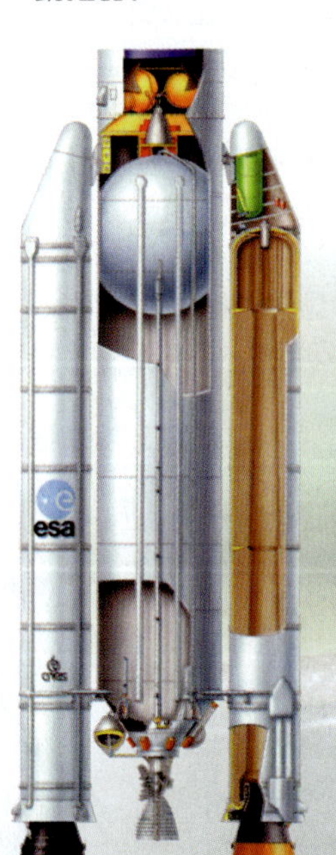

美国大力神3C三级捆绑式火箭，Ⅰ子级芯级捆绑2枚助推器。

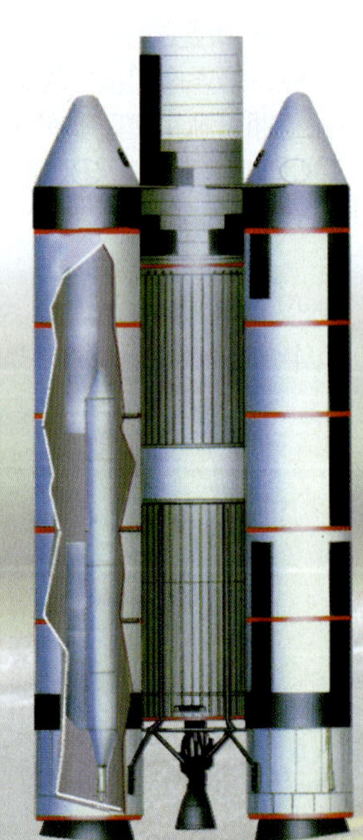

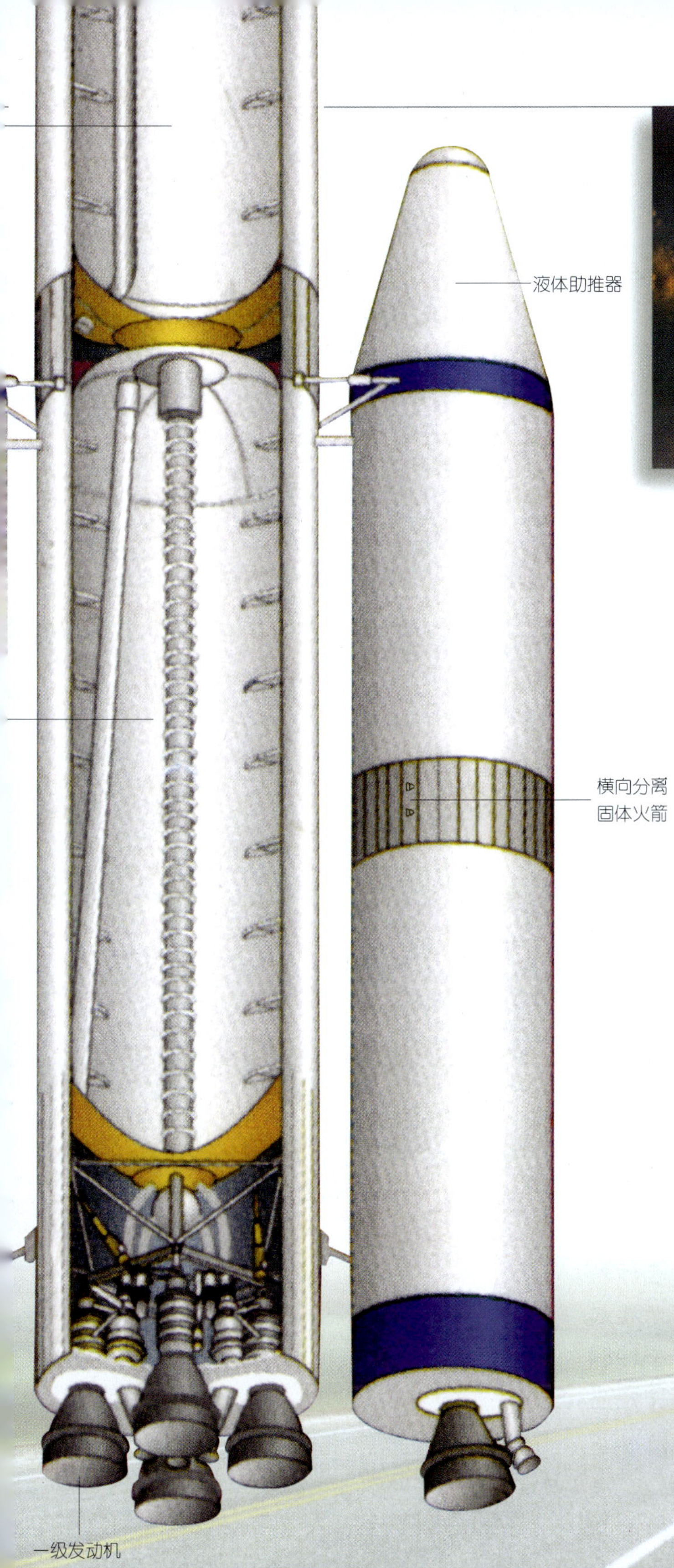

运用捆绑技术时要做到:

1.牢固;助推器要和中央芯级牢固地连接在一起。

2.有序;助推器和主发动机按控制程序实施点火、关机和分离。

3.可靠分离;4个助推器全部关机后,已完成使命,要迅速而可靠地和芯级分离。以"长二捆"运载火箭为例。助推器前(上)面用3根连杆与芯级连接,每根连杆分3段,用两个爆炸螺栓连接,其中任一爆炸螺栓解爆,连杆即失去作用。助推器后(下)面用球形铰链与芯级连接,通过"聚能切割炸药索"可以"解锁"。炸药索用两个引爆器引爆,任一引爆器工作都能引爆炸药索。

当4台助推器都关机后0.5秒,发出点燃横向分离固体火箭(每枚助推器有4台)信号,再隔0.1秒,助推器前后连接机构"解锁",助推器借助于分离固体火箭的推力而被横向分离。

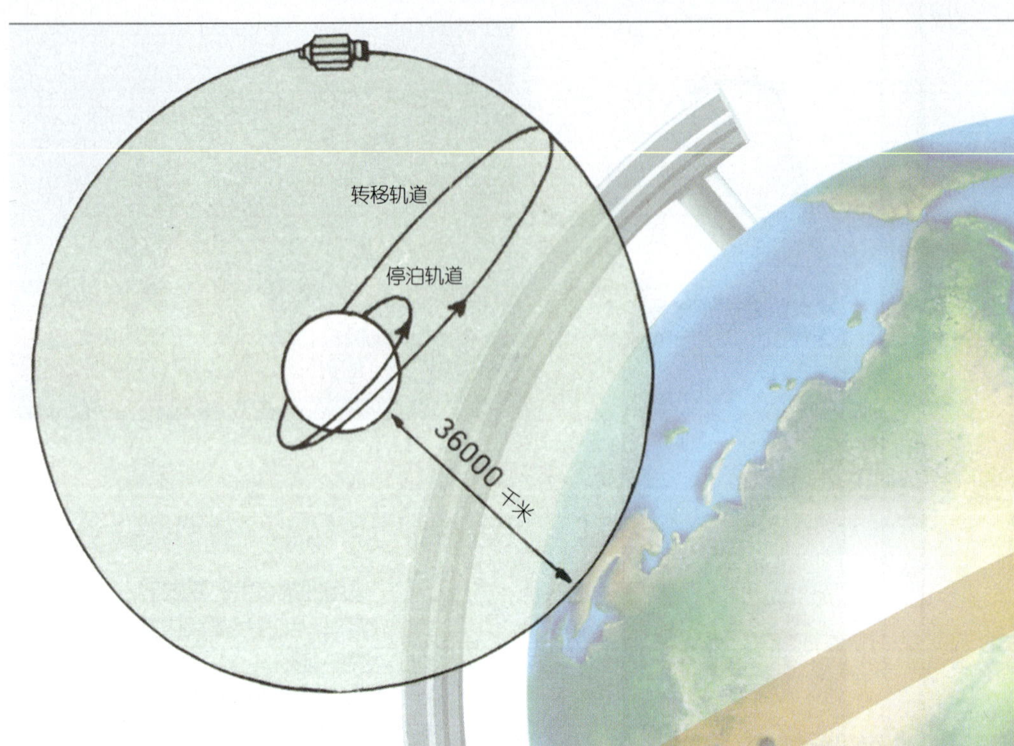

发射地球静止轨道卫星的长征三号系列运载火箭

掌握地球静止轨道发射技术、发射地球同步定点通信和气象卫星，是一个国家的运载火箭技术进入世界先进行列的重要标志。在长征二号基础上发展起来的三级液体火箭——长征三号,于1984年4月8日将我国试验通信卫星东方红二号成功送入预定轨道，这表明我国航天技术水平实现了一次新的飞跃。此后，长征三号火箭系列不断增加新成员：长征三号甲、长征三号乙，使长征火箭发射地球静止轨道卫星的能力能够满足国内外卫星发射的需要。

地球静止轨道，是高度约36000千米、轨道平面与赤道平面夹角为0度的圆形轨道。卫星在这种轨道上自西向东飞行时，运行周期和地球自转一周所需时间相同，所以卫星和地面之间保持相对静止。从地面上看，卫星在空中是静止不动的。

和长征二号系列运载火箭相比，长征三号系列火箭有以下特点：

1. 长二系列为二级火箭而长三系列均为三级火箭；
2. 长三系列的Ⅲ子级使用液氢、液氧作为推进剂；
3. 长三系列的Ⅲ子级发动机可以多次起动；
4. 长三系列可以直接将卫星送入地球同步转移轨道。

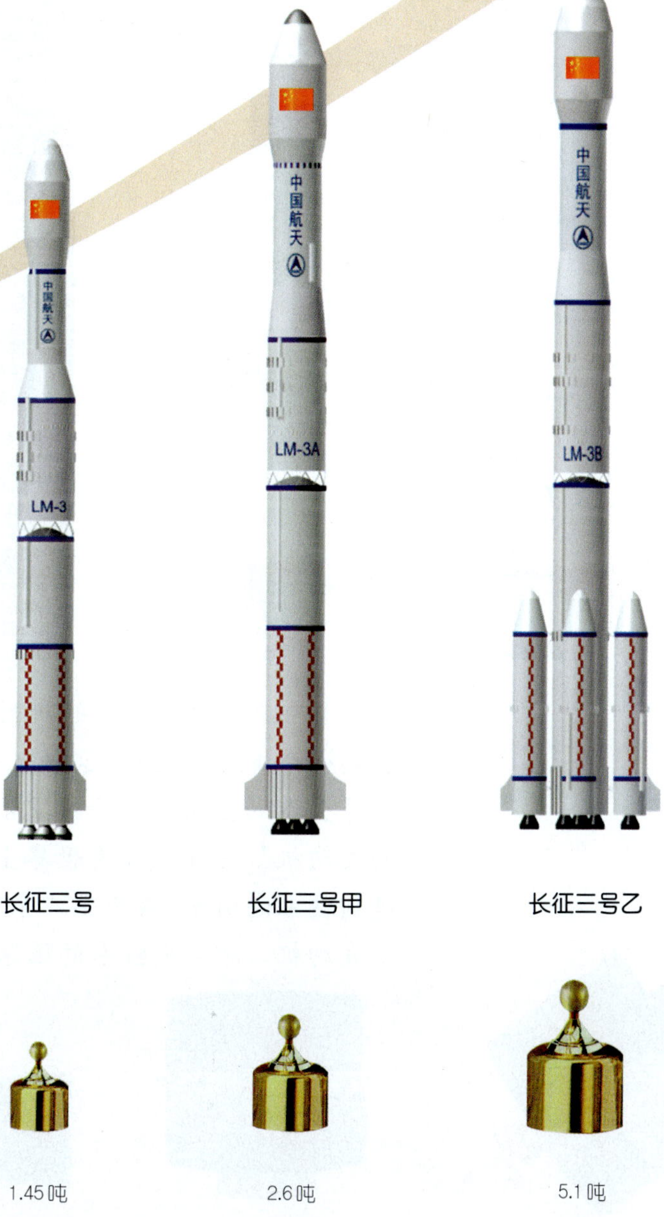

运载能力

长征三号甲运载火箭

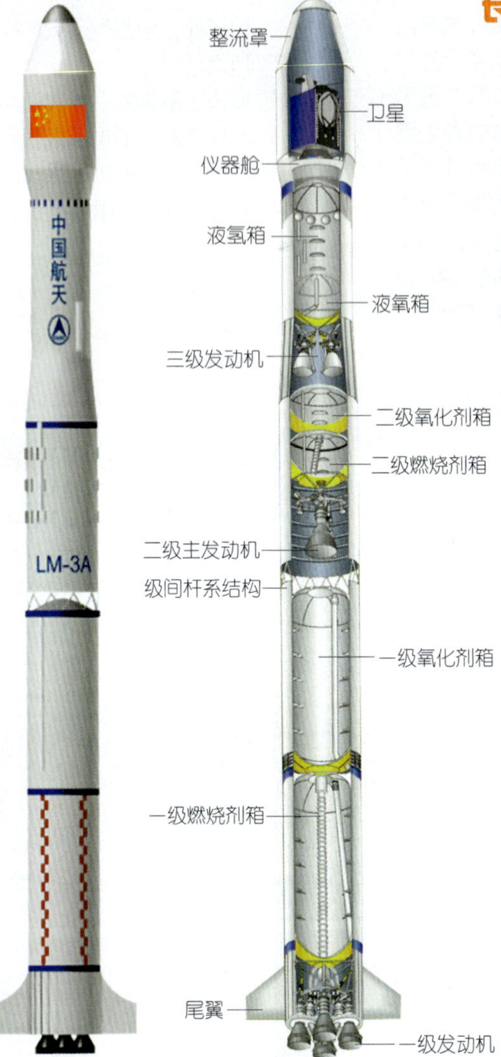

2.6吨

运载能力

长征三号运载火箭的研制成功,是我国火箭技术发展的一个重要里程碑。这种火箭的一、二级继承了长征二号火箭的技术，Ⅲ子级采用了液氢和液氧作推进剂的发动机，使我国成为世界上第三个掌握高能低温推进剂技术的国家,成为第二个掌握在高空、低重力条件下发动机二次点火技术的国家。

长征三号甲运载火箭的整流罩分为前锥段、圆筒段和倒锥段，还有连接与分离组件。

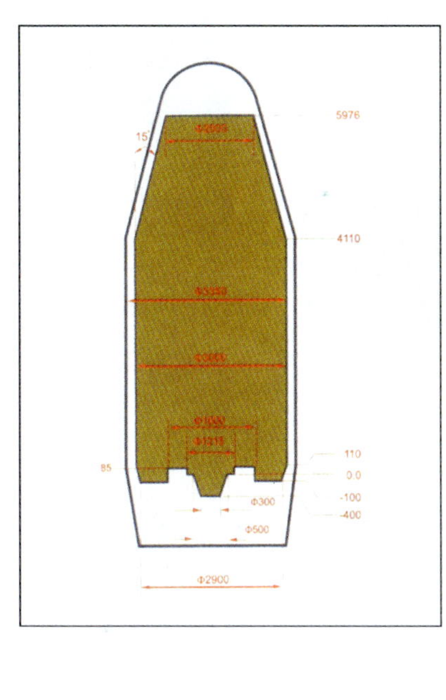

整流罩由两个半罩组成，总高度约8.9米，圆筒段的直径为3.35米，内部的空间比一间高3米、宽3米、长5米的居室空间还要大得多。

由长征三号运载火箭发射升空的亚洲一号通信卫星

长征三号甲运载火箭是在长征三号基础上研制的大型三级火箭，它的氢氧发动机具有更大的推力，火箭技术性能有较大的提高，地球同步转移轨道运载能力也从长征三号的1.6吨提高到2.6吨。

1994年2月8日，长征三号甲首次发射，一箭双星，将实践四号空间探测卫星和夸父一号实验装置送入预定轨道。

1994年11月30日，长征三号甲把我国新一代通信卫星东方红三号送上太空。

1997年5月12日，长征三号甲再次发射东方红三号通信卫星，箭、星双双圆满完成预定任务。

发射一颗地球静止轨道卫星要分两步走。第一步，运载火箭把卫星送入一个近地点高度几百千米、远地点(处于赤道上空)高度35786千米的椭圆轨道。第二步，卫星到达远地点时，开动变轨发动机，改变卫星速度的大小(达到35786千米高度所需要的同步环绕地球的速度)和方向(朝向正东，轨道平面倾角为0度)，卫星就进入了地球静止轨道。前面所说卫星第一步要进入的椭圆轨道，就是地球同步转移轨道。

运载火箭可靠性技术

一枚运载火箭上有数十万个元器件和零部件，形成了一个庞大而复杂的串联系统。“串联”的意思就是只要其中一个出了问题，整个系统就会失效；一个小元件出现故障，会导致整个火箭发射失败。所以，保证运载火箭的高可靠性是十分重要的。

运载火箭在制造过程中要进行严格的检测。

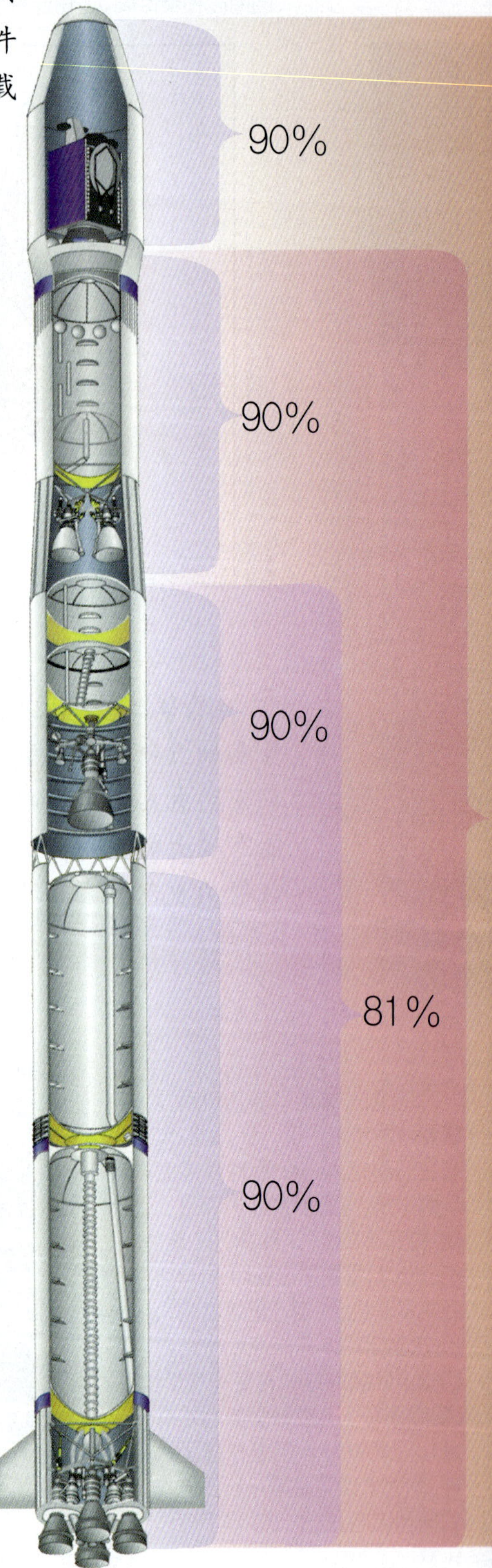

近年来，可靠性理论与技术和航天技术相互促进，使航天活动中的故障、事故逐渐减少。航天技术中提高可靠性的重要措施之一是在同一个系统中设置若干个功能相同的部分，构成并联的所谓“冗余”系统。比如阿波罗飞船的计算机就是双重系统。一套出了故障还有另一套，可靠性就大大提高了。

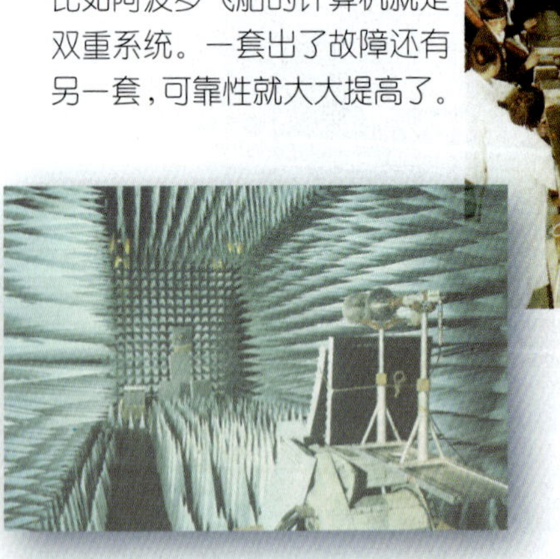

运载火箭的零部件要经过各种测试。

美国大力神4火箭爆炸

美国挑战者号航天飞机爆炸

6%

一个串联系统的可靠度
构成这个系统的各个部分
可靠度的乘积。比如一枚
载火箭由4大部分构成,那
整个火箭的可靠度就是这
部分各自的可靠度的乘
在日常生活中,如果说事
有九成把握,可靠度就很
了,但对火箭却不行。如果
部分分别只有90%的可
度,那么火箭整体的可靠
只有66%。

37岁的美国女教师克里斯塔·麦考利夫,因挑战者号航天飞机爆炸和另外6名宇航员一起遇难,令人不胜惋惜。原计划麦考利夫要通过电视在太空给几百万学生讲授两节“太空课”,内容是太空见闻和人类为什么要进入太空。

1986年1月28日挑战者号航天飞机升空73秒后爆炸。直接原因是,由于固体火箭助推器连接部件的设计缺陷,O型密封圈在低温下失效。

“挑战者”号发射前夜,卡纳维拉尔角气温曾降到零下2.2摄氏度,比合成橡胶制成的密封圈允许的最低工作温度低约6摄氏度。密封圈弹性大大减弱后,发射时在巨大压力下助推火箭段间出现缝隙,使火焰通过缝隙烧穿火箭外壳,从右侧固体助推器下部两段间喷出。

为调查事故原因专门成立了总统调查委员会。调查结果表明,发生事故的根本原因是忽视安全和质量控制。

长征三号乙运载火箭:
跃入世界大型火箭行列

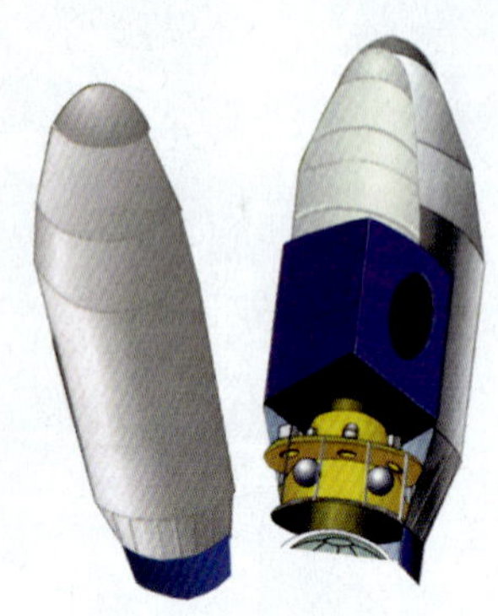

长征三号乙运载火箭是在“长征三号甲”和“长征二号捆”基础上研制的。以长征三号甲为芯级,再捆绑4个与“长征二号捆”相同的液体助推器,就构成了长征三号乙这种新型的三级液体捆绑火箭。

全长54.838米的长征三号乙运载火箭,地球同步转移轨道运载能力达到了5.1吨,主要用于发射地球同步转移轨道的大型卫星,也可进行轻型卫星的一箭多星发射或发射其他轨道的卫星。无论是高度还是运载能力,长征三号乙运载火箭都跃入了世界大型火箭行列。

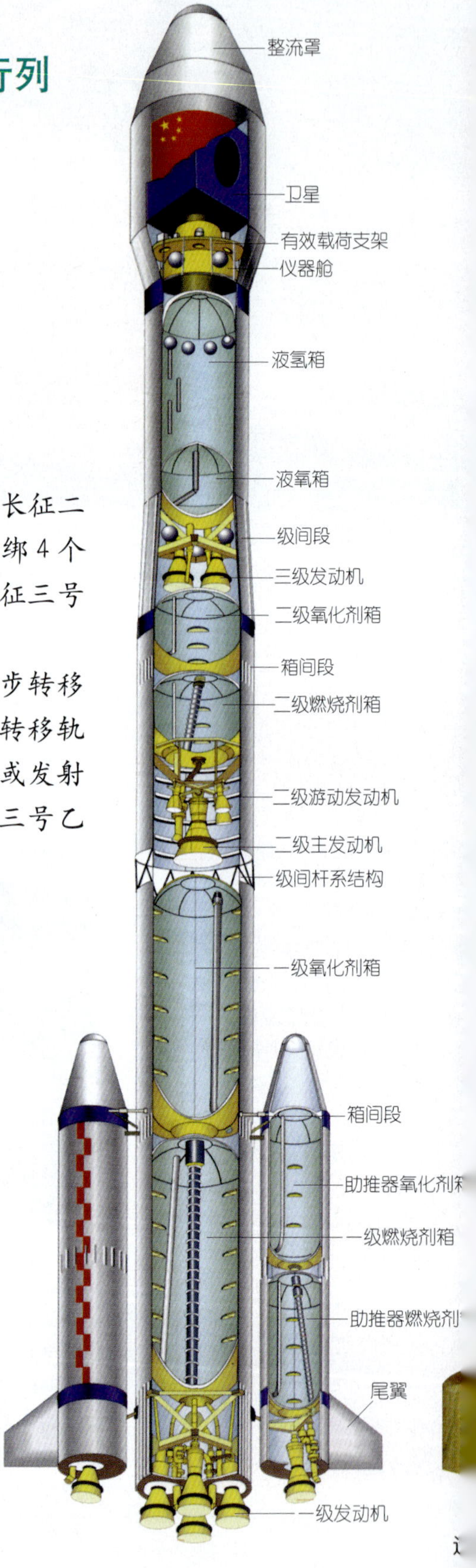

整流罩
卫星
有效载荷支架
仪器舱
液氢箱
液氧箱
级间段
三级发动机
二级氧化剂箱
箱间段
二级燃烧剂箱
二级游动发动机
二级主发动机
级间杆系结构
一级氧化剂箱
箱间段
助推器氧化剂
一级燃烧剂箱
助推器燃烧剂
尾翼
一级发动机

重3.77吨的亚洲目前功率最大的通信卫星——菲律宾马部海卫星，由长征三号乙运载火箭送上近地点205千米、远地点44771千米、倾角24.6度的超地球同步转移轨道。

自1997年8月至1998年7月，长征三号乙运载火箭成功地将菲律宾的马部海卫星、香港亚太公司的亚太二号R卫星、中德鑫诺公司的鑫诺卫星、美国马丁公司的中卫一号卫星等4颗卫星送入了预定轨道。

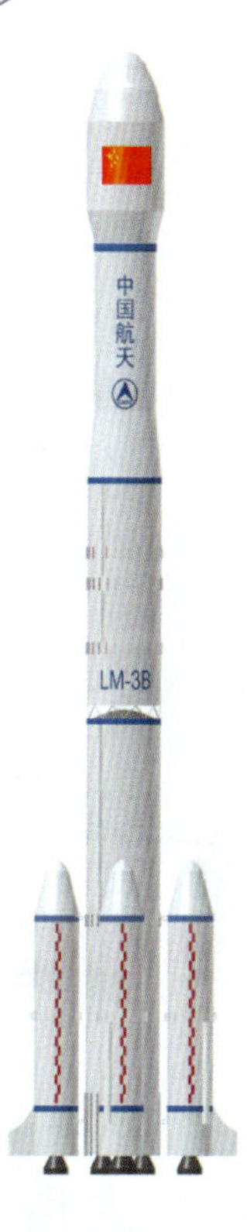

长征三号乙运载火箭的各级

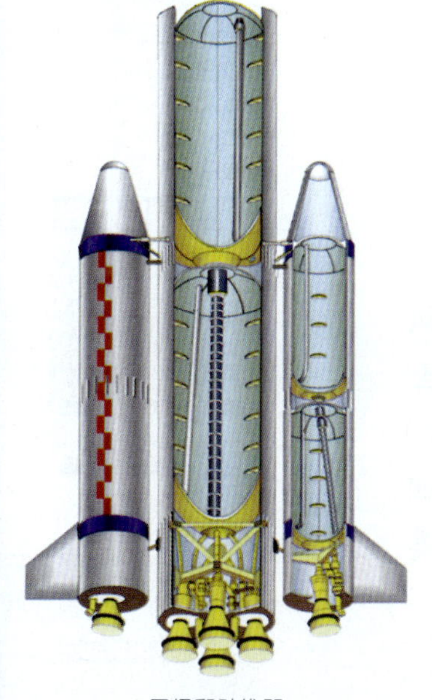

I 子级和助推器

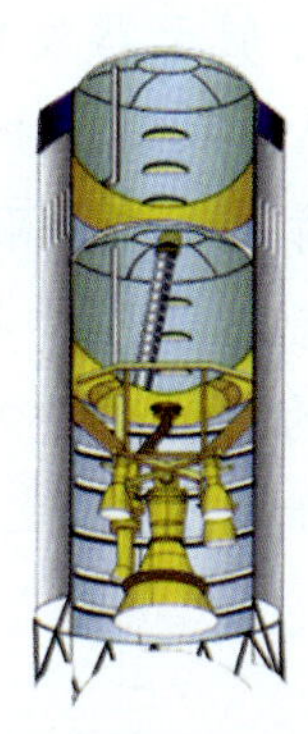

II 子级

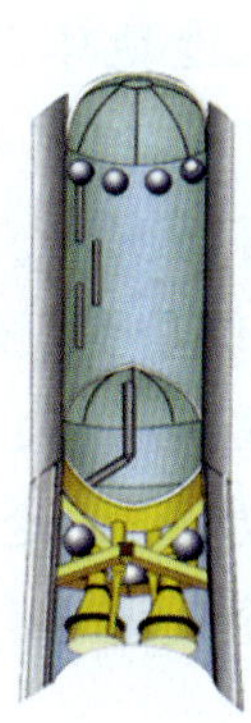

III 子级

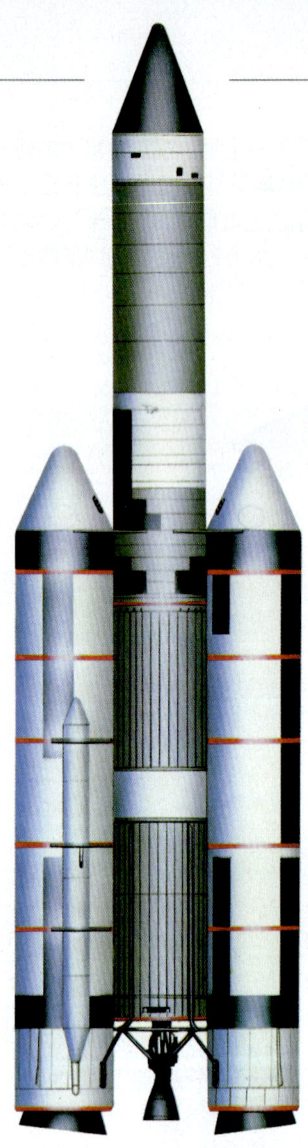

美国大力神3C号三级火箭，Ⅰ子级周围加装2枚固体助推器。

苏联质子号三级运载火箭，Ⅰ子级推进剂箱由中央氧化剂箱和周围并联的6个燃料箱构成。

日本H－2运载火箭，Ⅰ子级周围增加了2枚固体助推器。

多级大推力火箭技术——捆绑、串联齐上阵

将人造地球卫星、宇宙飞船等航天器发射入轨，单级火箭最为可靠；但以目前的材料、燃料及其他相关技术，单级入轨不容易实现。所以，运载火箭要多级串联，一般用二至四级，三级居多。如果发射高轨道（地球同步转移轨道以上）大型卫星，运载火箭在多级串联的同时还要外加并联，即捆绑若干助推器。运载火箭的助推加接力技术，还是目前人类首选的登天之术。

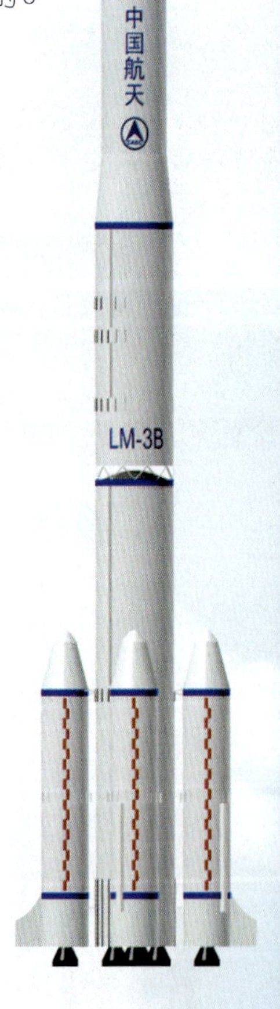

中国长征三号乙三级火箭，Ⅰ子级周围捆绑4个液体助推器。

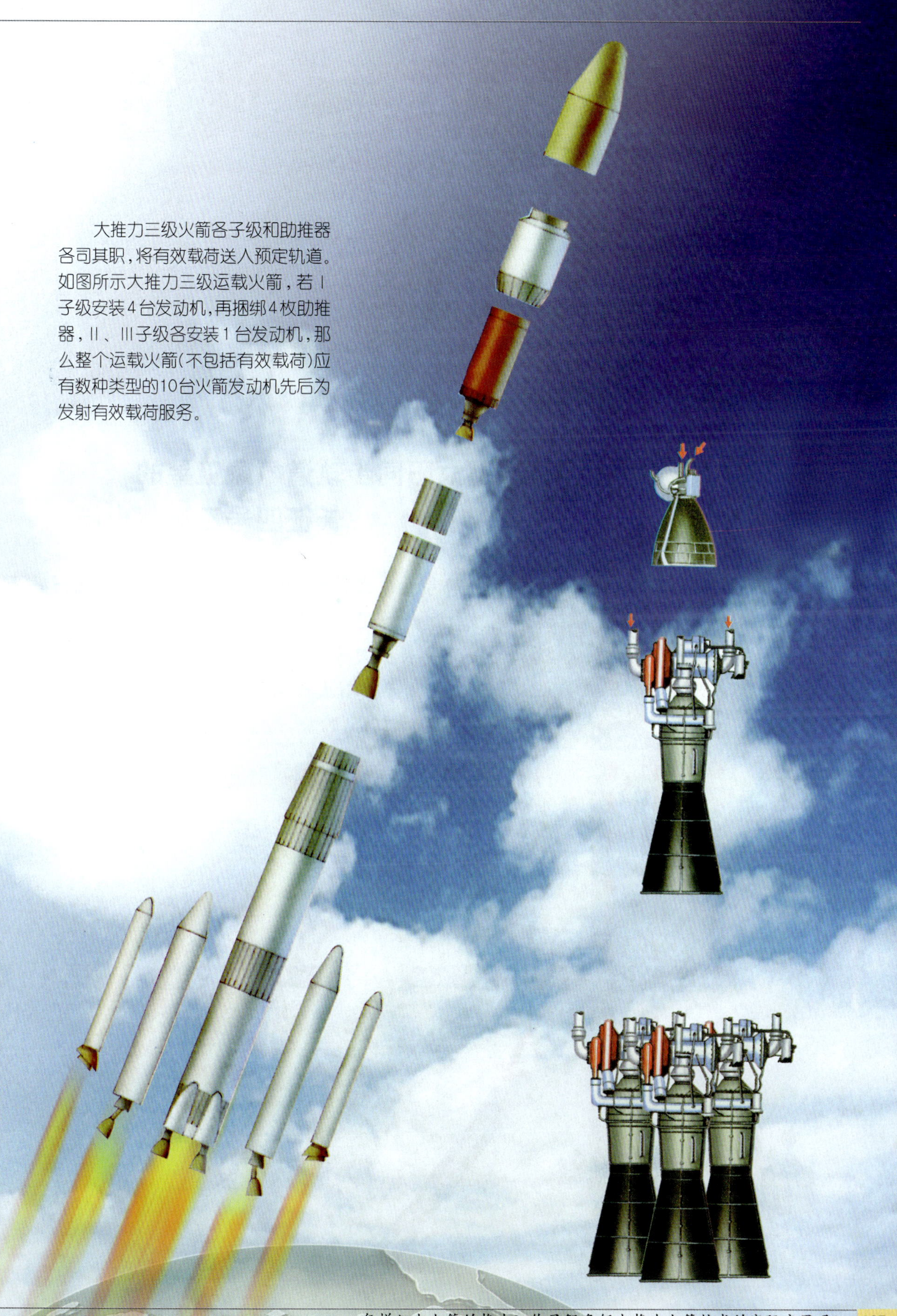

大推力三级火箭各子级和助推器各司其职，将有效载荷送入预定轨道。如图所示大推力三级运载火箭，若 I 子级安装4台发动机，再捆绑4枚助推器，II、III子级各安装1台发动机，那么整个运载火箭(不包括有效载荷)应有数种类型的10台火箭发动机先后为发射有效载荷服务。

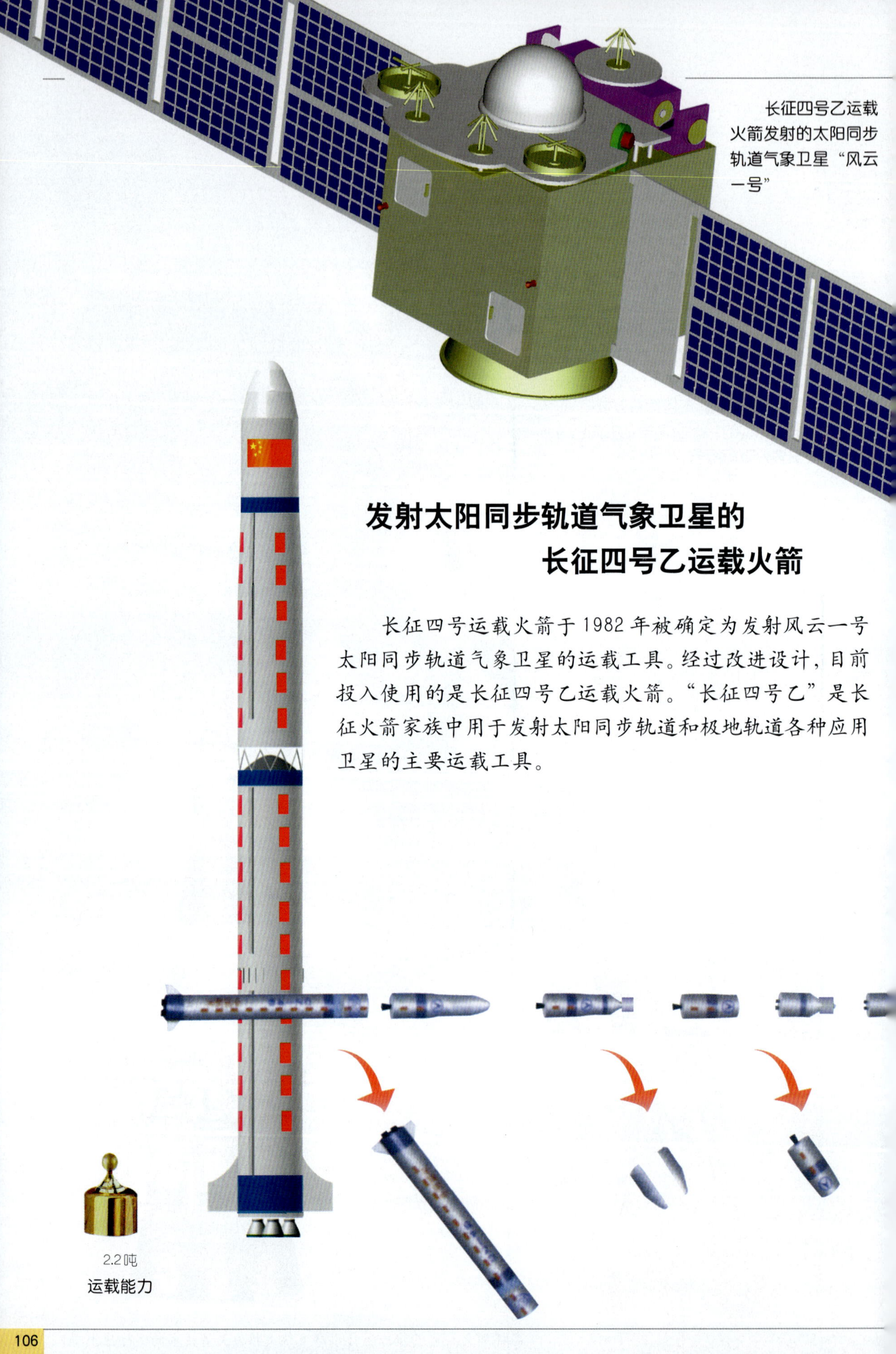

长征四号乙运载火箭发射的太阳同步轨道气象卫星“风云一号”

发射太阳同步轨道气象卫星的长征四号乙运载火箭

长征四号运载火箭于1982年被确定为发射风云一号太阳同步轨道气象卫星的运载工具。经过改进设计，目前投入使用的是长征四号乙运载火箭。“长征四号乙”是长征火箭家族中用于发射太阳同步轨道和极地轨道各种应用卫星的主要运载工具。

在太阳同步轨道上运行的卫星，可观测到地球表面任何一点，而且每天飞经地球上任何一点上空的地方时间不变。

1988年9月7日，长征四号运载火箭在太原卫星发射中心首次发射，将我国制造的第一颗试验气象卫星风云一号准确送入高度为901千米的太阳同步轨道。

1990年9月3日，长征四号发射第二颗风云一号气象卫星成功，同时还搭载了两颗大气一号气象卫星。

1999年5月10日，长征四号乙成功地发射了风云一号气象卫星，并搭载了实践五号科学实验卫星（简称实践五号小卫星）。

上海航天技术研究院

卫星铠甲——整流罩

为保护卫星顺利穿越稠密的大气层，专门设计了硬壳式的舱体——整流罩。整流罩是运载火箭的重要组成部分。

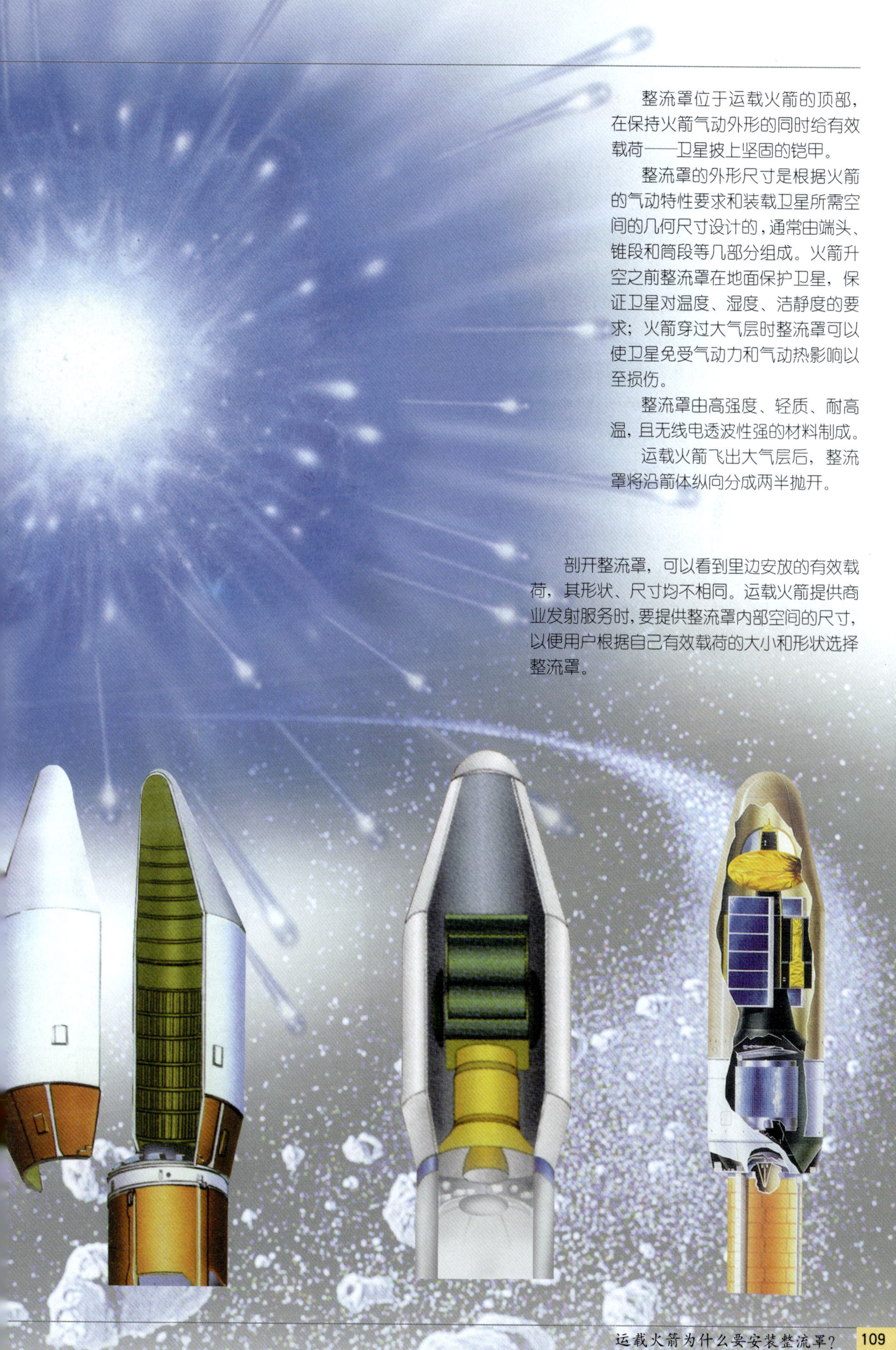

整流罩位于运载火箭的顶部，在保持火箭气动外形的同时给有效载荷——卫星披上坚固的铠甲。

整流罩的外形尺寸是根据火箭的气动特性要求和装载卫星所需空间的几何尺寸设计的，通常由端头、锥段和筒段等几部分组成。火箭升空之前整流罩在地面保护卫星，保证卫星对温度、湿度、洁静度的要求；火箭穿过大气层时整流罩可以使卫星免受气动力和气动热影响以至损伤。

整流罩由高强度、轻质、耐高温，且无线电透波性强的材料制成。

运载火箭飞出大气层后，整流罩将沿箭体纵向分成两半抛开。

剖开整流罩，可以看到里边安放的有效载荷，其形状、尺寸均不相同。运载火箭提供商业发射服务时，要提供整流罩内部空间的尺寸，以便用户根据自己有效载荷的大小和形状选择整流罩。

长征火箭大家族

经过40多年的艰苦奋斗，在充分利用、继承早期导弹研制成果的基础上，中国运载火箭已经发展成为可以发射不同用途、不同重量和各种轨道人造卫星的运载火箭系列。我国目前已拥有了长征一号、长征二号系列、长征三号系列和长征四号运载火箭。发射卫星的运行轨道覆盖了包括近地轨道、太阳同步轨道和地球静止轨道在内的所有轨道。火箭运载能力低轨道从1吨到9.2吨，高轨道从1.45吨到5.1吨，可以满足国内外各种用途卫星的发射要求。

多年来，长征系列运载火箭和香港特别行政区的通信卫星经营公司结下了不解之缘，中国火箭在港澳同胞和海外华人心目中代表着祖国的繁荣、强大和神圣。从1987年长征火箭首次向国外用户提供搭载服务以来，十余年间中国航天界和美国、澳大利亚、法国、德国、瑞典、巴基斯坦、巴西、菲律宾等多国开展了广泛的国际商业发射合作，长征火箭在国际商业发射市场上赢得了广泛的赞誉和信赖。

长征火箭是中华民族的骄傲，是中国航天事业蓬勃发展的象征。

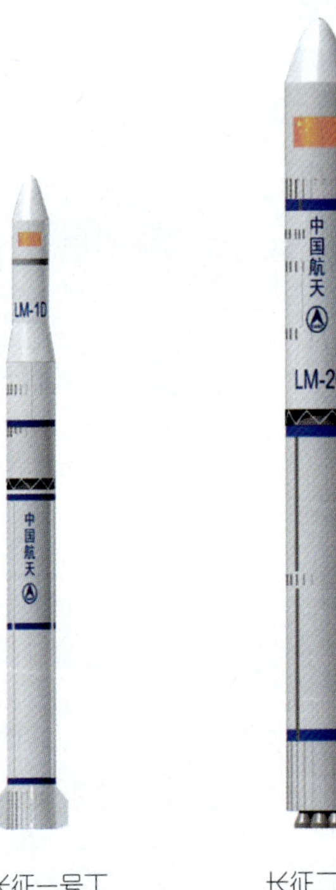

长征一号丁

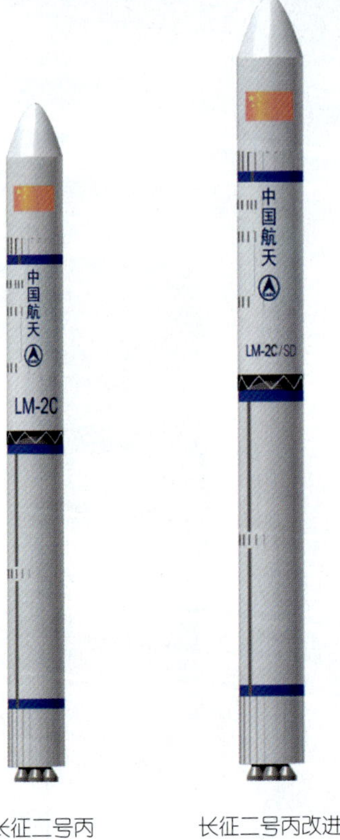

长征二号丙

长征二号丙改进型

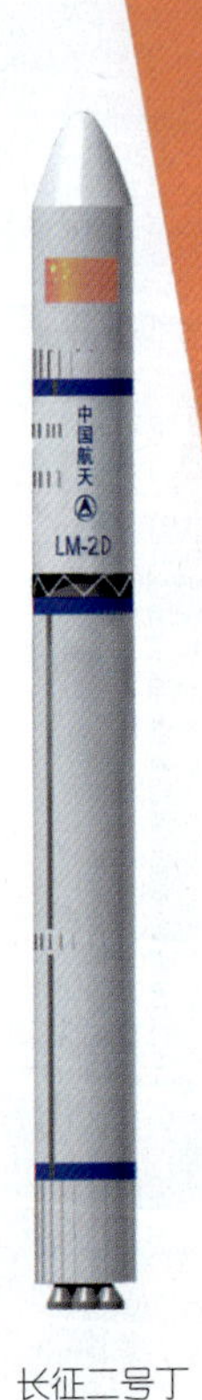

长征二号丁

长征二号捆绑

长征三号　长征三号甲　长征三号乙　长征四号乙

高与低：火箭与名胜

运载火箭技术发展非常快，不到半个世纪，人类已经能够制造出高度达数十米甚至100多米、起飞推力数千甚至数万千牛的大型、巨型运载火箭，这当中就有中国的长征三号乙运载火箭（长54.8米，起飞推力5920千牛）。跃入世界大型火箭行列的长征三号乙运载火箭，是中华民族崛起的象征。

运送阿波罗11号登月飞船的美国土星5号巨型运载火箭，长110.6米，起飞推力34000千牛。

美国航天飞机(长56.14米)和比萨斜塔(高56米)比肩而立。

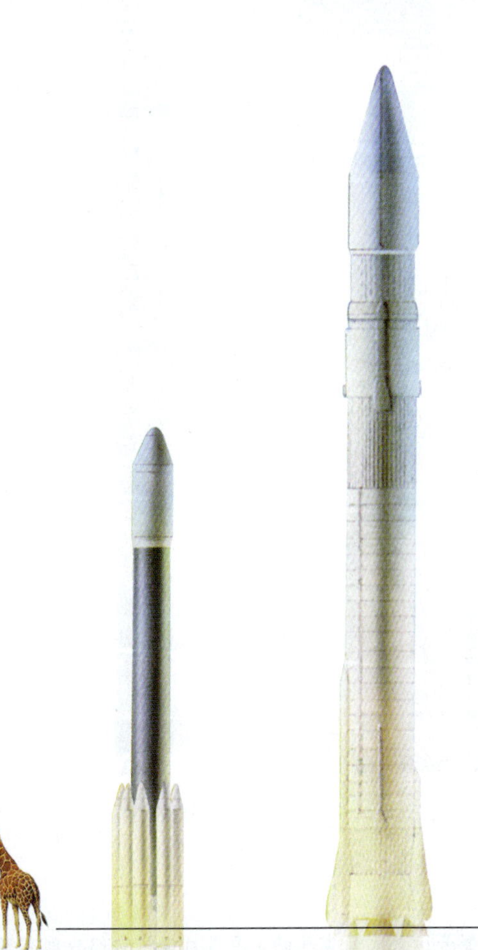

下面排列着几种世界闻名的大型火箭。和世界著名建筑的高度相比，火箭的高度毫不逊色。从左至右：

德尔它 -2 运载火箭（美国）
宇宙神－半人马座运载火箭（美国）
大力神运载火箭（美国）
航天飞机（美国）
质子号运载火箭（俄罗斯）
长征三号乙运载火箭（中国）
H-2 运载火箭（日本）
阿里安 4 运载火箭（欧洲）

如果伽利略在世，再次登上比萨斜塔，他一定大为惊奇：中国的长征三号乙运载火箭的高度已经快赶上他脚下的比萨斜塔了！

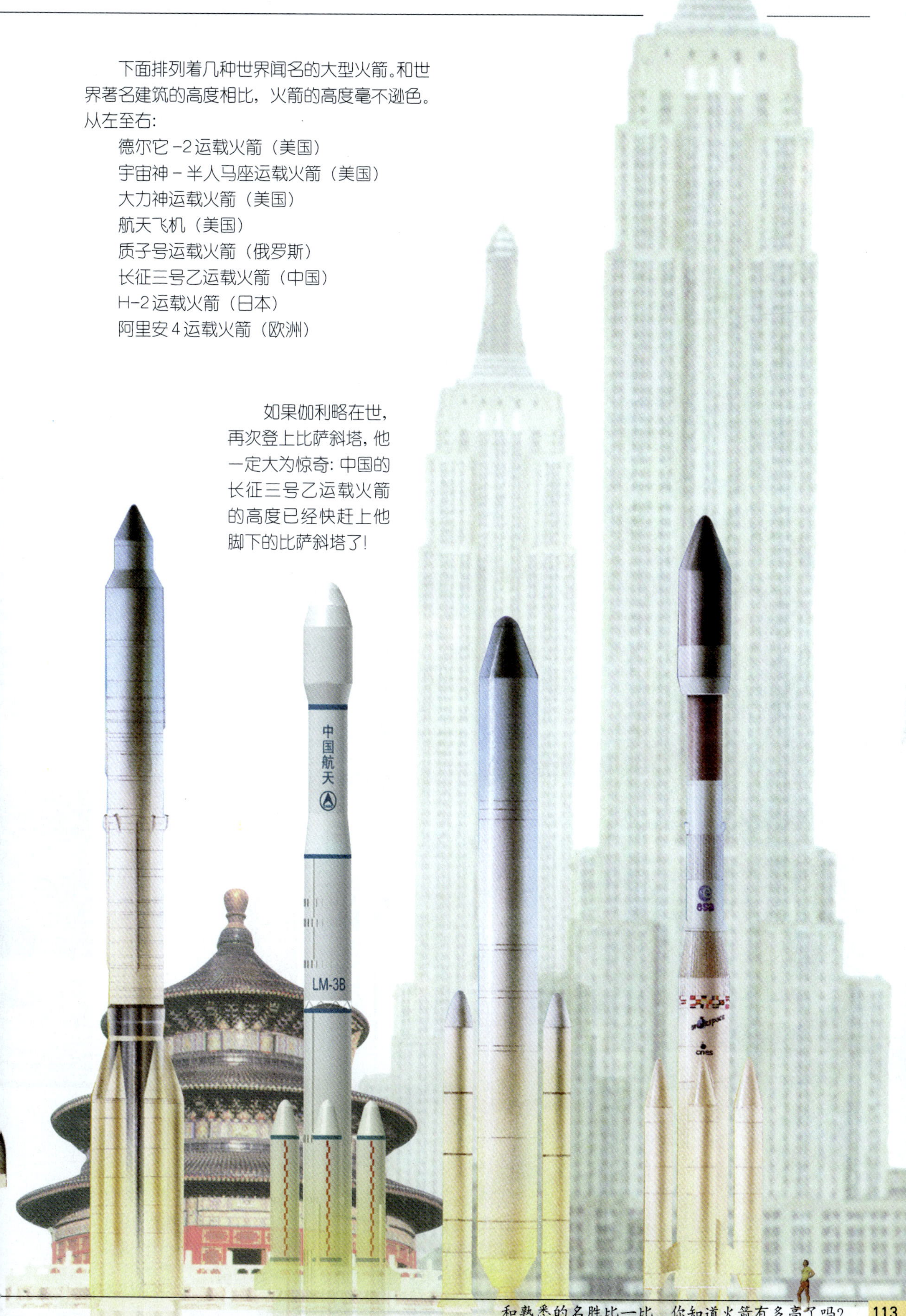

世界巨型、大型运载火箭览胜

看看这些人类用以登天的庞然大物，你不能不惊叹：仅仅半个世纪，地球上的航天技术就取得了如此神速的进展。

能源号

目前世界上起飞时最重、推力最大的火箭是俄罗斯重型通用运载火箭“能源号”。它全长60米，芯级周围捆绑助推器，均为液体火箭发动机。用“能源号”可以发射多次使用的轨道飞行器；向近地空间发射大型飞行器、大型空间站的各种舱段；发射重型军、民用卫星以及深空探测器等。

“能源号”与“土星5号”同为当今世界的巨型运载火箭。

中国长征三号乙大型运载火箭

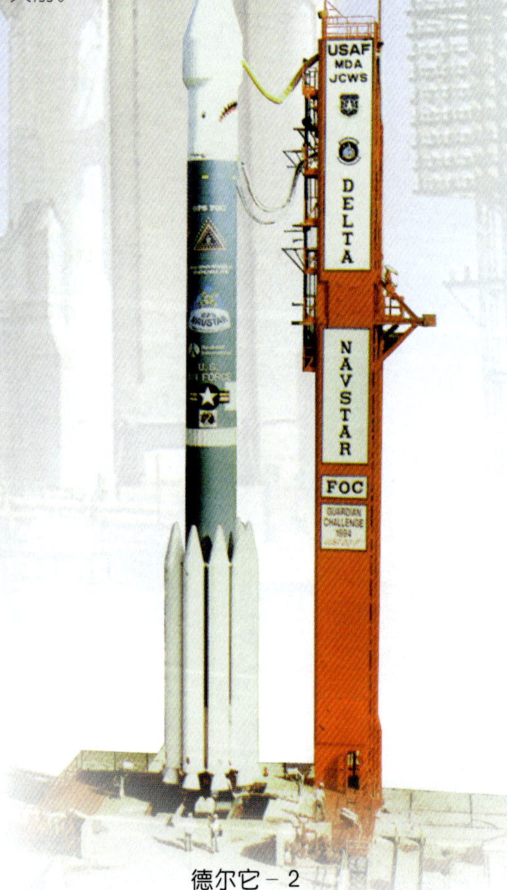

德尔它－2

美国德尔它大型运载火箭，有很多种型号。1984年，美国决定用航天飞机代替一次性使用火箭，“德尔它”因此停产。1986年挑战者号航天飞机失事后美国又恢复使用一次性使用火箭，“德尔它”被用于发射全球定位系统(GPS)卫星。

大力神4

美国大力神4大型运载火箭，用于发射各种军用、民用卫星和载人飞船等。

阿里安

欧洲空间局所属11国联合研制的大型液体运载火箭“阿里安”，主要用于商业发射，向地球同步轨道发射各类应用卫星。

H-2

日本H-2大型运载火箭，用于发射卫星、行星际探测器等。

德尔它-3

美国宇宙神-半人马座大型运载火箭

美国国家航空航天局

华夏神箭腾飞之地
——中国的航天发射场

1956年以来，经过40余年的建设，中国酒泉、西昌、太原三大卫星发射中心已成为华夏大地上三座宏伟的航天城。这三座洋溢着中华民族豪气的航天城，使我国各种用途、各种轨道和各种重量的卫星的发射都各得其所，使我国各种型号的运载火箭都有了优良、可靠的腾飞之地。

酒泉卫星发射中心位于北纬41度的甘肃省境内。北部为居延海盆地，东部和东南部紧接巴丹吉林沙漠，西临马宗山脉，南靠酒泉地区；占地南北50千米，东西300千米，海拔平均1000米，绝大部分是人烟稀少、视野开阔的戈壁滩。这里地下水资源丰富，全年大部分时间的气候都满足航天发射条件，是理想的航天发射场。

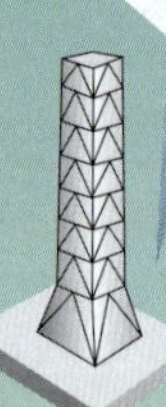

西昌卫星发射中心于1970年12月开始建设，1982年竣工并交付使用，1990年又建成新的发射工位，发射功能更为齐全。

西昌卫星发射中心在四川省西南部的凉山彝族自治州境内，位于北纬28度，距西昌市西北约60千米，处于高山大川之间，平均海拔1500米。这里气候宜人，景色优美。电视屏幕上经常出现的中国火箭起飞的镜头，多是在这里拍摄的。银色的火箭，喷射着桔红色的火焰，周围是青山绿水，让屏幕前的观众赞叹不已。

西昌卫星发射中心拥有两个自成系统的发射工位，一个主要用于发射长征三号运载火箭，可将静止轨道通信卫星、气象卫星送入太空，另一个用于发射长征二号捆绑式及长征三号甲、长征三号乙等大推力火箭。1984年4月8日，载有我国第一颗静止轨道试验通信卫星东方红二号的长征三号运载火箭，1990年7月16日，搭载有巴基斯坦科学实验卫星和一颗模拟卫星的第一枚长征二号捆绑式火箭，都从这里发射成功。

酒泉卫星发射中心主要承担大倾角、中低轨道的各种试验卫星和应用卫星的发射任务，同时也可进行中、远程导弹的发射试验。近40年来，酒泉卫星发射中心创造了十个第一的发射记录，包括：1960年11月5日我国第一枚近程导弹发射试验；1970年4月24日长征一号运载火箭发射我国第一颗人造卫星——东方红一号；1980年5月18日，我国向太平洋发射远程运载火箭；1981年9月20日一箭发射三星等。特别是1975年至今的所有返回式卫星发射，都是在这里进行的。我国第一艘载人航天试验飞船也从这里升空。

酒泉卫星发射中心是我国建立最早、试验最多的航天发射场。1958年开始建设，1960年交付使用，早期为导弹综合试验基地。70年代至今，在这里已经进行了几十次卫星发射。

太原卫星发射中心于1966年3月开始建设，1968年建成投入使用，当年12月8日，我国第一代中程火箭的全程飞行试验在这里成功进行。

为适应国内外发射任务的需要，1979年建成的7号发射塔，主要执行长征四号和长征二号丙改进型运载火箭的发射任务。1988年和1990年，长征四号火箭两次成功地发射了风云一号气象卫星。1999年5月10日，长征四号乙运载火箭在这里成功地将风云一号气象卫星和实践五号小卫星送入轨道。长征二号丙改进型在这里已发射了7次。

太原卫星发射中心在山西省西北部的岢岚县境内，位于北纬39度，海拔1500米左右。这里群山环抱，气候干燥，特别适合发射太阳同步轨道卫星。

北京时间1999年11月20日6时30分，我国一枚新型运载火箭自酒泉卫星发射中心起飞，成功地将中国第一艘载人航天试验飞船送入太空。为实施载人航天工程，酒泉卫星发射中心专门建设了垂直总装发射工位。

撩开神秘面纱的航天发射场

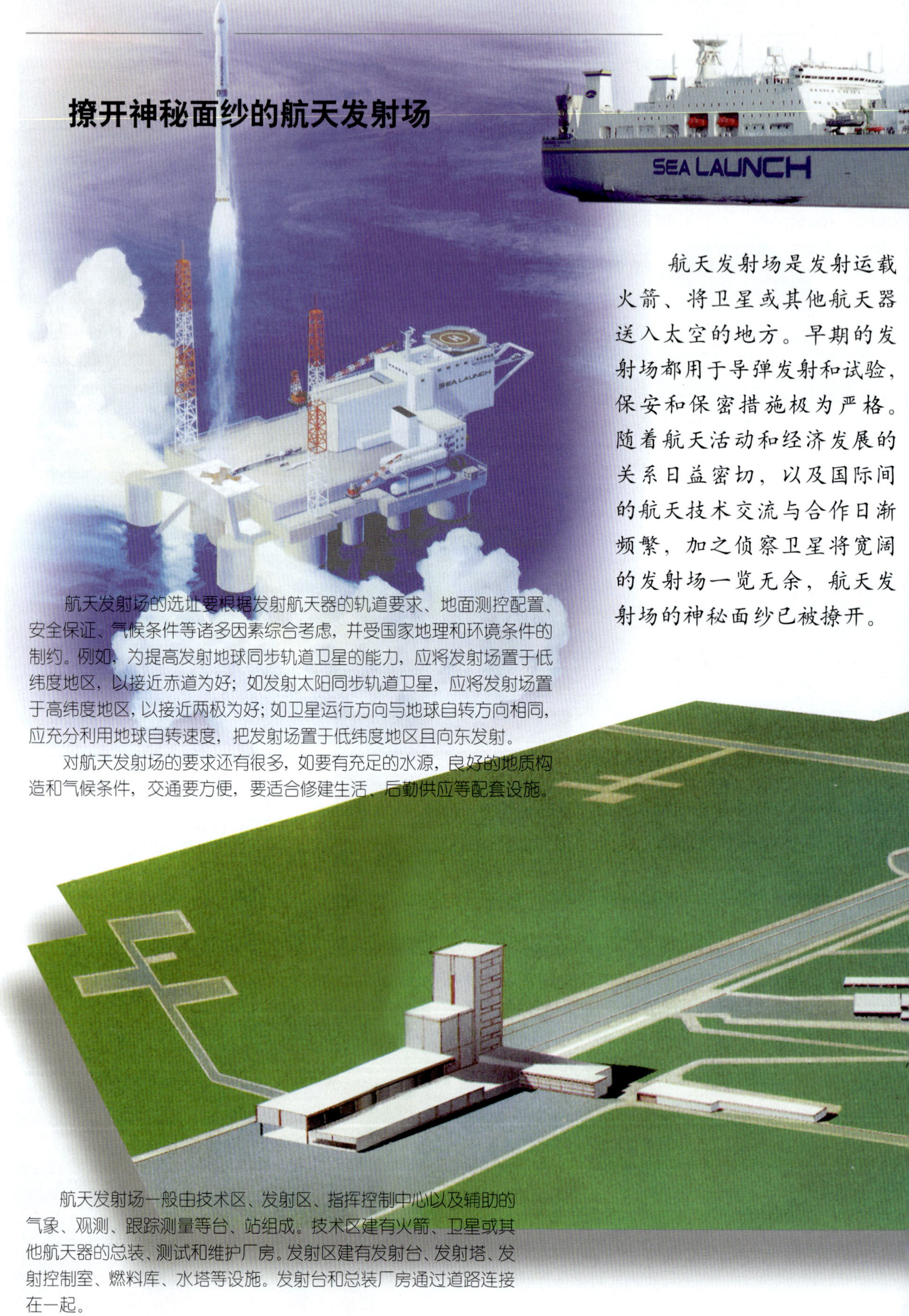

航天发射场是发射运载火箭、将卫星或其他航天器送入太空的地方。早期的发射场都用于导弹发射和试验，保安和保密措施极为严格。随着航天活动和经济发展的关系日益密切，以及国际间的航天技术交流与合作日渐频繁，加之侦察卫星将宽阔的发射场一览无余，航天发射场的神秘面纱已被撩开。

航天发射场的选址要根据发射航天器的轨道要求、地面测控配置、安全保证、气候条件等诸多因素综合考虑，并受国家地理和环境条件的制约。例如，为提高发射地球同步轨道卫星的能力，应将发射场置于低纬度地区，以接近赤道为好；如发射太阳同步轨道卫星，应将发射场置于高纬度地区，以接近两极为好；如卫星运行方向与地球自转方向相同，应充分利用地球自转速度，把发射场置于低纬度地区且向东发射。

对航天发射场的要求还有很多，如要有充足的水源，良好的地质构造和气候条件，交通要方便，要适合修建生活、后勤供应等配套设施。

航天发射场一般由技术区、发射区、指挥控制中心以及辅助的气象、观测、跟踪测量等台、站组成。技术区建有火箭、卫星或其他航天器的总装、测试和维护厂房。发射区建有发射台、发射塔、发射控制室、燃料库、水塔等设施。发射台和总装厂房通过道路连接在一起。

为了充分利用地球自转速度，近年来发展了机载发射或海上发射航天器的技术。以海上发射为例：火箭发射装置建在船上，发射船可驶至赤道海域。由于最充分地利用了地球自转的能量并满足了轨道要求，与陆上发射比，可将火箭运载能力提高约30%，从而降低了单位发射成本。此外，火箭飞行区远离人烟稠密的陆地，使安全性大大提高；还能节约卫星变轨能量，延长卫星使用寿命。

美国卡纳维拉尔角航天发射场位于美国佛罗里达州大西洋西岸中段，火箭向东飞行的安全航区达1万千米以上。美国早期的导弹“下士”、“红石”、“雷神”发射试验都在这里进行。1958年1月，美国的第一颗人造卫星也从这里发射。卡纳维拉尔角还是美国所有载人航天器的发射场，运送阿波罗登月飞船的巨型火箭土星5号，就是从这里起飞的。

拜科努尔航天发射场位于咸海以东丘拉坦正北方向，发射场地域长137千米，宽88.5千米。1957年苏联的第一颗人造卫星，以及1961年苏联宇航员加加林乘东方一号飞船环绕地球飞行，都从这里升空。

日本种子岛航天发射场位于日本南部，占地8.65平方千米。1975年，日本第一枚N-Ⅰ火箭从这里起飞，把宇宙开发事业团研制的菊花卫星送入轨道。种子岛发射场主要用来发射日本的应用卫星。

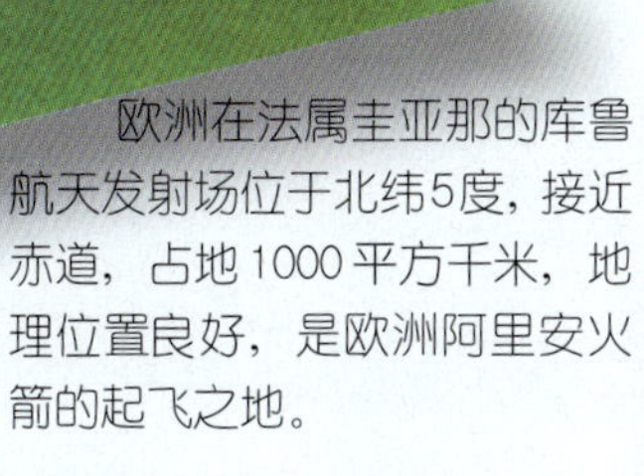

欧洲在法属圭亚那的库鲁航天发射场位于北纬5度，接近赤道，占地1000平方千米，地理位置良好，是欧洲阿里安火箭的起飞之地。

航天测控网

航天器上天以后，人们怎样和它保持联系并对它进行管理呢？这就需要有一个庞大的专用地面系统——航天测控网。航天测控网是“航天测量控制与数据采集网”的简称，它的任务是对航天器进行跟踪测量，控制航天器的运动并保证它功能正常。航天测控网由航天测控中心和若干个航天测控站组成，这些测控站可以分布在全国或全球。整个测控网“运筹帷幄之中，决胜千里之外”，保证了运载火箭、人造卫星、载人飞船等航天器的正常运行。

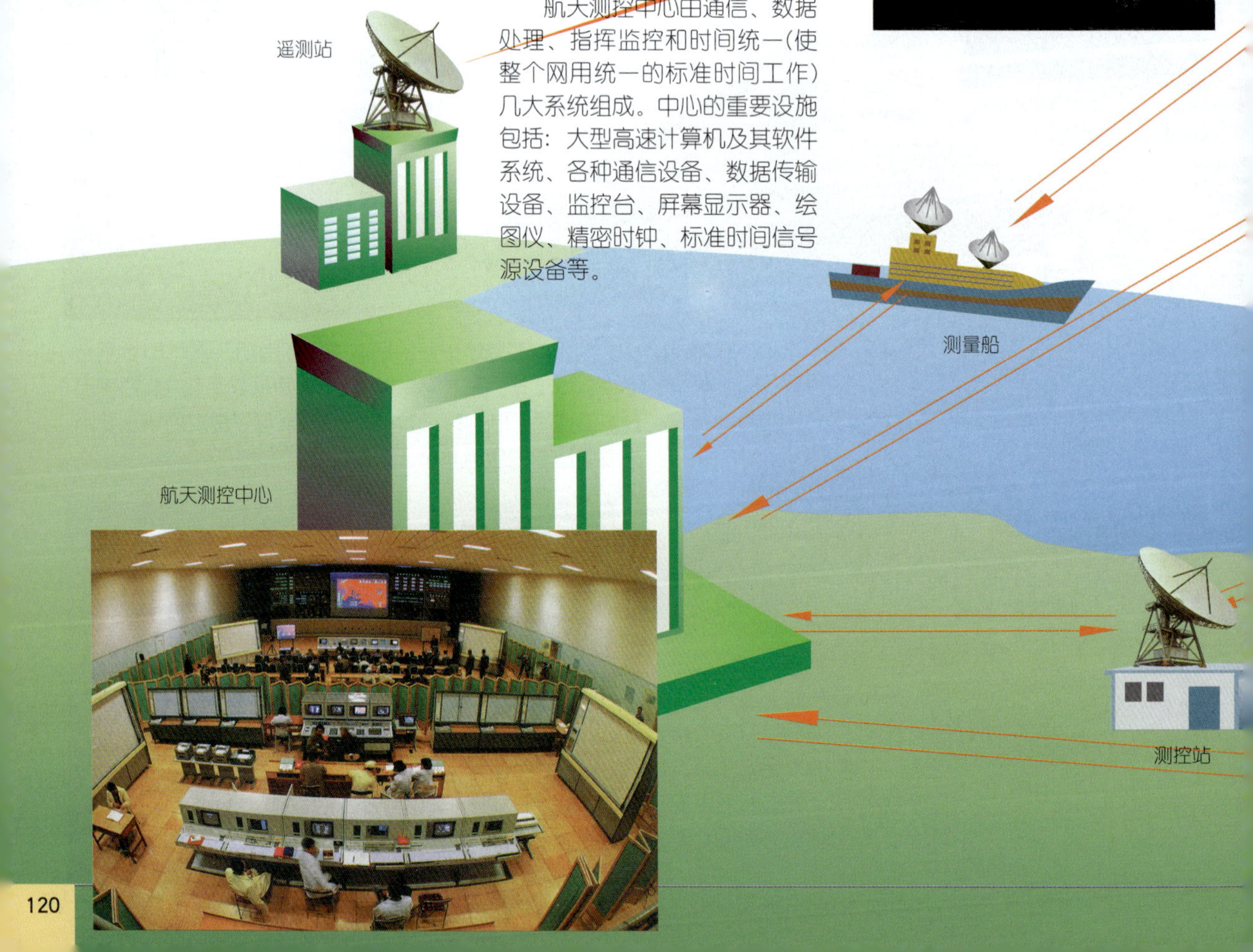

航天测控中心由通信、数据处理、指挥监控和时间统一(使整个网用统一的标准时间工作)几大系统组成。中心的重要设施包括：大型高速计算机及其软件系统、各种通信设备、数据传输设备、监控台、屏幕显示器、绘图仪、精密时钟、标准时间信号源设备等。

遥测站

测量船

航天测控中心

测控站

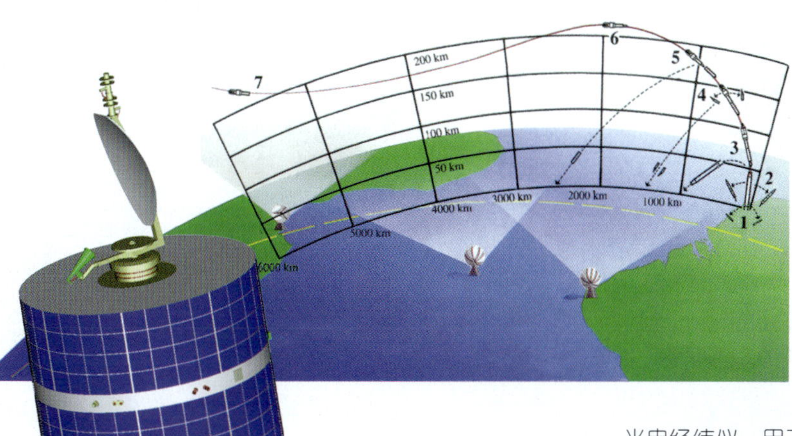

光电经纬仪，用于测量航天器的方位与速度。

中国航天测控网从1967年开始建设，至今已建成了包括西安卫星测控中心、多个地面测量站及海上测量船队在内的、功能完善的先进测控系统，圆满地完成了我国多种卫星的测控任务，还为多颗商用外星提供了测控支持。

测量飞机

航天测控站可以固定在陆地或海上某一地点，也可以是机动的。机动站包括陆上活动站、测量飞机和海上测量船。

我国第一艘远望号航天测量船排水量2万余吨，可连续航行1.8万海里。该测量船于1979年建成，多次南下至南太平洋海域，经受了严峻考验，圆满完成了多项测控任务。

测量船

测控站

通信站

随着科学技术的飞速发展和航天器应用不断增长的需求，航天测控网正向高效能、多功能、信息综合利用等测控功能天地一体化的方向发展。

周恩来总理对卫星研制工作给予了极大的关怀和支持，倾注了大量的心血。

中国研制人造地球卫星的历程

自1957年10月世界上第一颗人造地球卫星升入太空，中国科学家就开始进行卫星技术的预先研究工作。1963年，中
学院成立星际航行委员会，制定星际航行发展计划。1965年9月，中国科学院开始组建人造卫星设计院，着手制定第一
造卫星的总体方案。1966年初，中国科学院正式成立“651”设计院（即卫星设计院）和“701”工程处（即卫星地面测
统工程处），开始了卫星总体方案的论证和设计。

1968年2月20日，中国空间技术研究院正式成立，标志着我国卫星事业进入新阶段。

“我们也要搞人造地球卫星”

1958年5月17日，毛泽东主席在中共八大二次会议上发出响亮的号召：“我们也要搞人造地球卫星。”与会代表全体起立，长时间热烈鼓掌。这充分体现了全体中国人民发展航天技术、进军宇宙空间的强烈愿望和必胜信心。

太空奏佳音——中国第一颗卫星升上太空

《东方红》乐曲响彻云霄

东方红一号卫星是进行科学探测的试验卫星，它的任务是为发展我国的各种应用卫星取得必要的数据。

1970年4月25日下午6点，新华社发布了我国第一颗人造地球卫星发射成功的新闻公报,倾刻间，首都北京锣鼓声四起，鞭炮齐鸣。消息传遍全国,城乡一片欢腾,到处喜气洋洋。人们涌向街头,载歌载舞,庆祝这一大喜事。人们带着指南针、望远镜，扶老携幼，成群结队地涌到山头、高地、海滩,极目仰望那颗眨着眼睛的东方明星。

消息传到国外，在许多国家引起强烈反响。

喜 报

毛主席提出“我们也要搞人造卫星”的

我国成功地发射

卫星重一百七十三公斤，用二

这是我国人民在伟大领袖

领导下，高举“九大”团结、胜利

鼓足干劲，力争上游，多快好

促生产，促工作，促战备所

这是我国发展空间技术

无产阶级革命路线的伟大

中国共产党中央委员会向从事研

人员、民兵以及有关人员，表示热烈

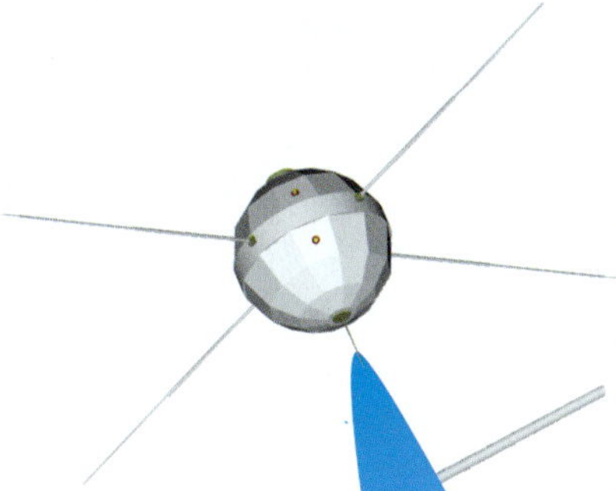

东方红一号卫星是1970年4月24日我国成功发射的第一颗人造地球卫星，它拉开了我国卫星事业的序幕。东方红一号卫星运行的轨道距离地球最近点439千米，最远点2384千米，轨道平面与地球赤道平面的夹角68.5度，绕地球一周需114分钟。卫星重173千克，用20.009兆赫的频率播送《东方红》乐曲。

抓得住

星上能源系统和各种仪器工作正常，性能稳定，使遥测遥控系统能够正常工作。卫星入轨后3小时，就可以随时精确预报未来24小时内的卫星方位。

听得到

卫星上安装了播放《东方红》乐曲的发声设备，通过短波发回地面，经中央人民广播电台转播，全国及全世界人民都能听得到《东方红》。

看得见

卫星入轨后，设计者让末级火箭随着卫星一起在空间运行，并在上面加上发光的观测裙，使卫星的亮度提高，人们用肉眼就可以看见。

各国的第一颗人造地球卫星

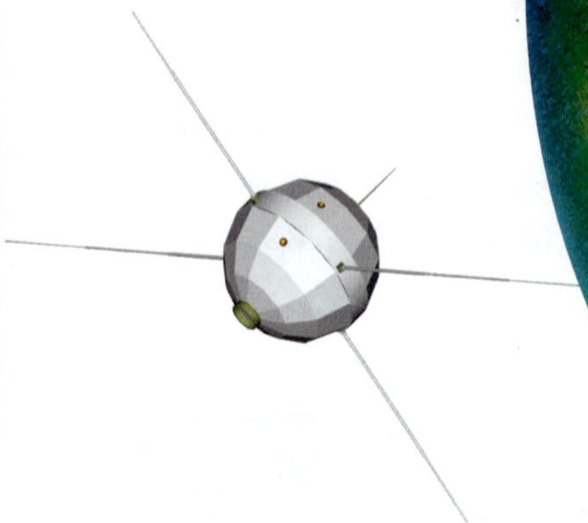

国家
苏联
美国
法国
日本
中国

1957年10月4日，苏联成功地发射了世界上第一颗人造地球卫星。从此，人类进入了空间时代。到1970年，世界上已有5个国家依靠自己的力量独立发射了人造地球卫星。这5个国家是：苏联、美国、法国、日本和中国。

人造地球卫星的飞行原理

用绳子拴一块小石子让它作圆周运动时，石子的惯性会产生离心加速度，形成使石子脱离圆周运动的力，俗称离心力。只有用一个与它大小相等、方向相反的向心力来抵消它，石子才能继续保持圆周运动，这就是手拉绳子的力。人造卫星的飞行原理与它相仿，只不过向心力是地球对它的引力。人造地球卫星能在地球轨道上运行，首先是因为它具有第一宇宙速度（7.9千米／秒），还有就是因为地球的引力（向心力）一直拉着它，正像细绳拉着石子一样。如果卫星飞行速度过快，离心力超过地球的引力时，卫星就会脱离地球飞向远方的太空。

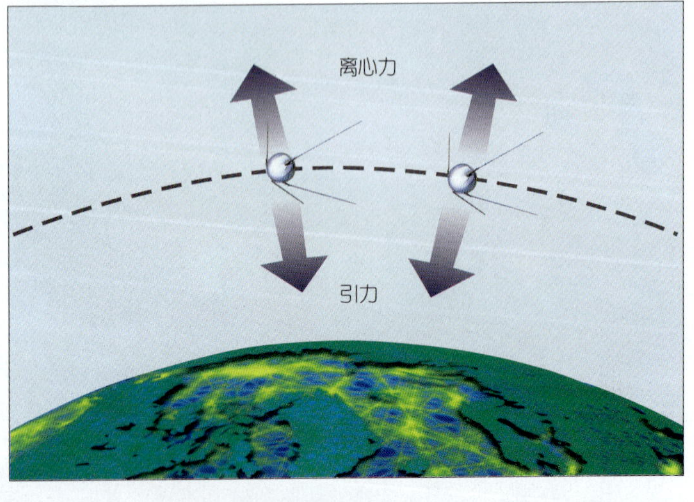

东方红一号卫星

作为科学探测实验卫星的东方红一号，外形是球形多面体，由铝合金结构材料制成；采用自然平衡的被动式温度控制方法；用化学电池供电；安装了《东方红》音乐装置；装有两种无线电跟踪设备，对卫星轨道进行测量；用雷达应答系统进行应答，并装有姿态测量设备。

世界各国发射的第一颗人造地球卫星数据表

卫星名称	时间	卫星质量(千克)	近地点(千米)	远地点(千米)	倾角(度)
伴侣一号	1957.10.4	83.6	215	947	65
探险者一号	1958.2.1	8.2	360	2531	33.34
试验卫星一号	1965.11.26	42	526	1809	34
大隅号	1970.2.11	9.4	339	5138	31
东方红一号	1970.4.24	173	439	2384	68.5

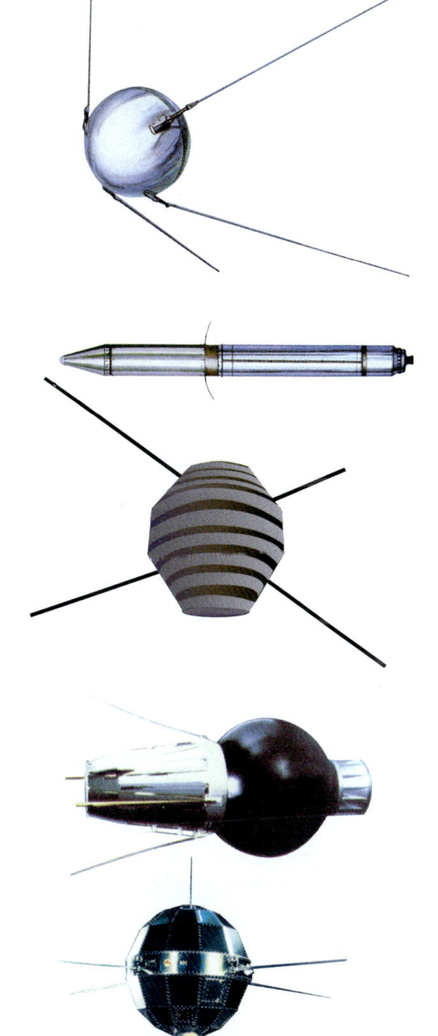

伴侣一号是苏联发射的世界上第一颗人造地球卫星。它的外形像一个大皮球，外径有0.58米，它的构造比较简单，由两个铝合金半球壳对接而成，壳外有四根鞭状天线。

探险者一号是美国1958年2月1日发射的第一颗人造地球卫星。卫星很小，但携带了很多仪器。它首次发现了地球辐射带。

试验卫星一号是法国的第一颗卫星，于1965年11月26日发射，是一个双截头锥体。

大隅号是日本1970年2月11日发射的第一颗卫星。外形呈环形，直径0.45米。这颗卫星的发射比中国的第一颗卫星仅早两个多月。

中国虽然起步比苏美晚了十几年，但首次发射的卫星质量却超过了苏、美、法、日第一颗人造地球卫星的质量总和，这说明中国运载火箭的运载能力强、卫星功能多、起步水平高。

继中国之后，英国、印度、以色列等国家也独立发射了卫星，还有很多国家借助别国的火箭或靠别国的帮助，发射了人造地球卫星。

中国卫星的摇篮——中国空间技术研究院

卫星的轨道寿命

人造地球卫星在运行轨道上存留的时间，称为轨道寿命，即指从卫星进入轨道到陨落为止的时间间隔。

近地轨道的卫星寿命主要取决于大气阻力。轨道越高，寿命越长；卫星面积越大，寿命越短。有的卫星轨道寿命也受到太阳引力和月球引力作用的影响，可以通过选择轨道和发射时间来延长。

多姿多彩的航天器

人类的活动范围，经历了从陆地到海洋，从海洋到大气层，再从大气层到外层空间的逐步扩展过程。人类不断开拓外层空间，离不开空间技术，离不开人造航天器。

在地球大气以外的宇宙空间运行的各类飞行器，称为航天器。它基本上是按照天体力学的规律运行的，受天体引力的作用。

人类驾驶和乘坐载人航天器在太空进行各种科学探测、试验、研究，从事军事和生产的往返飞行活动，称为载人航天。载人航天的目的就是：突破地球大气的屏蔽和克服地球引力，把人类活动范围从陆地、海洋和大气层扩展到宇宙空间，更加广泛和深入地认识地球及其环境，更好地认识整个宇宙，进而开发宇宙资源，为人类造福。

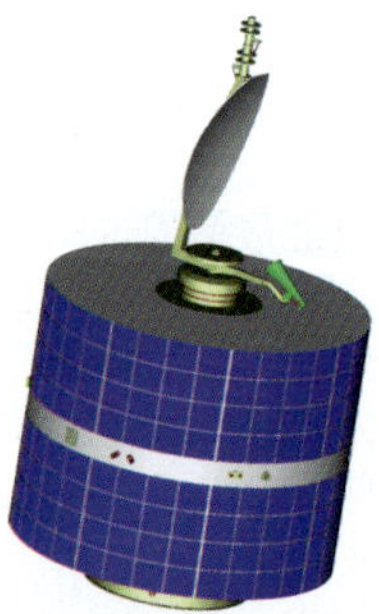

通信卫星

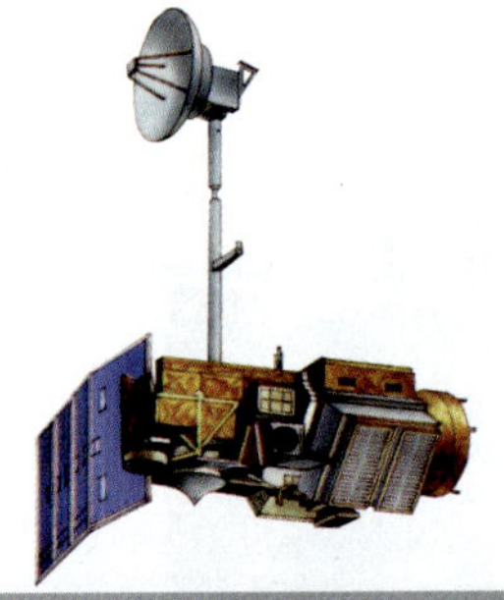

地球资源卫星

人造卫星就是围绕行星运转的人造航天器，围绕地球运转的叫人造地球卫星。自50年代后期以来，人类已先后发射了约5000个人造航天器，其中绝大部分是人造地球卫星。

人造地球卫星按用途，一般可分为三种，即科学卫星、应用卫星和技术试验卫星。科学卫星是用于科学探测的卫星，包括各种空间探测卫星和天文卫星；应用卫星是直接为人类服务的各种卫星，包括通信、气象、地球资源卫星等；技术试验卫星是专门进行航天器技术研究的卫星。

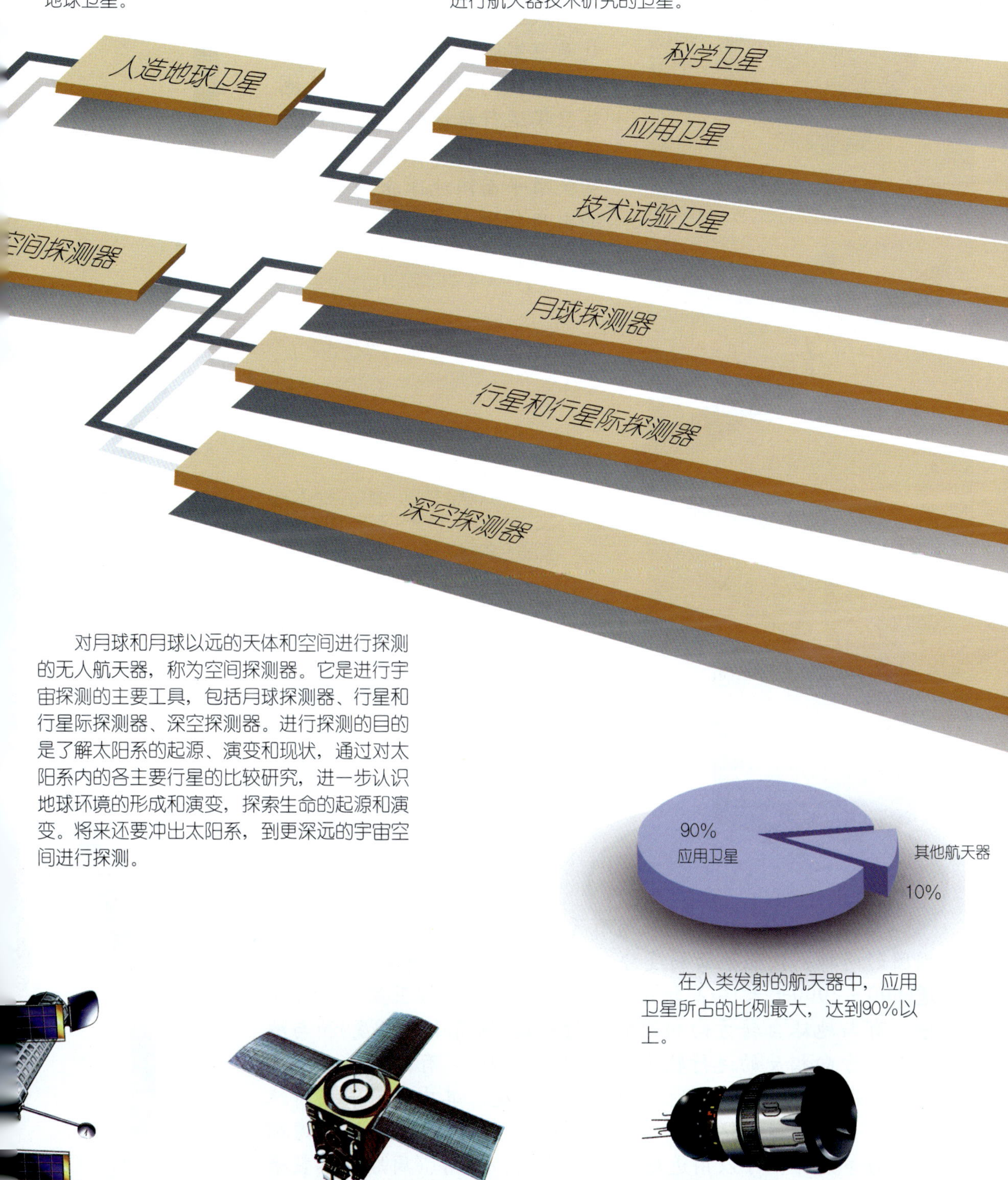

对月球和月球以远的天体和空间进行探测的无人航天器，称为空间探测器。它是进行宇宙探测的主要工具，包括月球探测器、行星和行星际探测器、深空探测器。进行探测的目的是了解太阳系的起源、演变和现状，通过对太阳系内的各主要行星的比较研究，进一步认识地球环境的形成和演变，探索生命的起源和演变。将来还要冲出太阳系，到更深远的宇宙空间进行探测。

在人类发射的航天器中，应用卫星所占的比例最大，达到90%以上。

人造地球卫星的轨道

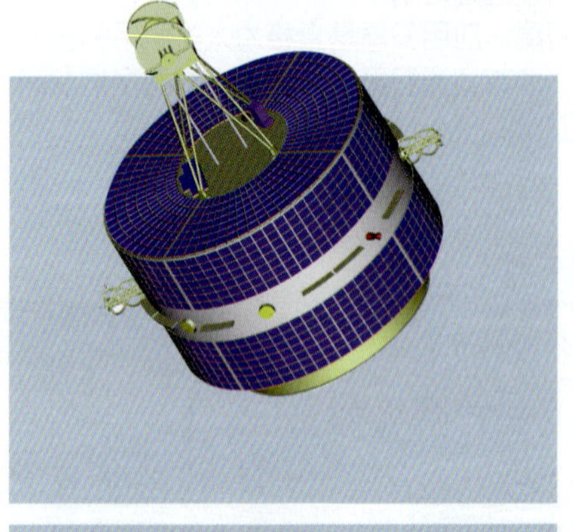

人造地球卫星的运行轨道就是卫星运行的轨迹，是一条围绕地球的封闭曲线。人造地球卫星运行轨道的平面均通过地球中心，称为轨道平面。卫星轨道平面同地球赤道平面间的夹角称为人造地球卫星的轨道倾角。

逆行轨道

地球静止轨道

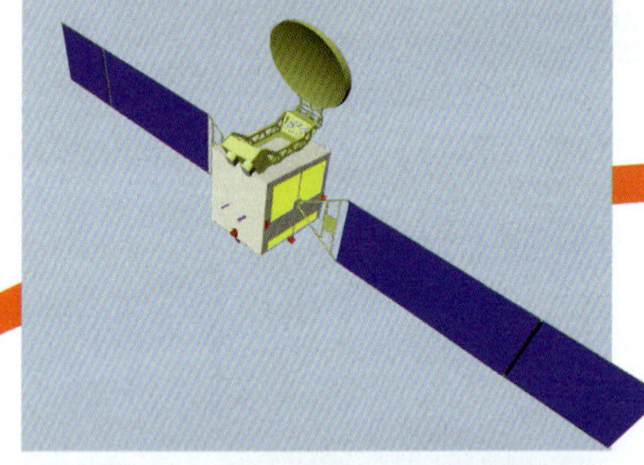

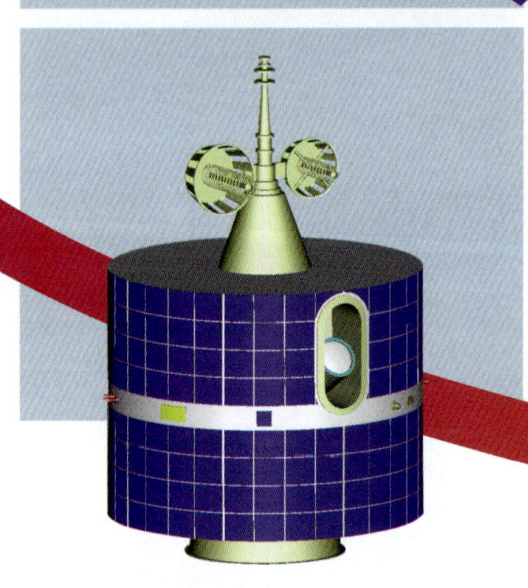

地球静止轨道，是指距地面高35786千米、轨道平面与地球赤道面重合的圆轨道，也称地球同步静止轨道。卫星在此轨道上运行的周期与地球自转的周期相同，从地球上看去卫星好像是静止的。利用这种轨道进行通信或监测具有独特的优越性。地球静止轨道只有一条，是极为宝贵的空间资源。

从理论上讲，卫星的轨道有无数条。按形状分，有圆形和椭圆形两种。按距地面高度分，有低轨道(500千米以下)、中轨道(500～2000千米)和高轨道(2000千米以上)。按卫星飞行方向分，有与地球自转方向相同的顺行轨道(倾角小于90度)和与地球自转方向相反的逆行轨道(倾角大于90度)，有绕赤道上空飞行的赤道轨道，有通过地球两极的极轨道。其中还有一些特殊轨道，如地球静止轨道和太阳同步轨道。卫星绕地球运行遵循天体力学规律，可以用近地点、远地点、倾角、周期等参数来描述，它们可以决定轨道的大小、形状和空间方位。

太阳同步轨道，是指航天器轨道平面的旋转方向及周期与地球公转的方向及周期相同的轨道。太阳同步轨道属于逆行轨道。选用这种轨道的优点是能保证卫星在观测地球上同一地区时的光照条件基本相同，便于图像对比。这对于对地观测卫星来说特别重要，同时还有利于太阳能电池的有效利用，并能实现对全球的覆盖。

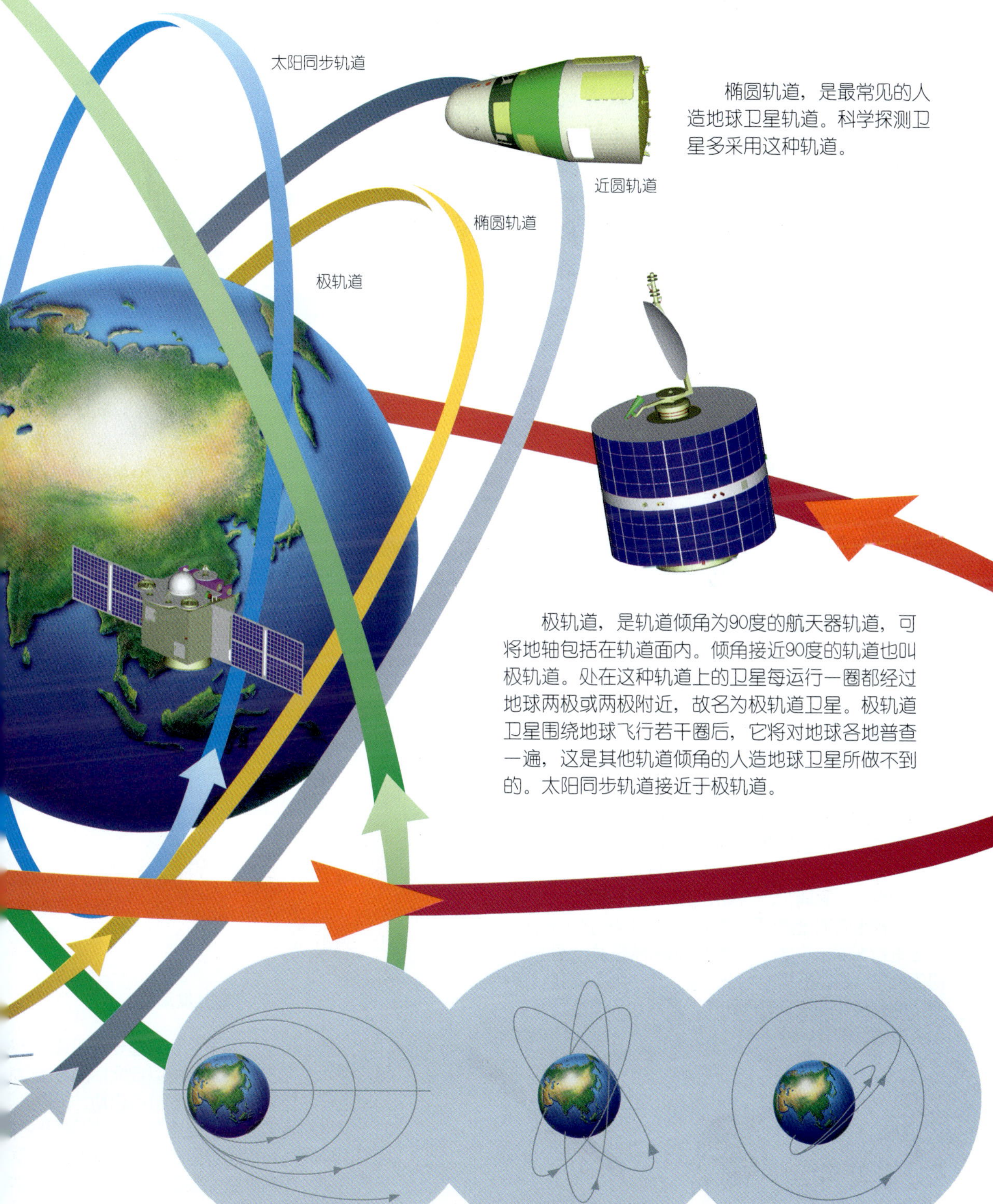

椭圆轨道，是最常见的人造地球卫星轨道。科学探测卫星多采用这种轨道。

极轨道，是轨道倾角为90度的航天器轨道，可将地轴包括在轨道面内。倾角接近90度的轨道也叫极轨道。处在这种轨道上的卫星每运行一圈都经过地球两极或两极附近，故名为极轨道卫星。极轨道卫星围绕地球飞行若干圈后，它将对地球各地普查一遍，这是其他轨道倾角的人造地球卫星所做不到的。太阳同步轨道接近于极轨道。

椭圆轨道入轨示意　　极轨道入轨示意　　地球静止轨道入轨示意

人造地球卫星的组成

卫星一般都是由两大部分组成，即有效载荷和平台。有效载荷是指卫星上用于直接实现卫星的应用目的或科研任务的仪器设备，如遥感卫星上使用的照相机，通信卫星上使用的通信转发器和通信天线等。平台则是为保证有效载荷正常工作而为其服务的所有保障系统，一般包括结构系统、温度控制系统、电源系统、无线电测控系统、姿态控制系统和轨道控制系统等。卫星的有效载荷可以根据卫星的任务的变化加以更换，而平台不用更换。有效载荷就像乘客，卫星平台就像公共汽车，乘客可以不同，但汽车本身不用改变。

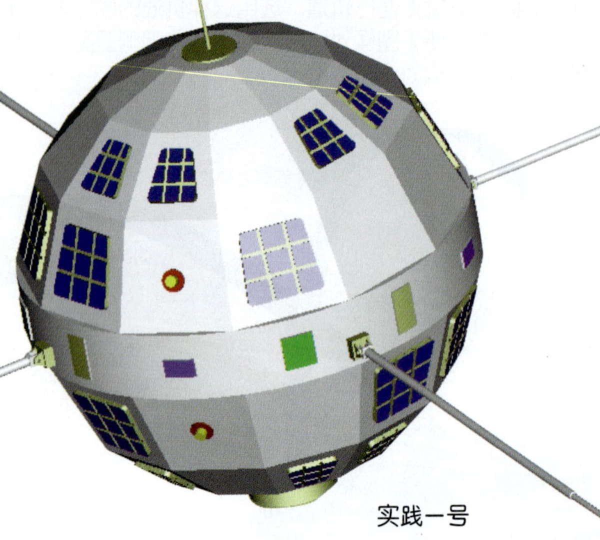

实践一号

结构系统

结构系统是整个航天器的承力构架。它具有适当的强度和刚度，使航天器具有一定的形状和空间，用以安装各种仪器设备，使它们成为一个整体，并对它们起着保护作用。

姿态控制系统

所谓“姿态”，就是指运行中的卫星在空间所采取的方位。卫星在天上运行，要保持不同的方位，比如侦察卫星的照相机、通信卫星的天线必须始终对着地球，太阳观测器的望远镜必须对着太阳。而卫星飞行时，各种阻力、干扰力会使其姿态处于不规则的不断变化中。为了保证各种仪器设备能够正常地工作，卫星必须保持一定的姿态。

姿态控制可分为两类：一类是姿态稳定，保持姿态不变；一类是姿态机动，把航天器从一种姿态变换成另一种新的姿态。姿态控制有被动式和主动式，被动式有自旋稳定、重力梯度稳定、地磁控制，主动式有飞轮控制和喷气控制，可对卫星进行三轴稳定控制。

姿态控制系统要靠测量部件、控制部件和执行机构相互配合，才能完成姿态控制任务。测量部件相当于“眼睛”，测量出卫星的姿态和转动速度；控制部件相当于“大脑”，对这些测得的参数进行分析、判断、计算和处理，然后发出相应的指令；执行机构相当于“手”和“脚”，它按照控制部件的指令进行动作，最终达到调整卫星姿态的目的。

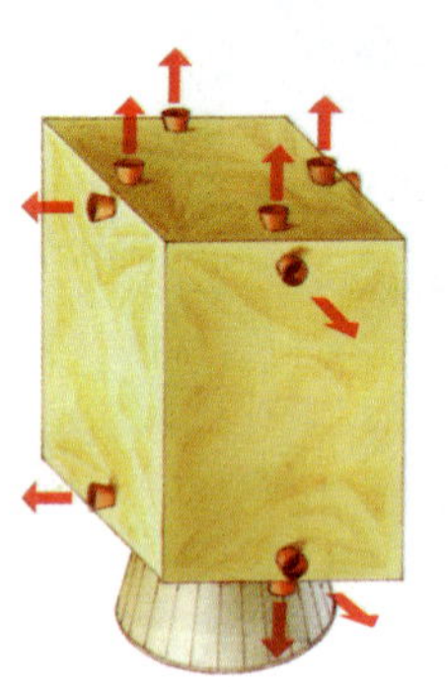

星上发动机

卫星上装备的用于控制卫星姿态和速度的器，称为星上发动机。它可以按照地面控制中卫星上程序控制设备的指令进行启动、关闭。时，它从喷嘴中喷射出高速气体，使卫星获得用力，从而达到控制卫星的目的。这种发动机多次启动，在高真空、失重、辐射等空间环境够可靠地工作。

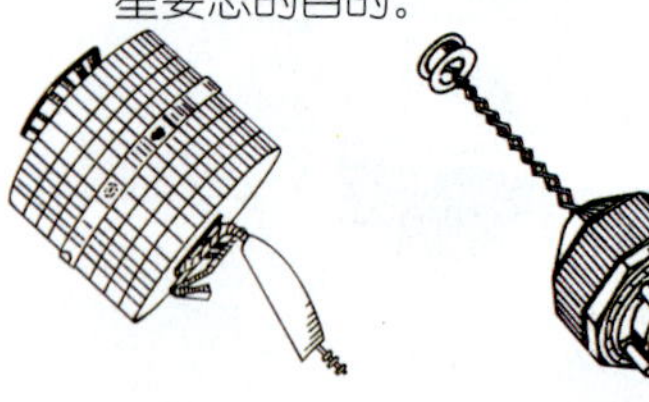

自旋稳定

重力梯度稳定

三轴稳定

各种各样的卫星稳定方式

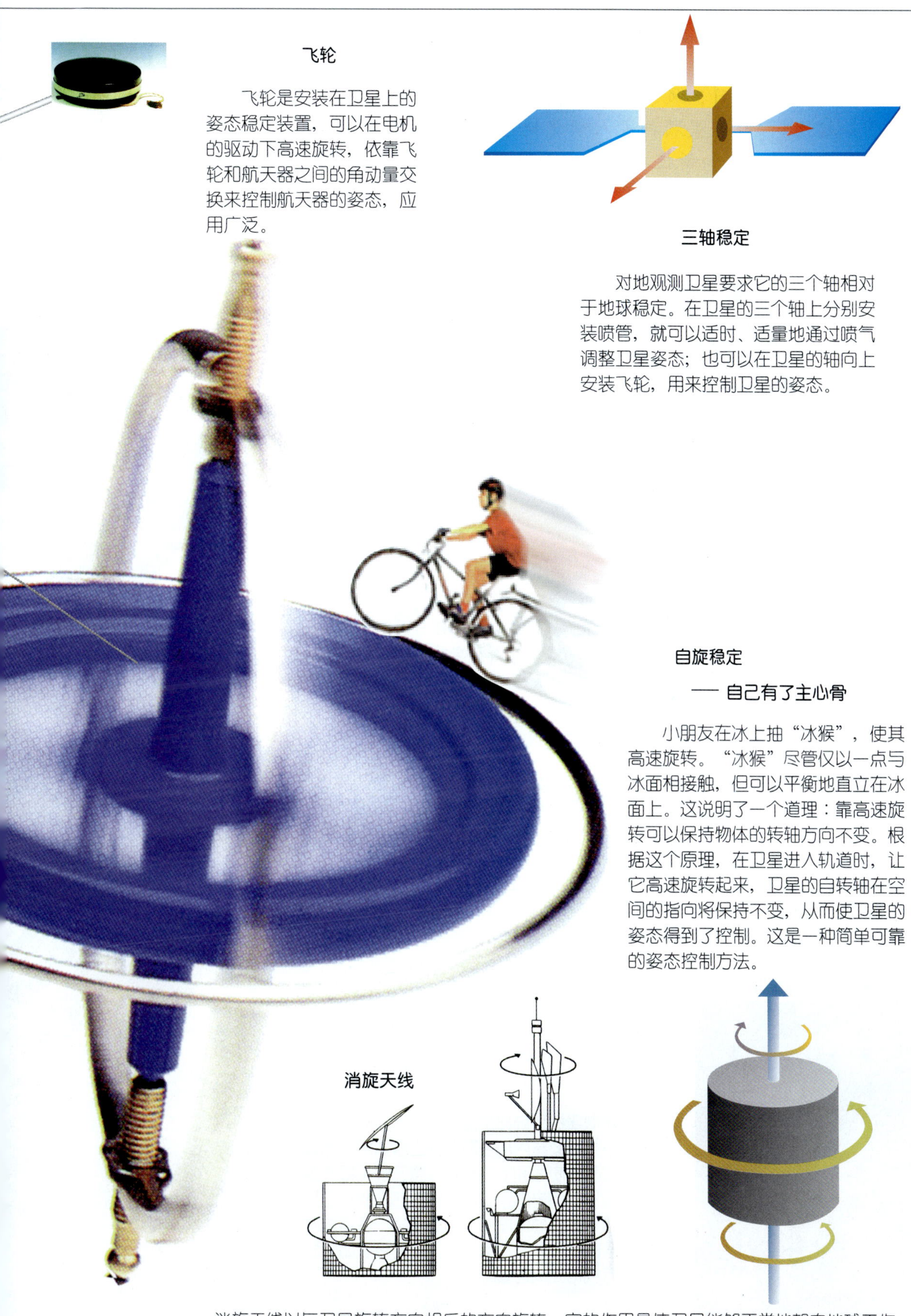

飞轮

飞轮是安装在卫星上的姿态稳定装置，可以在电机的驱动下高速旋转，依靠飞轮和航天器之间的角动量交换来控制航天器的姿态，应用广泛。

三轴稳定

对地观测卫星要求它的三个轴相对于地球稳定。在卫星的三个轴上分别安装喷管，就可以适时、适量地通过喷气调整卫星姿态；也可以在卫星的轴向上安装飞轮，用来控制卫星的姿态。

自旋稳定

—— 自己有了主心骨

小朋友在冰上抽“冰猴”，使其高速旋转。“冰猴”尽管仅以一点与冰面相接触，但可以平衡地直立在冰面上。这说明了一个道理：靠高速旋转可以保持物体的转轴方向不变。根据这个原理，在卫星进入轨道时，让它高速旋转起来，卫星的自转轴在空间的指向将保持不变，从而使卫星的姿态得到了控制。这是一种简单可靠的姿态控制方法。

消旋天线

消旋天线以与卫星旋转方向相反的方向旋转，它的作用是使卫星能够正常地朝向地球工作。

一箭三星上太空

1981年9月20日，风暴一号运载火箭携带着3颗卫星（实践二号、实践二号甲、实践二号乙）起飞，3颗卫星顺利进入预定轨道，星上各系统工作正常。一箭三星的发射成功，是我国在空间探测和新技术试验方面取得的重要成果，我国因此成为世界上第三个掌握一箭多星发射技术的国家。

实践二号甲

实践二号乙

科学实验卫星是用于科学探测和技术试验的卫星。1971年3月3日，实践一号卫星发射成功。这是我国发射的第二颗卫星，肩负着科学探测和技术试验的双重使命。其主要任务是试验太阳能电池供电系统、主动温度控制系统、遥测设备长期工作可靠性等。

实践二号卫星是一颗空间物理探测兼新技术试验卫星，重250千克，携带了11种探测仪器，可以探测地球附近空间的带电粒子，测量地球和大气的红外和紫外辐射，可以探测太阳风和测量高空大气密度。根据工作要求，实践二号的运行轨道为：近地点高度237千米，远地点高度1622千米，轨道倾角60度，运行周期103分钟。

实践二号卫星还采用了其他一些新技术。一是卫星用自旋稳定并整星对日定向的姿态控制方式，使得卫星顶面和太阳能电池板始终对准太阳；二是使用了多扇百叶窗调节整星温度；三是采用了跟踪、遥测合用的统一系统，减少了星载无线电测控系统的质量、体积和功耗。

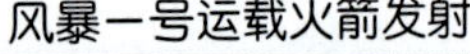

风暴一号运载火箭发射

遥测遥控系统

遥测遥控系统都是通过无线电传输系统进行工作的。遥测系统把卫星内部各系统的工作情况用无线电波的形式发回地面，使地面上的技术人员了解卫星的运行情况。

遥控工作先由指令产生器把地面发向卫星的各项命令变成信号，当地面控制中心启动某一条指令时，这条指令的信号就经过调制发向卫星。卫星接到命令后，通过相应的执行机构完成地面的指令。

电源系统

电源系统就是为仪器设备提供电能的系统。卫星上采用的电源大都是太阳能电池和化学电池，也有核电池。

太阳能电池是一种把太阳能转换成电能的装置。现在常用的是做成小片的太阳能电池片，把它贴在卫星表面上或做成太阳能电池板装在卫星上。发射时，太阳能电池板通常可以像“摺扇”那样折叠起来，也可以像布一样卷在小卷筒上，藏在火箭的整流罩中，到了天上，再自动伸展开来。待阳光照在贴满太阳能电池片的电池板表面上时，这个“发电站”就开始供电了。发出的电先储存在蓄电池中，然后按需配电。

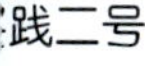

践二号

对日定向

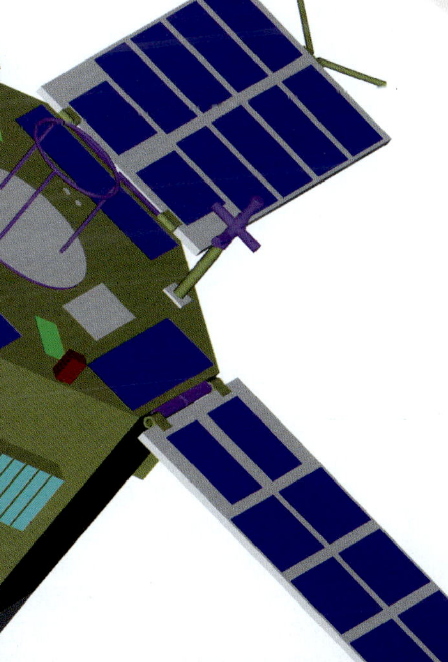

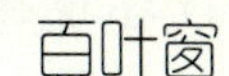

百叶窗

百叶窗主要是由对热敏感的动作器、叶片和底板组成。它的工作过程也很简单。当卫星内部温度在要求范围内时叶片关闭，因为叶片的外表面涂有隔热性能良好的涂层，阻止了热量外泄。当卫星内部温度超过要求的范围时，热敏动作器受热膨胀，打开叶片，露出底板。底板表面涂覆具有高反射性能的涂层，于是热量通过底板向空间散出，使星内的温度降低到适当温度时，热敏动作器冷缩，又驱动叶片关闭。由于百叶窗调温效率高，简单可靠，不耗用星上能源，所以得到了广泛的应用。

温度控制系统

航天器所处的太空环境恶劣，温度高时可达100摄氏度以上，度低时为－200摄氏度以下。温度控制系统能把航天器内部的度控制在适当的范围内，使各种仪器设备能够正常工作。温度制方法有被动式和主动式。温控系统就像人的衣服可以加减一遇热减少吸收，增加散热；遇冷则降低辐射散热并加温。它合格的卫星环境管理员。

要使航天器正常地工作，发挥应有作用，就需要认识它的工作和生存环境。

科学探测卫星是用来进行空间物理环境探测的卫星。这种卫星的主要任务是探测空间环境中的中性粒子、高能带电粒子、等离子体、微流星体、固体颗粒、低频电磁波和等离子体波、磁场、电场等。这种卫星轨道多样，携带的仪器种类繁多，数据传输量大，可在太空中直接对空间环境进行探测，为人类了解航天器飞行环境提供科学依据。

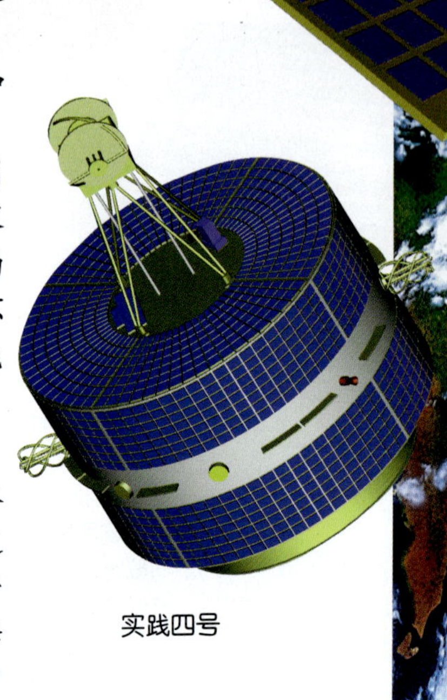

实践五号

实践四号

雪

雨

地球辐射带

太阳风是太阳发射的高速质子和阿尔法粒子流，对太阳系内各行星有巨大的影响。

空间环境模拟和地面振动讠

空间环境是指太空中存在的客观境，最主要的是高真空、冷黑和太阝射。一般情况下，航天器飞行在离地100千米以上的轨道上，空间环境比恶劣。航天器置于太空中，就必须适空间环境。因此，在研制航天器时，天器及其元器件、零部件一定要在空环境模拟器（热真空罐）中做试验。拟的环境有太阳辐射、太阳风、极高空、冷热交变、等离子体、电子等

卫星在发射过程中还要承受巨大振动、过载、噪声等，这也需要在地进行相似的试验，以确定卫星是否经住考验。

“探险者号”是美国第一个科学卫星系列，它们的主要任务是探测地球、太阳、行星际空间的各种物理参数，测定地球形状和地球引力场。探险者号卫星系列多为小型卫星，但其外形结构差别很大，运行轨道有高有低、有远有近。

电子号卫星是苏联的科学卫星系列，它们的主要任务是研究进入地球内、外辐射带的粒子和与其相关的各种空间物理现象。

高度
1500千米
1000千米
500千米
100千米
10千米
5千米
0千米

国外科学卫星

空间环境对航天器的运动和各系统的工作有显著的影响。主要包括地球高层大气、电离层和磁层中的各种环境条件，也存在着太阳电磁辐射、宇宙线和微流星体等，其中带电粒子的影响最为突出。

空间环境对飞行器的影响

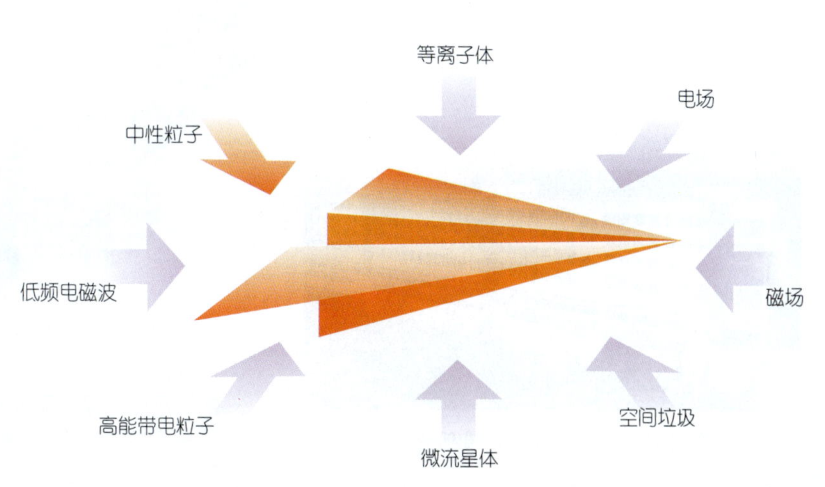

大显身手的应用卫星

应用卫星是直接为国民经济和军事服务的人造地球卫星。按用途可分为通信、气象、侦察、导航、测地、地球资源和多用途卫星等。

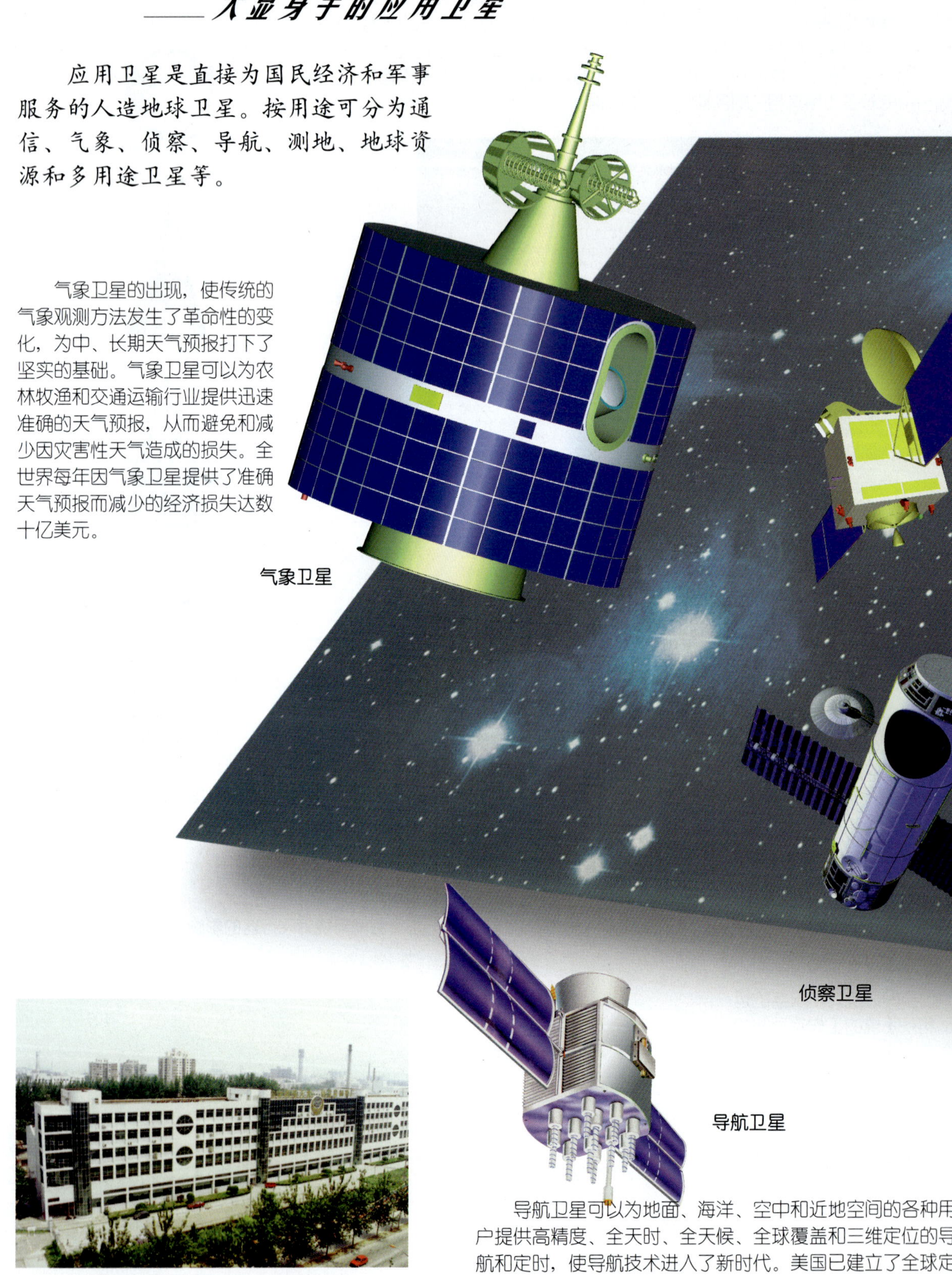

气象卫星的出现，使传统的气象观测方法发生了革命性的变化，为中、长期天气预报打下了坚实的基础。气象卫星可以为农林牧渔和交通运输行业提供迅速准确的天气预报，从而避免和减少因灾害性天气造成的损失。全世界每年因气象卫星提供了准确天气预报而减少的经济损失达数十亿美元。

气象卫星

侦察卫星

导航卫星

中国空间技术研究院卫星制造厂

导航卫星可以为地面、海洋、空中和近地空间的各种用户提供高精度、全天时、全天候、全球覆盖和三维定位的导航和定时，使导航技术进入了新时代。美国已建立了全球定位系统GPS，俄罗斯也建成了GLONASS系统，它们正在为全球的用户服务。

通信卫星

通信卫星

通信卫星

利用通信卫星，人们可以拍发国际电报、拨打国际电话，转播电视，进行数据传输，实现全球个人移动通信。通信卫星可以组成空间网络，与地面联通后，构成天地一体化的全球信息高速公路。

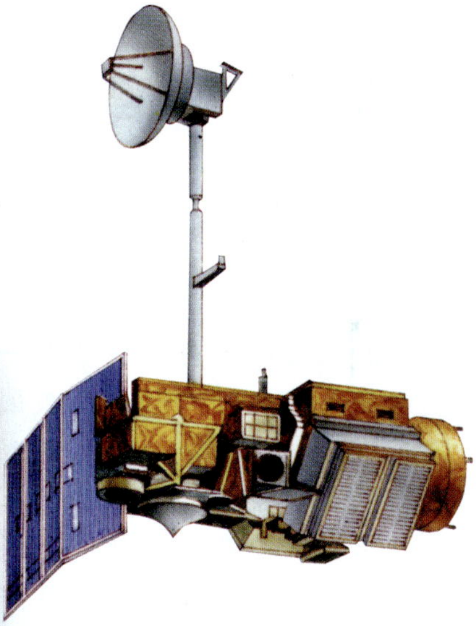

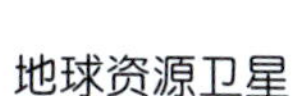

地球资源卫星

地球资源卫星可以勘察地质、海洋、矿藏、河流，监测环境污染、生态变化和自然灾害，普查农业、林业、渔业、牧业等资源，不仅效率高，而且及时迅速。

用于军事目的的侦察卫星是起步最早、发展最快、发射最多的卫星。它可以侦察地面各种军事目标，监听军事通信中的机密情报，监视地面部队和舰队行动，监视核爆炸及导弹武器试验，是现代战争中不可缺少的军事手段，也是其他手段不可替代的。

测绘卫星是专门对地球进行测量的人造地球卫星。它可以精确地测量地球的各种重要物理参数，绘制精确的地图，是十分重要的基础性应用卫星。

我国最早的应用卫星
——返回式卫星

我国最早的应用卫星是一种返回式遥感卫星。1975年11月26日，我国成功地发射了第一颗返回式卫星，标志着我国是世界上第三个掌握卫星回收技术的国家。

返回式卫星是低轨道卫星，采用三轴稳定，对地心定向，返回舱可安全回收。为了减轻卫星的重量，提高回收的可靠性，在设计中就把必须返回的物品集中在一个舱体内。在卫星返回地面之前，将无须回收的舱体全部抛掉，只有返回舱返回地面。

我国已研制了三种型号的返回式卫星。第一种是在70年代研制成功的第一代返回式对地观测-国土普查卫星，第二种是在80年代研制成功的第一代地图测绘卫星，第三种是在90年代研制成功的第二代返回式对地观测-国土普查卫星。截至1999年，我国共发射了17颗返回式卫星，成功回收16颗，成功率为94%。

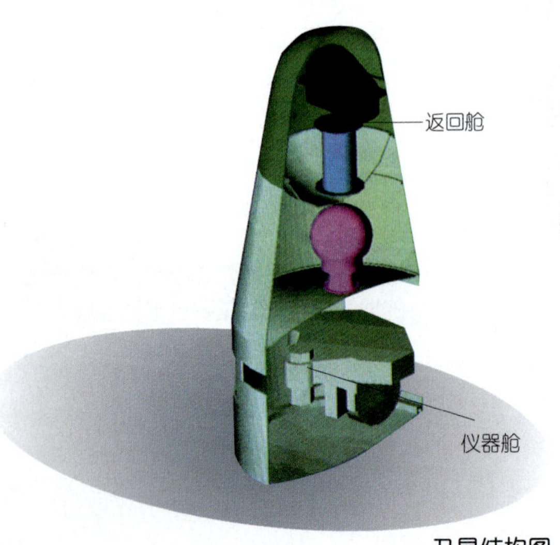

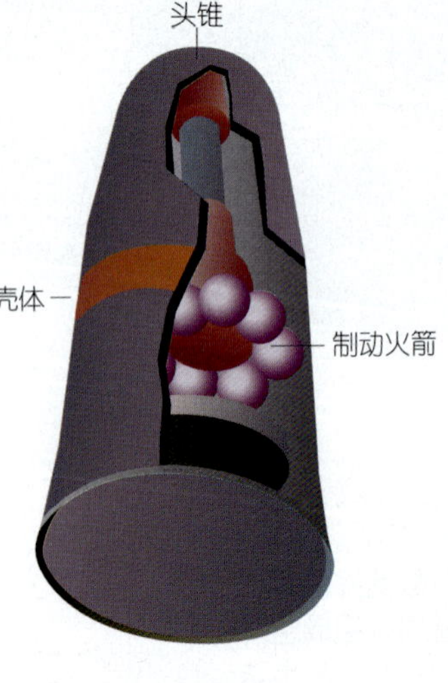

卫星结构图

名副其实的千里眼
——卫星相机

卫星相机是一种长焦距、辨率的摄影机，它具有分辨率拍摄面广的优点，技术十分成它所拍摄照片的分辨率主要取卫星的轨道高度和其成像系统量高低。目前最先进的卫星照地面分辨距离可达0.1米，可以地面上的绝大多数目标。 卫机是极为有用的、名副其实的眼。

1975年11月26日，长征二号运载火箭将我国第一颗返回式遥感卫星送入太空，按预定计划，卫星于11月29日返回地面。

返回式卫星再入大气层

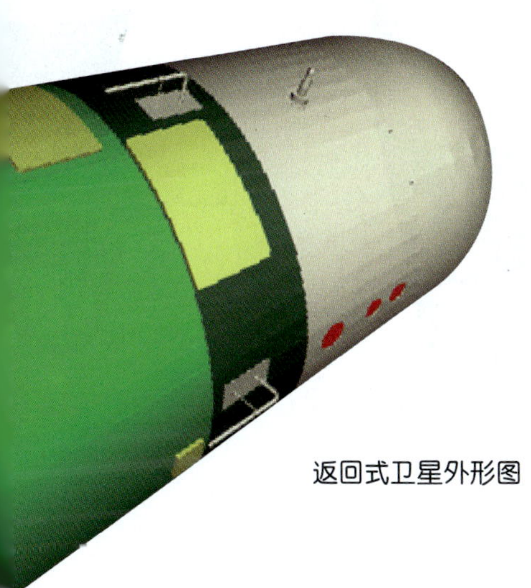

返回式卫星外形图

返回式卫星的防热

返回式卫星在完成任务穿过稠密的大气层返回地面时，由于与空气摩擦而产生大量的热量，如果不采取措施，卫星就会像流星一样在空中烧毁。为了解决这个问题，人们从几个方面进行了努力：卫星的表面采用了防热烧蚀材料，又加上了起隔热作用的隔热材料层，结构也做得非常坚固，这样就能够保证卫星顺利返回地面了。在返回时，我们可以看到卫星表面有烧焦的痕迹，但并不妨碍任务的完成。

黑障

当火箭、返回式卫星、宇宙飞船和航天飞机再入大气层时，速度极高，与空气剧烈摩擦，在机体周围形成一个温度高达几千摄氏度的高温区。气体分子和机体表面材料分子被分解、电离，像套子一样包围着再入的航天器。这个套能吸收和反射电波，使电波传播衰减甚至中断，这种现象被称为黑障。黑障给载人飞船返回时的实时通信、测量造成了困难。

返回式卫星的轨道控制

返回式卫星在太空中完成预定的飞行任务后，需要将胶片、生物样品、试样等送回地面。返回是整个飞行任务的最后阶段，也是飞行任务成败的最终标志。返回技术就是使卫星脱离原来的运行轨道进入地球大气层并安全着陆。

返回技术是复杂的综合性技术，返回的控制和制导、再入防热、回收和着陆是其中的关键。

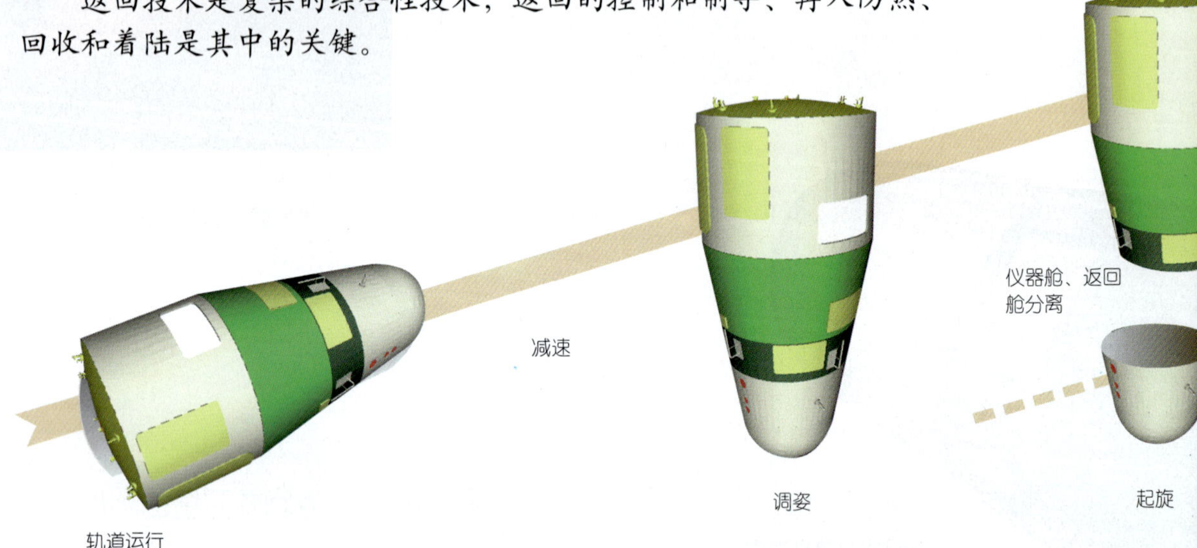

卫星的发射是一个加速的过程，由运载火箭将其由静止状态逐步加速到第一宇宙速度，让它在空中遨游。而卫星的返回则是一个减速过程，从轨道上的每秒 8 千米左右的速度逐步地减小到接近地面时的每秒十几米至几米的速度。卫星返回时，首先将卫星从轨道运行时的头部向前姿态转到回收的姿态，然后仪器舱、返回舱分离，再使返回舱起旋稳定姿态。随后，制动火箭点火，返回舱脱离卫星的运行轨道并使返回舱的自旋速度减小，以便返回舱再入大气层后能较快地转到头部朝前的姿态。返回舱在下降到离地面16千米左右的高度时，抛掉制动火箭壳体和底部防热罩，然后返回舱打开主降落伞安全着陆。因此，我们可以将返回轨道分为：离轨段、过渡段、再入段、着陆段等四个阶段。

上天

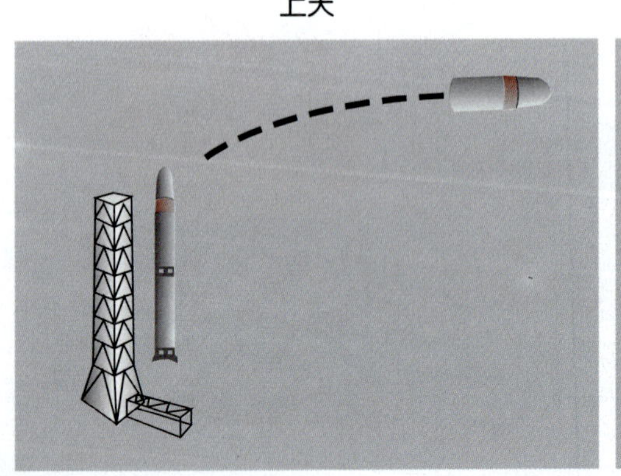

运行

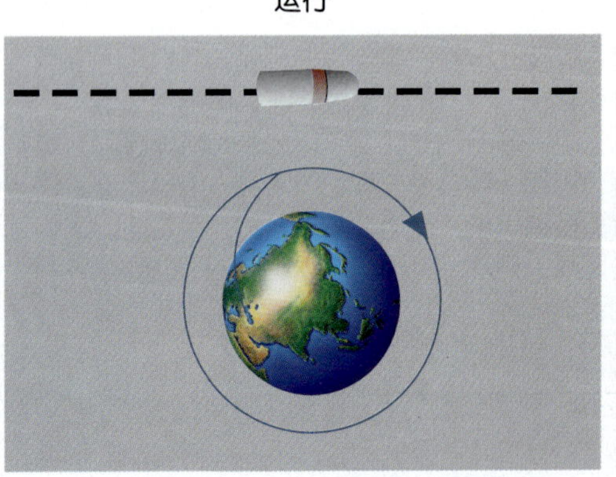

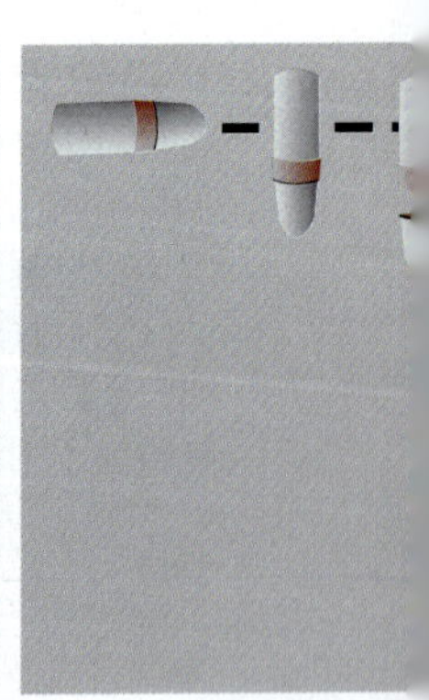

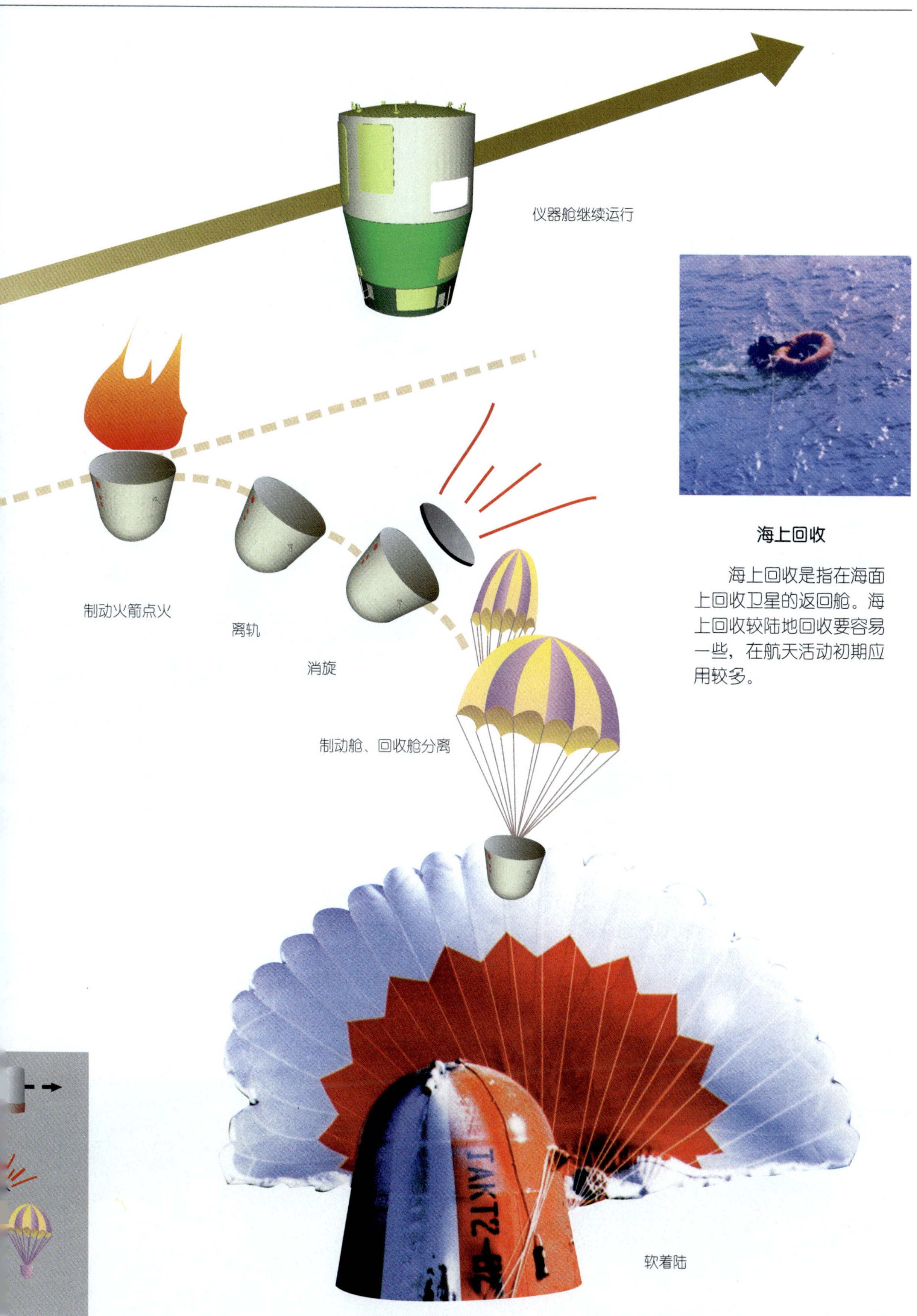

海上回收

海上回收是指在海面上回收卫星的返回舱。海上回收较陆地回收要容易一些，在航天活动初期应用较多。

返回式卫星的广泛用途

微重力

卫星围绕地球运行时处于微重力，即物体几乎不表现出重力，其大小只有地面上的百万分之一左右。

太空中

地面上

微重力太空材料制备——砷化镓结晶体

太空育种

矿产资源勘探

利用卫星上的遥感仪器获得资料，为勘探矿产提供科学依据。

大型工程选址

可以探测地质条件的微小差异，为工程建设选定合适的线路和地点。

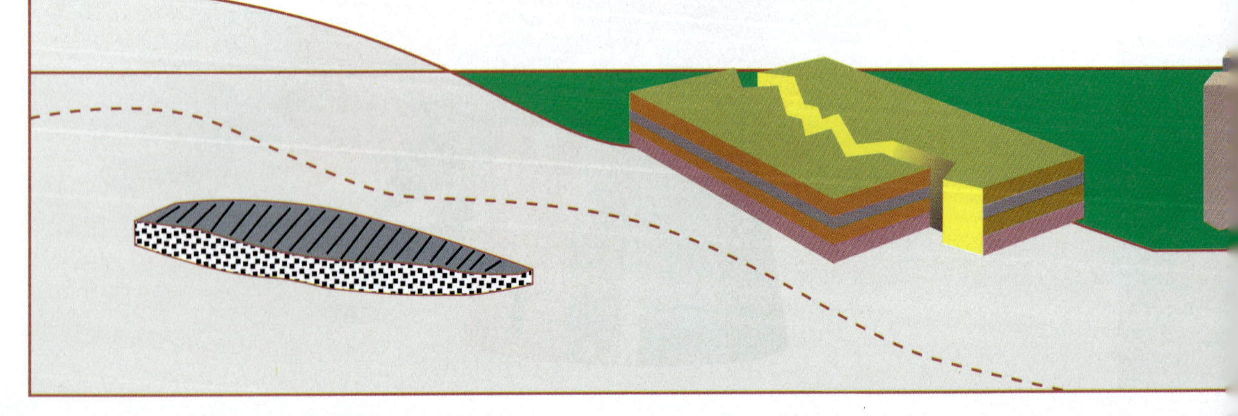

返回式卫星的应用极为广泛。一是可以作为观测地球表面的空间平台。由于卫星飞得高，视野开阔，可以反复地、大范围地对地面和大气层进行观测，获取遥感资料，并带回地面进行处理分析，提供给国民经济各部门使用。二是可以作为空间的微重力实验平台，在空间进行各种科学实验，如种子搭载，生产地面上难以获得的高纯度的材料、药品等。三是为载人航天打下坚实的技术基础。

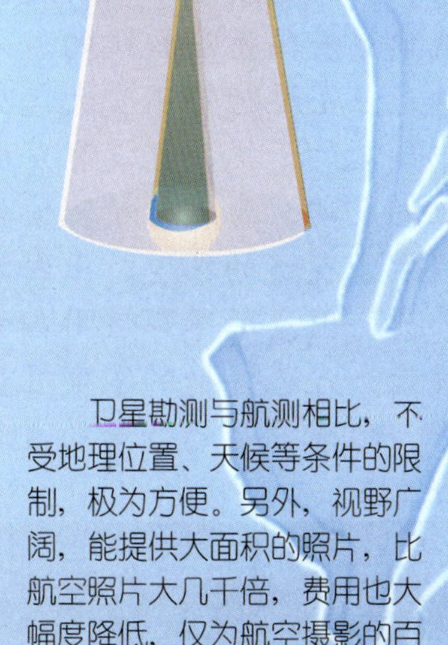

卫星勘测与航测相比，不受地理位置、天候等条件的限制，极为方便。另外，视野广阔，能提供大面积的照片，比航空照片大几千倍，费用也大幅度降低，仅为航空摄影的百分之几。

考古

可以发现被的古代城市全貌。

油田勘探

利用卫星遥感资料，了解地质构造，绘制构造图，发现油气分布。

农林预报

了解土壤、植被、作物、耕地的情况，对农业生产作出预测。

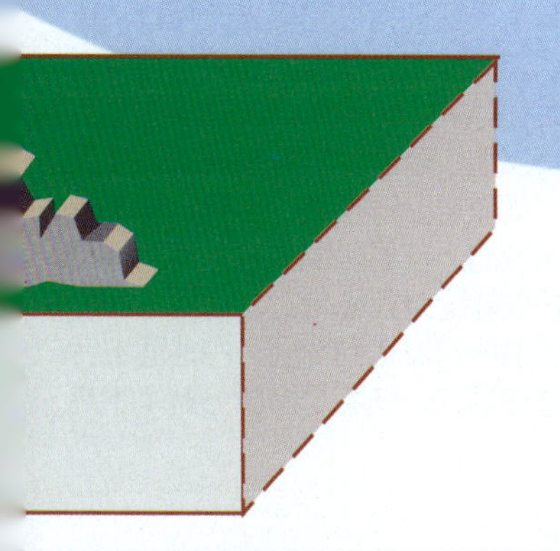

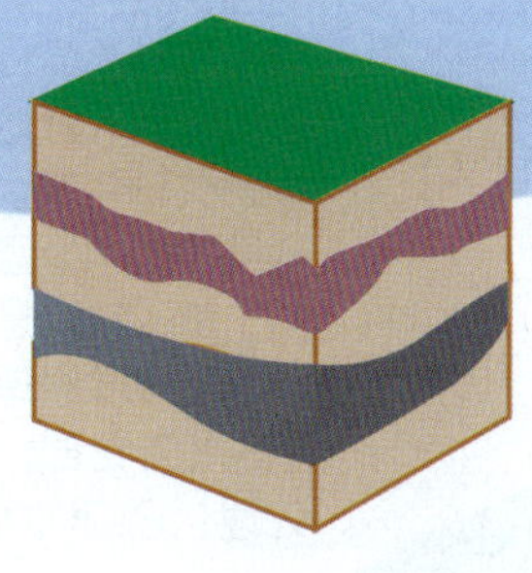

战场神眼
——侦察卫星

侦察卫星，就是窃取军事情报的卫星。从古至今，猎获敌方的军事情报，是战争中至关重要的事情。利用卫星进行高空侦察，当属最先进、最有效的侦察手段。卫星在距地面几百千米的太空中飞驰，居高临下，视野宽广，能够大面积地进行侦察，而且速度非常快，是其他侦察手段无法相比的。另外，卫星运行中不受大气层中气流的干扰，也没有发动机的震动，为进行精密侦察提供了良好的环境。正因为如此，卫星的军事应用备受关注。在已发射的军事卫星中，侦察卫星的数量约占四分之三。

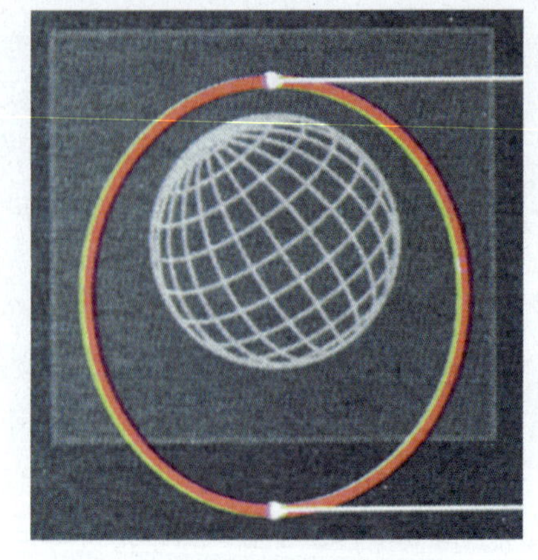

侦察卫星轨道示意图

侦察卫星根据任务和侦察设备的不同，可以分为照相侦察卫星、电子侦察卫星、海洋监视卫星和导弹预警卫星。

美国KH-4侦察卫星

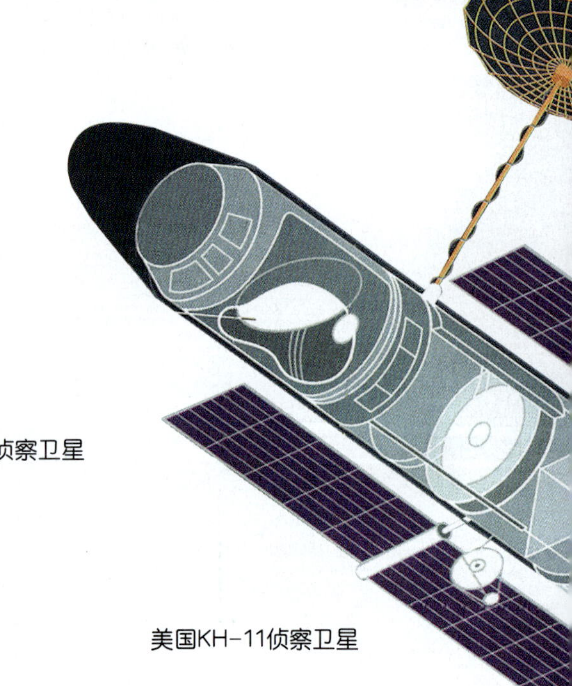

美国KH-11侦察卫星

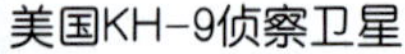

美国KH-9侦察卫星

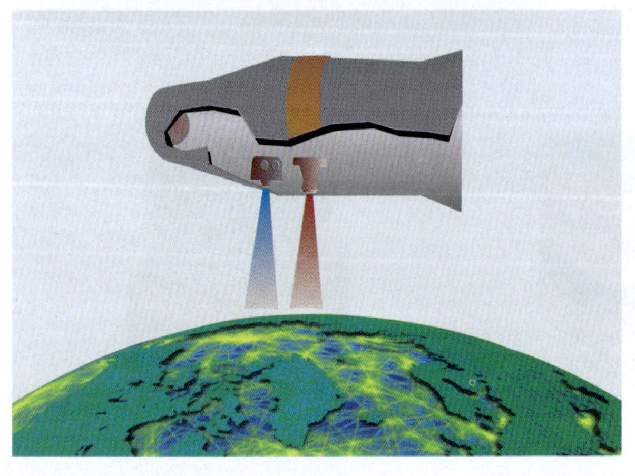

照相侦察卫星上装有可见光照相机、电视摄像机，对目标进行拍照。若装备了红外相机和多光谱相机，还具有夜间侦察和识别伪装的能力。此种卫星的运行轨道一般较低，近地点高度在150～280千米。按侦察信息传输方式分为返回型和传输型。返回型是将拍好的照片存入回收舱中返回地面，优点是分辨率高、直观、易于辨认分析，缺点是回收不及时，容易贻误战机。传输型利用光电成像原理，先把图像记录在磁带上，飞到地面台站的控制区时，再将图像信息发送到地面，由地面进行处理。它的优点是传送信息快，缺点是图像分辨率不高。

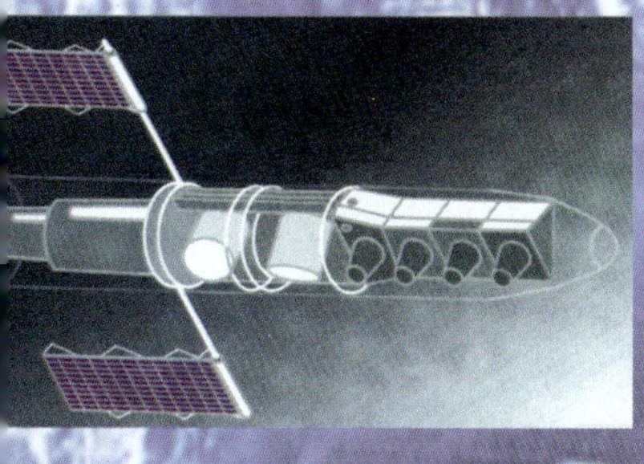

美国KH-9侦察卫星结构示意图

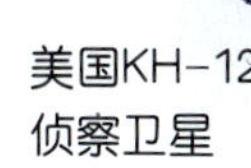

美国KH-12侦察卫星

导弹预警卫星上装有探测仪，可以探知导弹飞行时发动机尾焰的红外辐射，配合其他手段，可以及时准确判断敌方导弹方向，迅速报警。导弹预警卫星运行在地球静止轨道上。

电子侦察卫星上装有电子侦察设备，用来侦辨雷达和其他无线电设备的位置和特性。这种卫星运行在高约500千米或1000多千米的近圆轨道上。

海洋监视卫星上装有雷达、无线电接收机、红外探测器等设备，可以监视海上舰船和潜艇的活动。轨道一般为高约1000千米的近圆轨道。

美国预警侦察卫星

识别真假目标

美国侦察卫星拍摄的苏联核潜艇制造现场照片

空间生物实验室——生物卫星

小狗莱伊卡

小狗在座舱中

黑猩猩哈姆

用于生命科学实验的卫星叫生物卫星。生物卫星是为人类上天开辟道路的先驱，各种动物就是先行者，它们当中有狗、猴子、猩猩、小白鼠等。另外，实验的对象还有细菌、细胞组织、各类植物和种子。实验的目的是了解空间环境对生命的影响，为人类上天铺平道路。当然，人进入太空工作后，总是要回到地面上来的，返回式生物卫星就是要验证宇航员返回的技术，它奏响了人类直接征服太空的序曲。

中国返回式卫星

第一只送入太空的动物

1957年11月3日，苏联伴侣二号卫星把一只名叫莱伊卡的小狗送入地球轨道飞行了6天，这是世界上第一只飞上太空的动物。

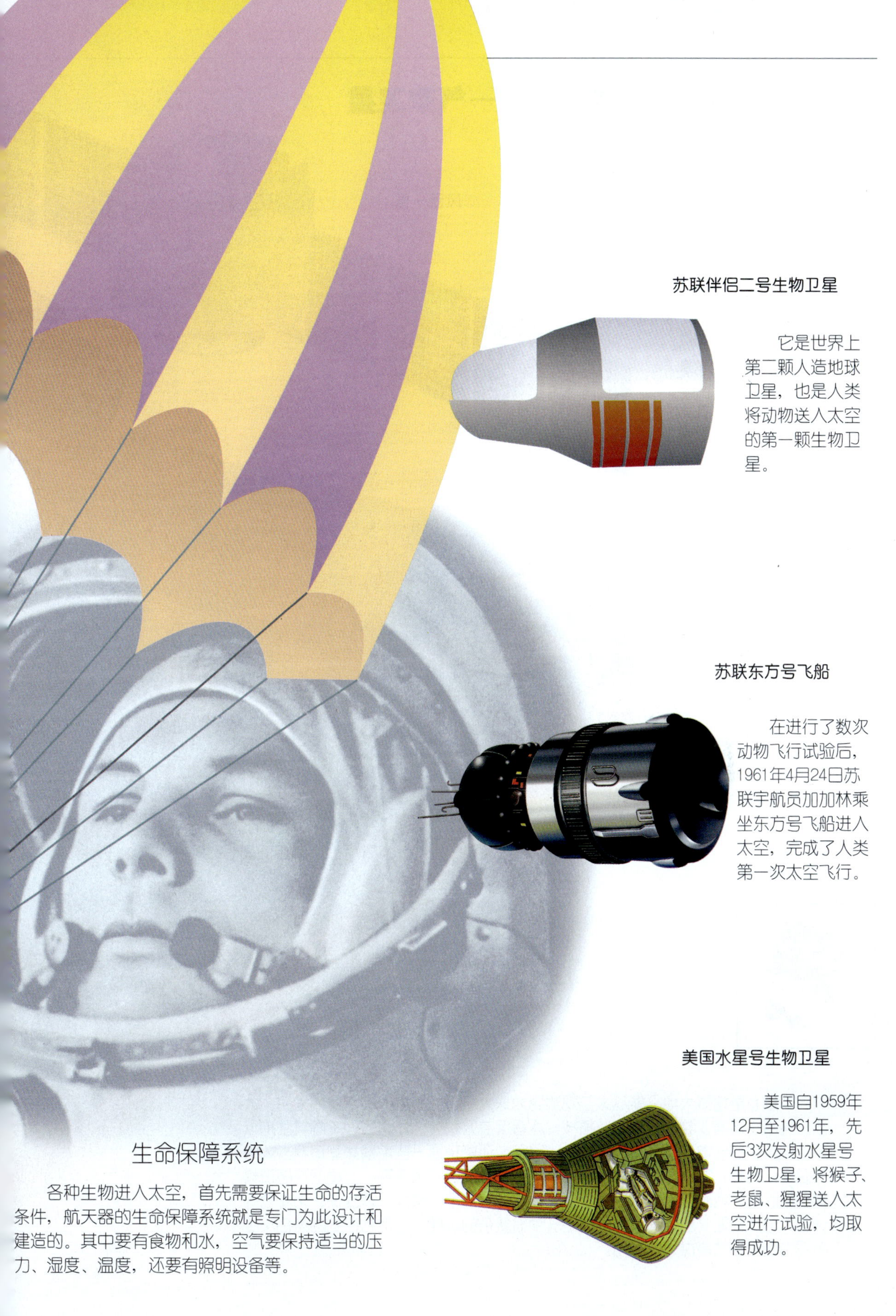

苏联伴侣二号生物卫星

它是世界上第二颗人造地球卫星，也是人类将动物送入太空的第一颗生物卫星。

苏联东方号飞船

在进行了数次动物飞行试验后，1961年4月24日苏联宇航员加加林乘坐东方号飞船进入太空，完成了人类第一次太空飞行。

美国水星号生物卫星

美国自1959年12月至1961年，先后3次发射水星号生物卫星，将猴子、老鼠、猩猩送入太空进行试验，均取得成功。

生命保障系统

各种生物进入太空，首先需要保证生命的存活条件，航天器的生命保障系统就是专门为此设计和建造的。其中要有食物和水，空气要保持适当的压力、湿度、温度，还要有照明设备等。

平步青云的观象台——气象卫星

天有不测风云。在大自然中，天气变化无常，有时晴空万里，有时电闪雷鸣，有时风急雨暴。人类为了掌握天气变化的规律，探知大自然的奥秘，建立了成千上万个气象观测站；但由于地理条件的限制，气象观测并不能满足天气预报的要求。气象卫星的出现，带给人类的不仅仅是观测手段的变化，更是气象预报技术的革命。

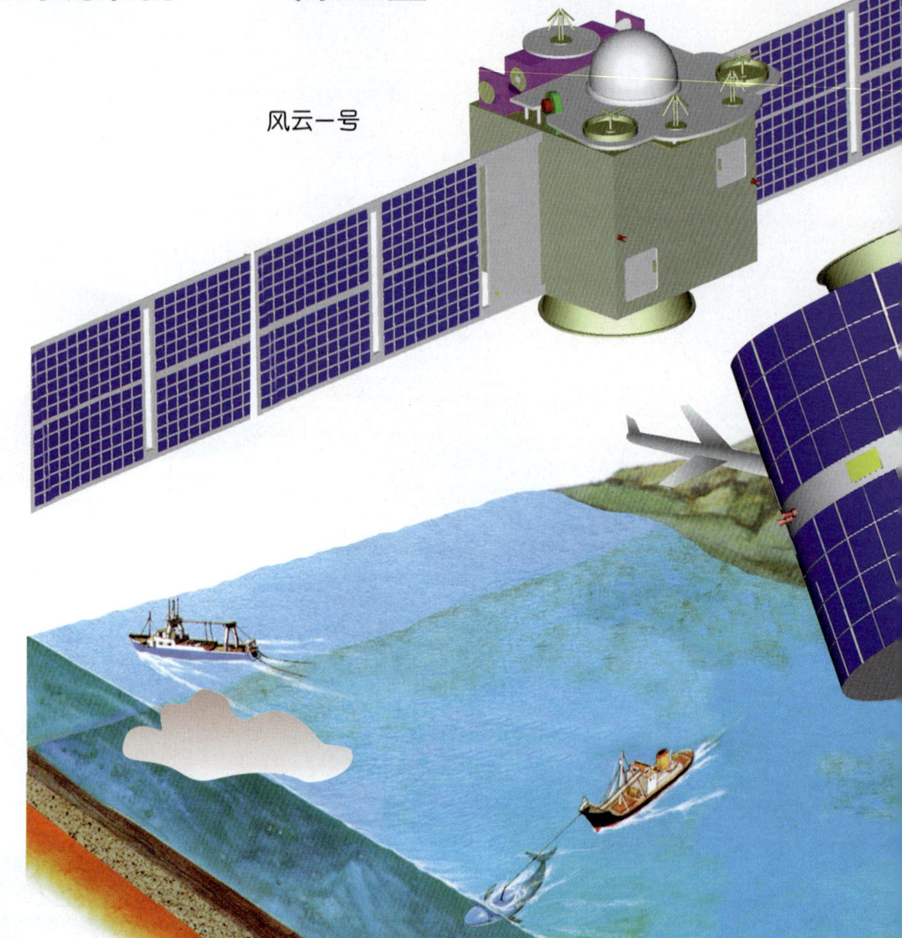
风云一号

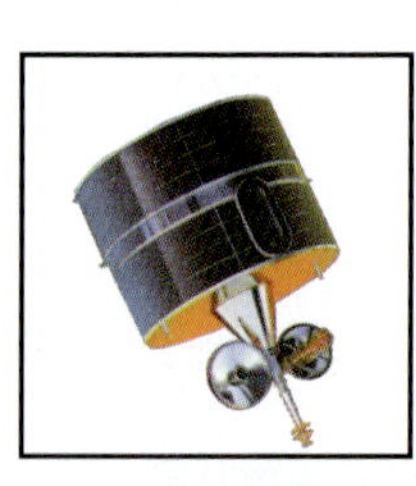

气象卫星鸟瞰大地，能从太空观测到地球大气和地面上的事物，如大海、大陆、高原、沙漠、盆地、湖泊、植被、冰雪覆盖区域等，还有各种不同气团的云系都能反映在观测仪器上，形成图像。另外，还能获得一些定量探测资料，如大气温度、湿度、气压、臭氧含量、大气辐射和高空风向风速等。卫星把这些资料传到地面站。地面接收系统得到这些资料后，必须用容量大、速度快、功能全的计算机进行处理。图像资料的处理是一个很复杂的过程。处理后得到的黑白灰度不同的云图，才能供分析使用。

气象卫星可分为太阳同步轨道气象卫星和地球静止轨道气象卫星。太阳同步轨道气象卫星每天对全球表面巡查两遍，可以获得全球气象资料。地球静止轨道气象卫星可以对全球1/3的地区连续进行气象观测，实时将气象资料传回地面。

风云二号

卫星云图

大兴安岭火情监测

气象卫星具有一些明显的优势：观测范围广、次数多、时效快、完整、连续和系统；不受自然条件和国界的限制，也不受时间和空间的限制，可以准确地预报台风、暴风雪、暴雨等灾难性天气，而且可以监视森林火灾。

太空观风云——气象卫星的工作过程

风云一号气象卫星

风云一号气象卫星是我国第一代太阳同步轨道气象卫星，共生产了两批。第二批星的第一颗于1999年5月10日发射，工作情况良好。卫星为2.02米×2米×2.2米的六面体，重958千克，两翼太阳能电池帆板展开后总跨度为10.56米，轨道高度为870千米，倾角98.8度，运行周期102分钟，设计寿命2年。卫星由气象遥感、姿态控制、云图传输和保障系统组成。星上装有两台10通道可见光和红外扫描辐射仪，可以获得多种气象资料。

风云二号气象卫星

风云二号卫星是地球静止轨道气象卫星。它是直径2.1米、高1.6米的圆柱体，包括卫星天线在内的总高度为3.1米，重约600千克。卫星姿态为自旋稳定，设计寿命为3年。卫星由观察、数据传输、云图广播转发和保障系统组成。卫星上装有多种探测仪器，拥有可见光、红外和水汽三个通道，每半小时获取一幅覆盖地球三分之一的全球原始云图。

另外，卫星上还装有数据收集转发器，主要用于接收来自全国各地数据收集平台的有关气象、水文和地球环境的数据，并向气象卫星地面系统转发。

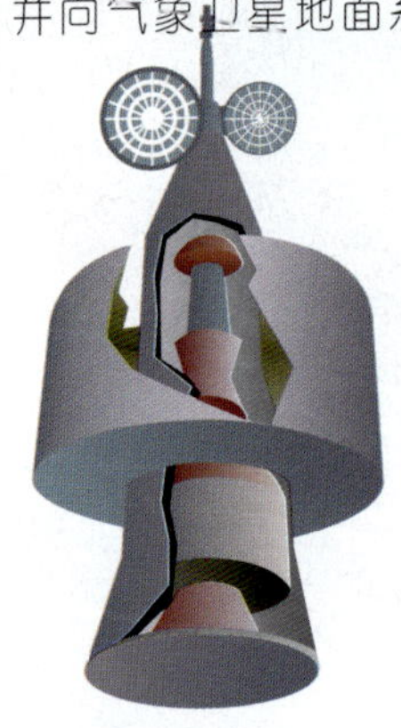

风云二号气象卫星

太阳、地球同步轨道高度对比

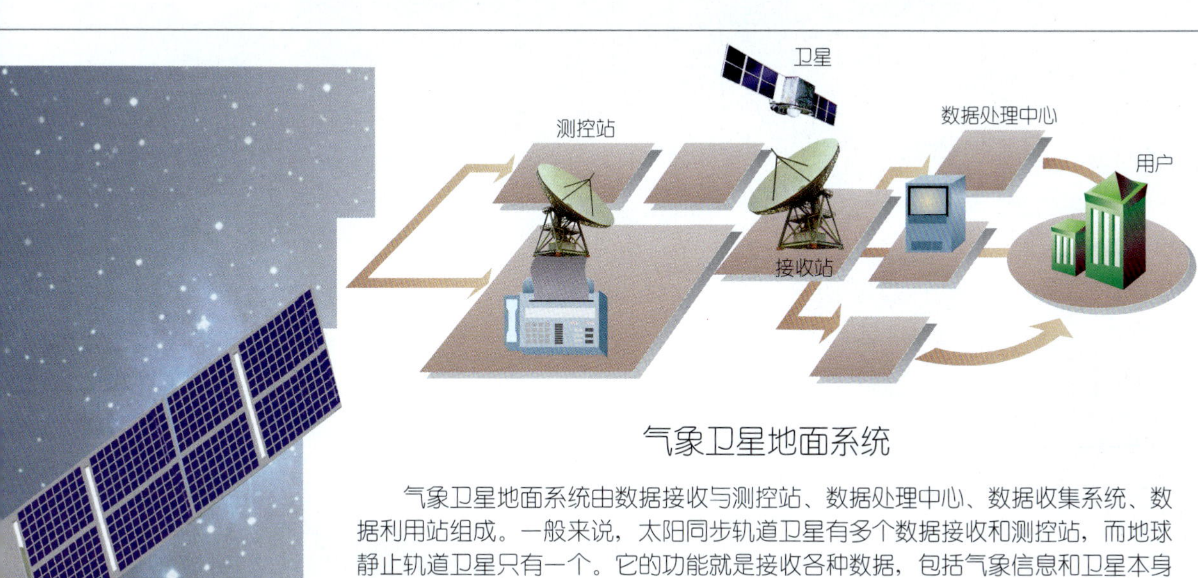

气象卫星地面系统

气象卫星地面系统由数据接收与测控站、数据处理中心、数据收集系统、数据利用站组成。一般来说，太阳同步轨道卫星有多个数据接收和测控站，而地球静止轨道卫星只有一个。它的功能就是接收各种数据，包括气象信息和卫星本身的数据，发往处理中心。数据处理中心的主要功能就是对各种数据进行记录、处理，得到有用的各种数据和图片，供用户使用。数据收集系统包括设在陆地、海洋和航空器上的大量自动环境数据收集站。数据收集站可以采集到气象、海洋、水文、地震等方面的数据，经处理后通过天线发给气象卫星。每颗卫星可以收集到上万个平台的数据。数据利用站就是直接接收卫星实时发送的各种云图，供用户使用。数据处理系统的关键设备是超高速计算机，可将原始云图数据加工处理成多种气象产品。对计算机的速度要求极高，否则处理时间过长，气象预报就失去意义了。

地面接收、测控站

数据处理中心

国家气象局

气象卫星数据传输

气象卫星将探测到的信息和资料发回地面时，通过地面数据接收设备接收，供人们研究、分析、使用。一般气象卫星的通信用S波段，无线电波可以透过云层和大气层，地面设备可以有效接收。

天气预报

在电视天气预报节目里大家看到的卫星云图有两种：一种是图像上有各种不同云系、经纬网格的地球静止轨道气象卫星云图；另一种是图像上有海洋、云层、高原、沙漠、冰雪、植被、河流的太阳同步轨道气象卫星云图。

直接从卫星接收的云图原来只是黑白的图像，在播放时，气象工作者进行了色彩加工，加上了各种标记，更接近人们的欣赏习惯。再配上特点明显、通俗易懂的解说，给人们的生活带来了方便。

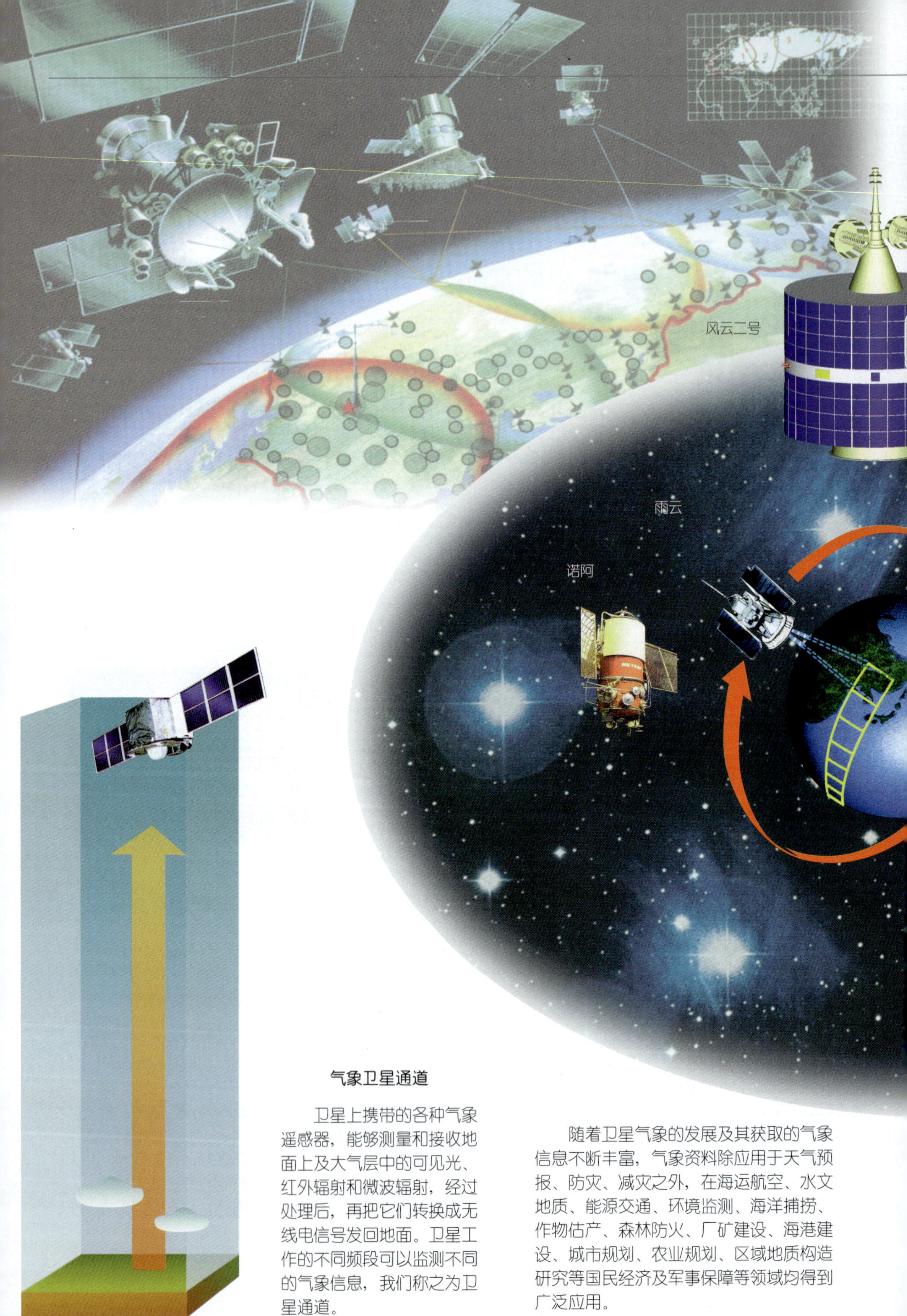

气象卫星通道

卫星上携带的各种气象遥感器，能够测量和接收地面上及大气层中的可见光、红外辐射和微波辐射，经过处理后，再把它们转换成无线电信号发回地面。卫星工作的不同频段可以监测不同的气象信息，我们称之为卫星通道。

随着卫星气象的发展及其获取的气象信息不断丰富，气象资料除应用于天气预报、防灾、减灾之外，在海运航空、水文地质、能源交通、环境监测、海洋捕捞、作物估产、森林防火、厂矿建设、海港建设、城市规划、农业规划、区域地质构造研究等国民经济及军事保障等领域均得到广泛应用。

世界各国的气象卫星

气象资料是没有国界的全球性资源，气象资源为全人类所共享。国际气象组织诞生于1873年，后改名为世界气象组织。我国也是这一组织的成员国。到目前为止，具有研制和发射气象卫星能力的国家和机构有美国、俄罗斯、欧盟、日本和中国，同时拥有太阳同步轨道和地球静止轨道气象卫星的国家仅有美国、俄罗斯和中国。

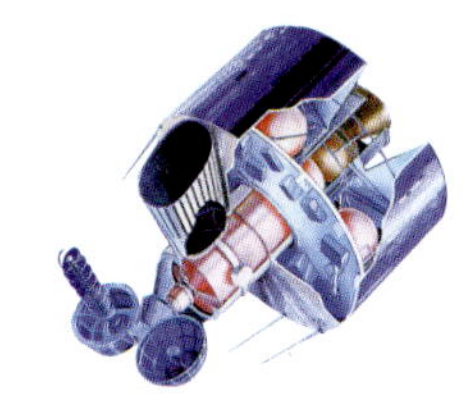

日本地球静止轨道气象卫星“向日葵”

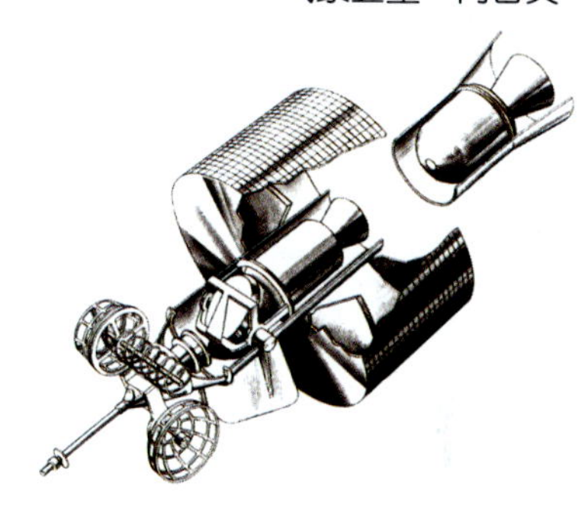

欧洲气象卫星

流星

气象卫星获取天气状况的数据后，向地面接收站转发，世界各国的气象部门都可以得到这些资料，用于分析全球天气情况。各国气象卫星所获得的气象信息是通用的、共享的。

与国外气象卫星相比，风云一号气象卫星颇具“中国特色”。卫星扫描辐射计中多了海洋水色等通道，因此对积雪、海洋水色、森林火灾等的监测能力大大提高。我国的自然灾害频繁，损失巨大，其中大约80%是与气象有关的。风云一号气象卫星能够有效监测自然灾害，如洪涝、干旱、森林与草场火灾、积雪、沙尘暴等。当卫星飞临我国上空时，就把储存在卫星中的各地的气象资料传送给我国的地面站，供有关人员参考、使用。

向日葵

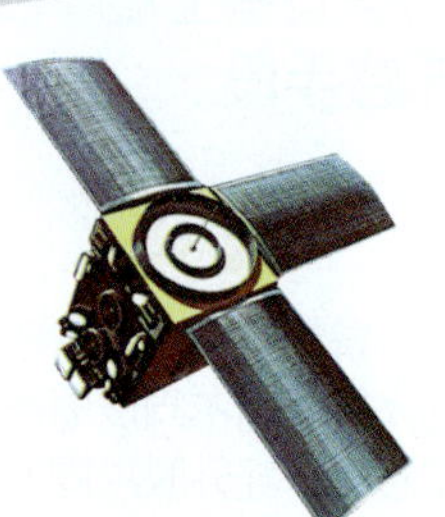

“泰罗斯”

“雨云”

“流星”

太空探宝员
——地球资源卫星

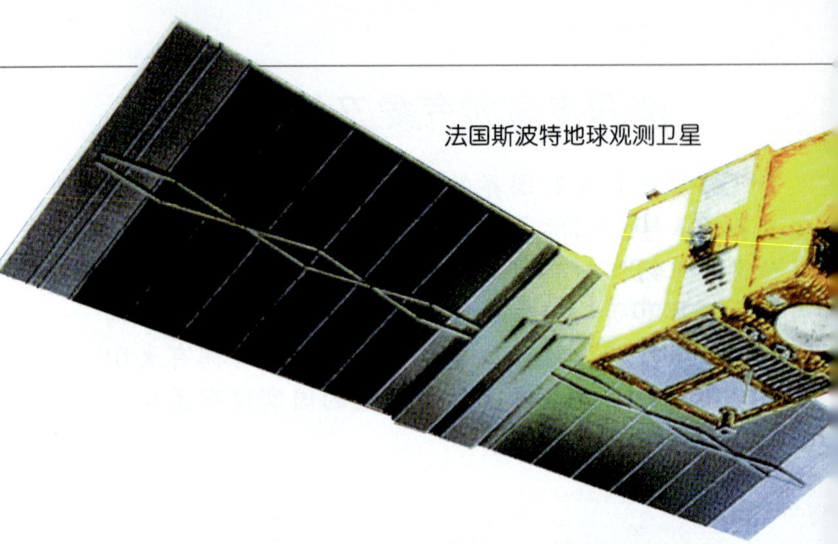
法国斯波特地球观测卫星

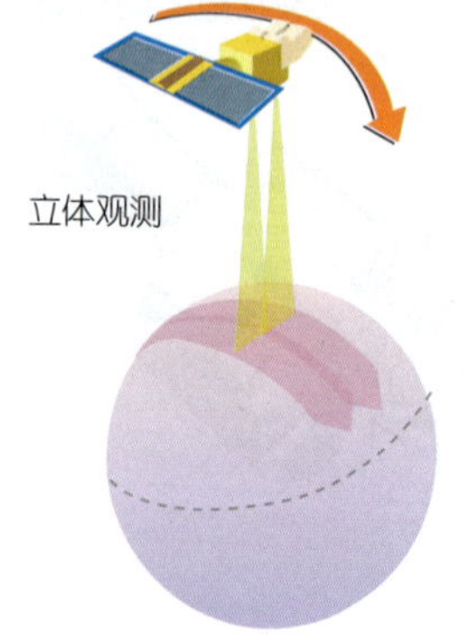

资源卫星遥感工作示意图

资源卫星是专门用于勘探和研究地球资源的卫星。它用星上设备获取地面各种目标的遥感信息，并将信息发回地面接收站。地面接收站根据已经掌握的各类物质的特性，对信息进行处理，就可以得到各类资源的分布和其他有用的信息。它能“看穿”表面地层，发现地下矿产、历史古迹、地层构造，能普查农作物、森林、海洋等资源，能预报农业收成和疫病发生，预报自然灾害，是一个多面手。

资源卫星可以分为陆地资源卫星和海洋资源卫星，一般采用太阳同步轨道。

数字地形模型

立体成像

对地观察卫星上的主要遥感手段

卫星对地观察的主要遥感手段有三种：

一是可见光照相，就是利用太空相机对地面拍照。由于普通相机不容易分辨地貌，不能识别地面的伪装，于是发展了一种多光谱照相技术，即根据不同物体对不同波长的光线具有不同反射能力的原理，用几个相机分别采用普通黑白胶片、彩色胶片、黑白－红外胶片和彩色－红外胶片同时拍摄一个目标，然后对这些照片综合分析，去伪存真。

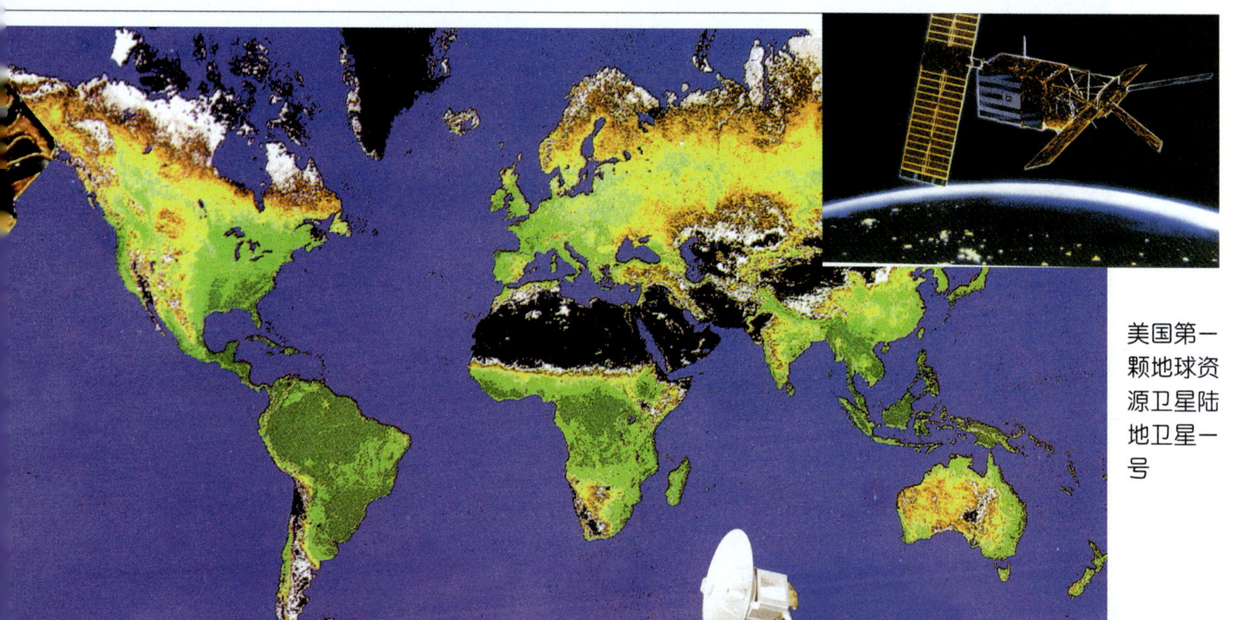

美国第一颗地球资源卫星陆地卫星一号

卫星遥感植被分布指数图

美国陆地卫星

中巴资源卫星

二是红外遥感，它的依据是每个物体都能辐射红外光，而这些红外辐射的特性与其温度密切相关，因而探测物体辐射的红外光线即可推算出它们的温度，从而识别伪装并可进行夜间观察。因此，红外遥感技术在军事侦察、气象观察和资源勘探等方面都十分有用。

三是微波遥感，其中比较成熟的是侧视雷达，即向卫星侧面发射雷达波，然后接收地物的反射，把收到的信号经过处理在胶片上成像，获得地物、地貌的特征。这种方法可以观察云层覆盖下的景物，获取的图像具有鲜明的立体感，因此应用广泛。

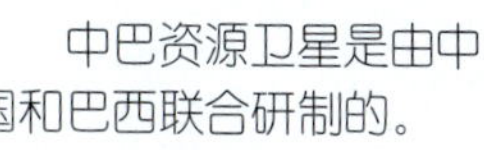

中巴资源卫星是由中国和巴西联合研制的。

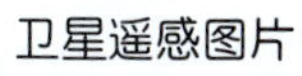

卫星遥感图片

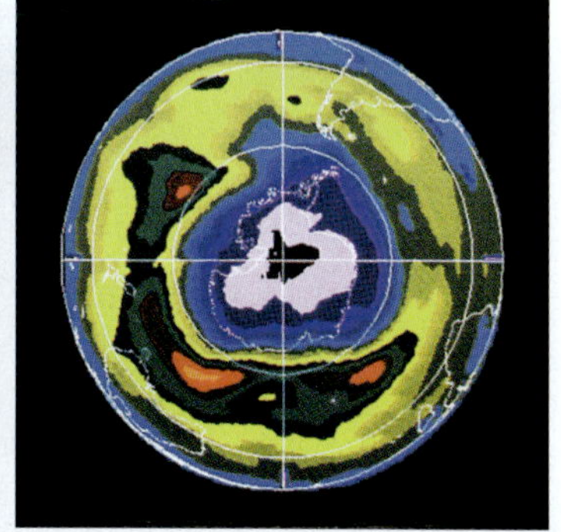

南极臭氧监测　　北极冰盖监测

太空邮递员——通信卫星

通信卫星是无线电通信的中继站。通信卫星具有通信距离远、容量大、质量好、可靠性高和机动灵活等优点，在远距离通信、数据网络、电视教育、数据采集、电子邮件、政府行政管理、应急救灾、远距离医疗和诊断、航海通信、航空通信、个人移动电话等各种领域都得到了广泛应用，成为信息社会的必不可少的工具。

通信卫星的工作原理

通信卫星将地面上发送来的载有信息的无线电波再转发到其他地方，是一个太空中的无线电转播站，就像是排球比赛中的“二传手”。由于电波信号经过长途运行后已很微弱，所以需经放大后才转发到地面。同时，为了避免下行的无线电信号与上行的无线电信号相互干扰，卫星需将收到的地面上发送的无线电信号经过变频处理后，再发向地面。

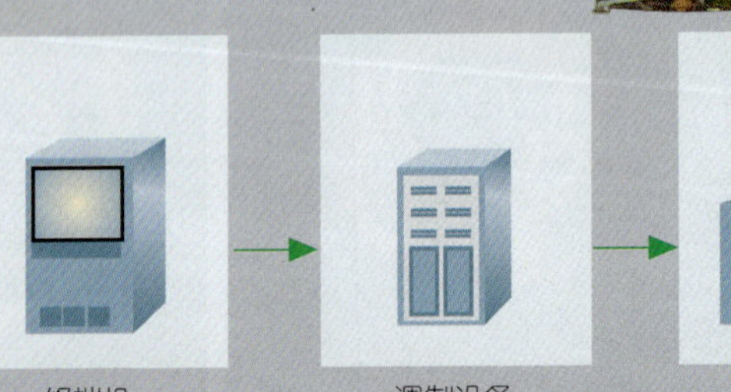

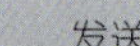

数据传输——证券交易

气象资料传输

太空信息高速公路
——异地办公

体育节目转播

越洋电话

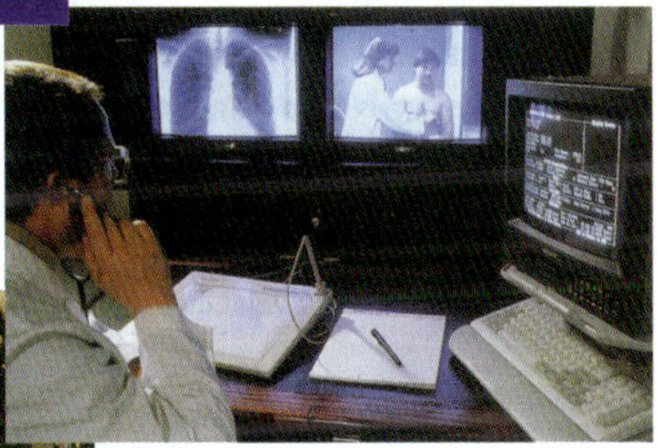

远距离会诊

电视会议

现场直播

网络数字传输

空中通信

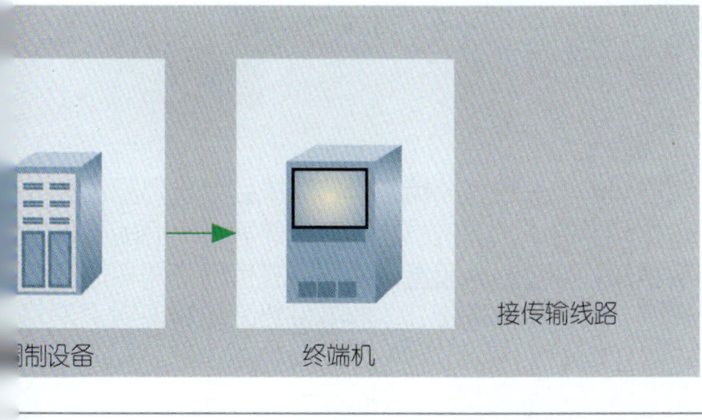

通信卫星的工作频段

通信卫星是作为无线电通信中继站而存在的，而无线电通信是人类在20世纪最成功的通信手段。无线电通信是靠无线电波束来传送信号的，而无线电波根据波长的长短，可分为长波（波长20000～3000米）、中波（波长3000～200米）、短波（波长200～10米）、超短波（10～1米）和微波（波长1米以下）等各种波段。

超短波和微波在用于通信时，具有传输信息量大、信号稳定可靠等优点，所以在卫星通信时，一般都采用这两种波长的电波。如果加以细分，超短波和微波又可以分为各种频段，如X、C、Ku、Ka频段等。一般来说，频率越高，信息容量就越大，通信水平也就越高，但技术难度也越大。

制设备

终端机

接传输线路

通信卫星的发射入轨和轨道控制

美国第一颗商用通信卫星

通信卫星一般都要发射到地球同步静止轨道上，实现定点后才能正常工作。发射静止轨道通信卫星，一般采用变轨发射方式，要经过停泊轨道、转移轨道和静止轨道等阶段，发动机需要多次点火。

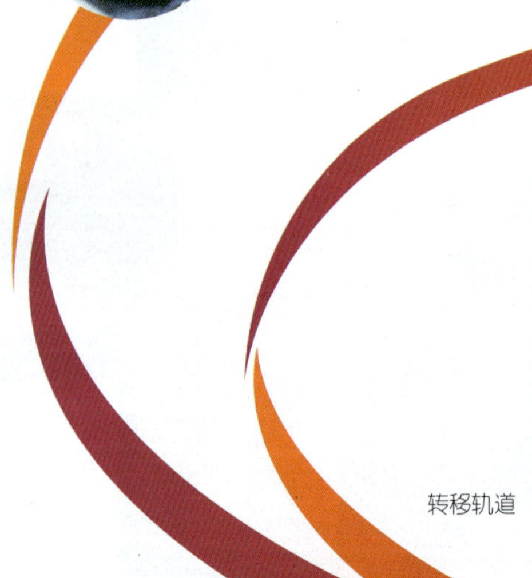

美国第一颗试验通信卫星

第一阶段，用运载火箭把卫星送入200～300千米高度的圆轨道——停泊轨道；第二阶段，当卫星穿过赤道平面时，末级火箭点火，沿卫星飞行方向加速，使卫星进入大椭圆轨道，其远地点位于与赤道平面的交叉点，高度为35786千米，这个大椭圆轨道称为转移轨道；第三阶段，当卫星经过远地点时点燃卫星上的远地点发动机，使卫星沿赤道平面飞行，由椭圆轨道进入圆轨道，即静止轨道。卫星进入静止轨道后，还要经过多次调整、修正，使它漂移到预定的赤道上空并与地球自转完全同步，这就称为卫星的定点。定点后，卫星便可以工作了。

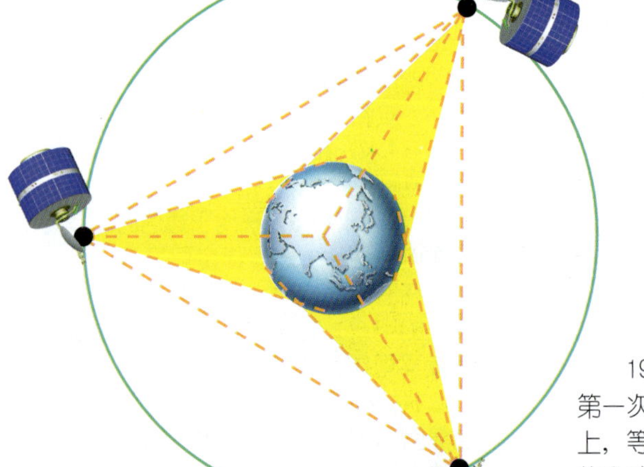

克拉克的设想

1945年，英国科幻小说作家、英国行星际协会会长阿瑟·克拉第一次提出了一个科学的、大胆的设想：在地球赤道平面的同步高上，等间隔地放置三颗静止通信卫星，就可以进行除了两极地区之的全球无线电通信。短短的几十年间，他的设想已变为现实，正为类造福。

通信卫星的性能指标

用来判断通信卫星性能高低的指标主要有：通信转发器的信道数，一般来说，转发器数目越多，总的通信容量就越大，可以传输的电报、电话和电视路数越多；等效全向辐射功率，一般来说，功率越大，通信容量也越大；覆盖区，表示通信的范围和距离；设计寿命，即卫星的有效工作时间，一旦卫星上携带的姿态控制系统和轨道控制系统的燃料耗尽，卫星的姿态和轨道位置就会失控，通信就会中断。另外，还有一些指标，如天线波束指向精度、静止轨道通信卫星的位置保持精度等，也是很重要的。

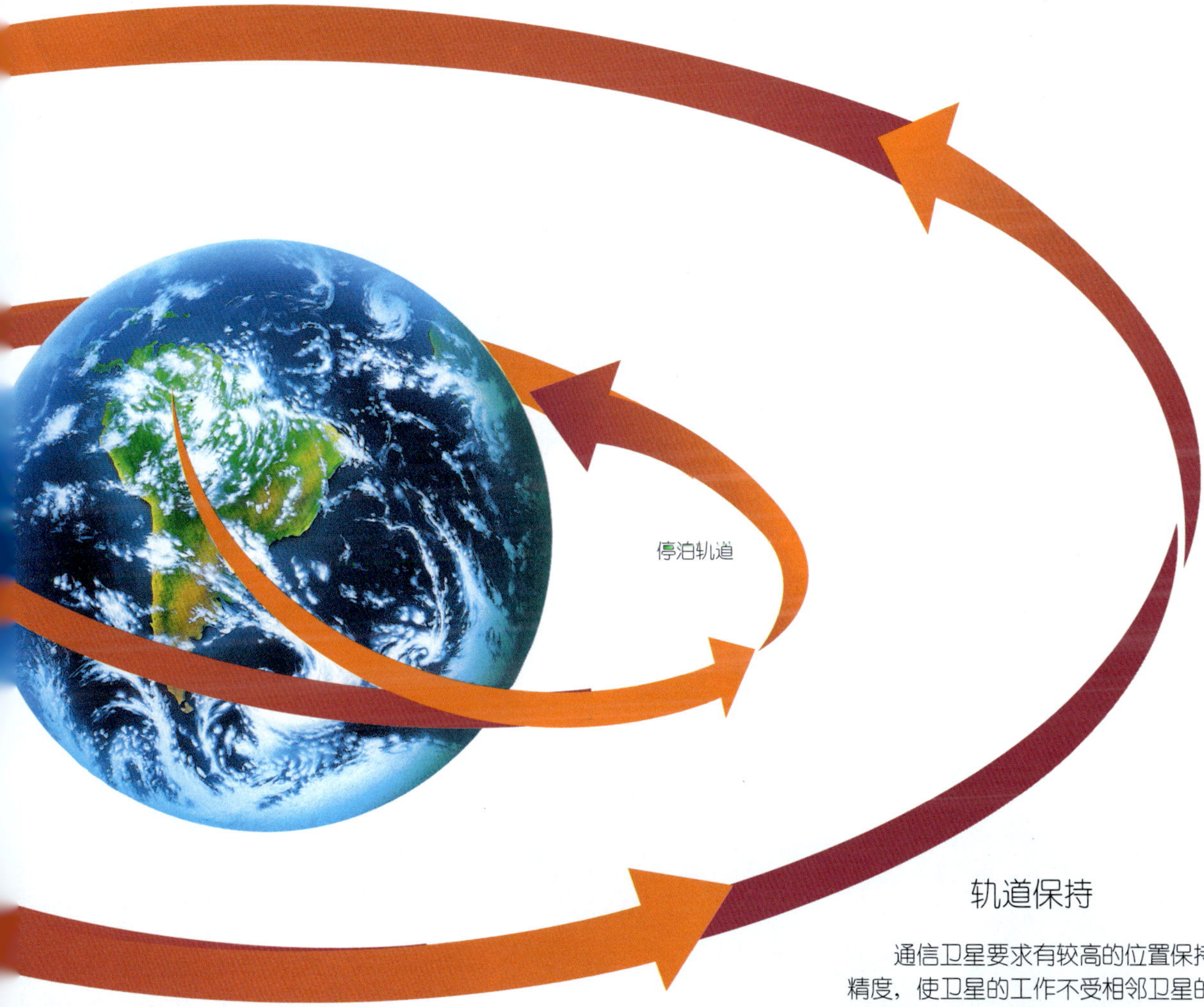

停泊轨道

轨道保持

通信卫星要求有较高的位置保持精度，使卫星的工作不受相邻卫星的影响和干扰，也便于地面跟踪。在卫星上装备可以较长时间连续工作的推进器，来保持卫星的定点精度。

远地点发动机安装在卫星上，是属于星体的推进系统。它在转移轨道远地点点火，使卫星由椭圆轨道改变形状和倾角，进入静止轨道。

抛物面天线

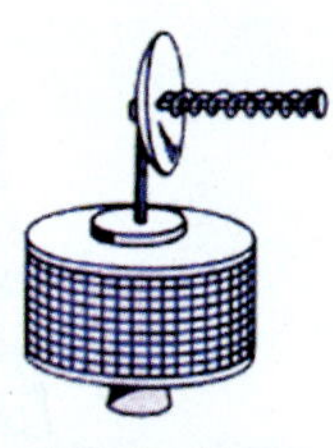

抛物面天线

喇叭型天线

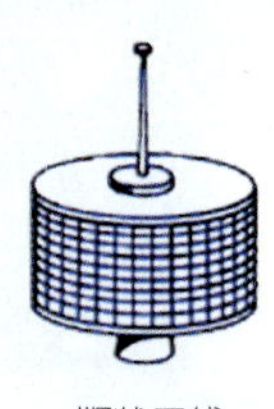

鞭状天线

几种典型的通信卫星天线

太空传信息

乌鲁木齐

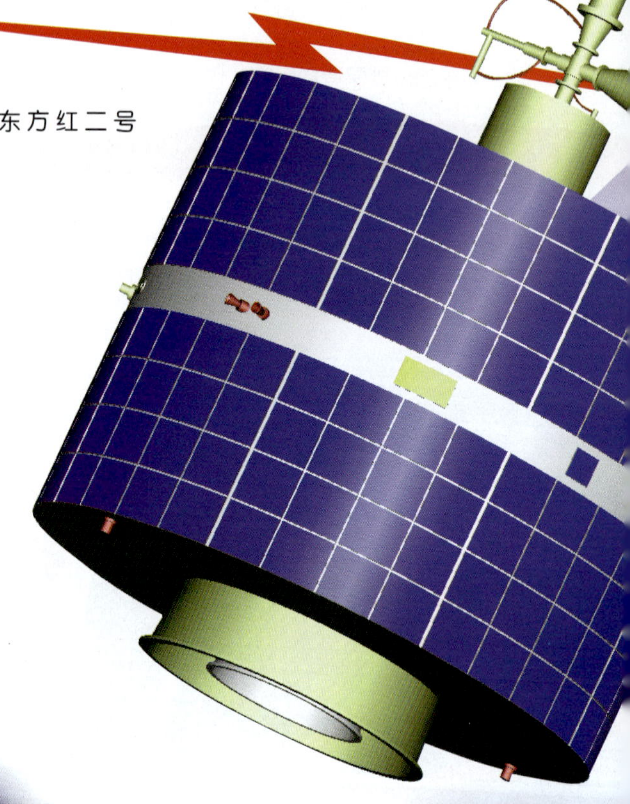

东方红二号

1984年4月8日，长征三号运载火箭把我国第一颗静止轨道试验通信卫星——东方红二号送入太空。4月16日，卫星成功定点在东经125度赤道上空。卫星直径2.1米，高约3.1米，质量约420千克。经过各项通信试验，卫星各项功能指标均满足要求。这颗试验通信卫星的发射成功，使中国成为世界上第五个自行发射地球静止轨道通信卫星的国家。

利用东方红二号通信卫星进行通信、广播和电视的传输，一举实现了卫星通信全国覆盖，解决了军用通信和远洋舰船的通信问题，彻底改变了边远地区通信落后的状况。

卫星通信系统的组成

卫星通信系统由空间部分和地球部分组成。空间部分除通信卫星外，还有管理和控制卫星的地面卫星测控站。通信卫星可以转发或发射无线电信号，而卫星测控站是对卫星进行跟踪、遥测、遥控和监视的地面站点。地球部分指卫星通信地球站，安装有向卫星发射信号，同时也接收卫星信号的各种设备。它的形式是各种各样的，如固定式、可搬运式和移动式。它可以建在陆地上，也可以设在海面上和大气层中，如船只和飞机上。

1984年10月1日，在庆祝中华人民共和国建国35周年的游行队伍中，中国自行研制的通信卫星显得格外醒目、高大。

中国的通信卫星

到目前为止，我国先后成功发射并投入使用了6颗通信卫星，在国民经济建设和国防事业中发挥了巨大的作用。如利用通信卫星进行远距离教育，使得我国成为世界上拥有电视大学学生数量最多的国家。

东方红二号甲

东方红二号甲是我国首次研制成功的实用通信广播卫星。卫星呈圆柱体，高3.7米，直径2.1米，重1000千克，设计寿命为4年，有4个C波段转发器，可以传输4路彩色电视和2400路双向电话。这颗卫星用于播出电视节目后，全国有几亿人通过数千个地面接收站收看，大大改善了我国的通信和广播电视传输的条件。

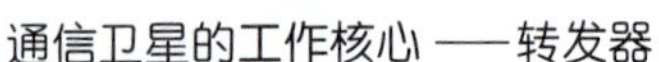

通信卫星的工作核心——转发器

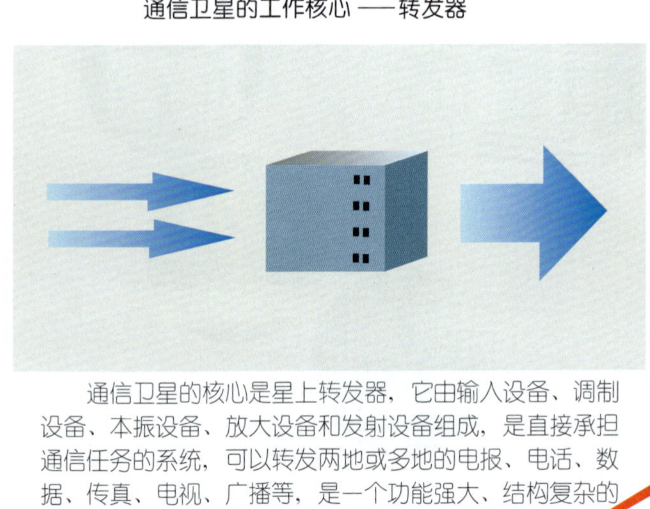

通信卫星的核心是星上转发器，它由输入设备、调制设备、本振设备、放大设备和发射设备组成，是直接承担通信任务的系统，可以转发两地或多地的电报、电话、数据、传真、电视、广播等，是一个功能强大、结构复杂的多面手。它接收来自地面的无线电波，经过放大后，变换频率再向地面发射，相当于一个微波中继站。

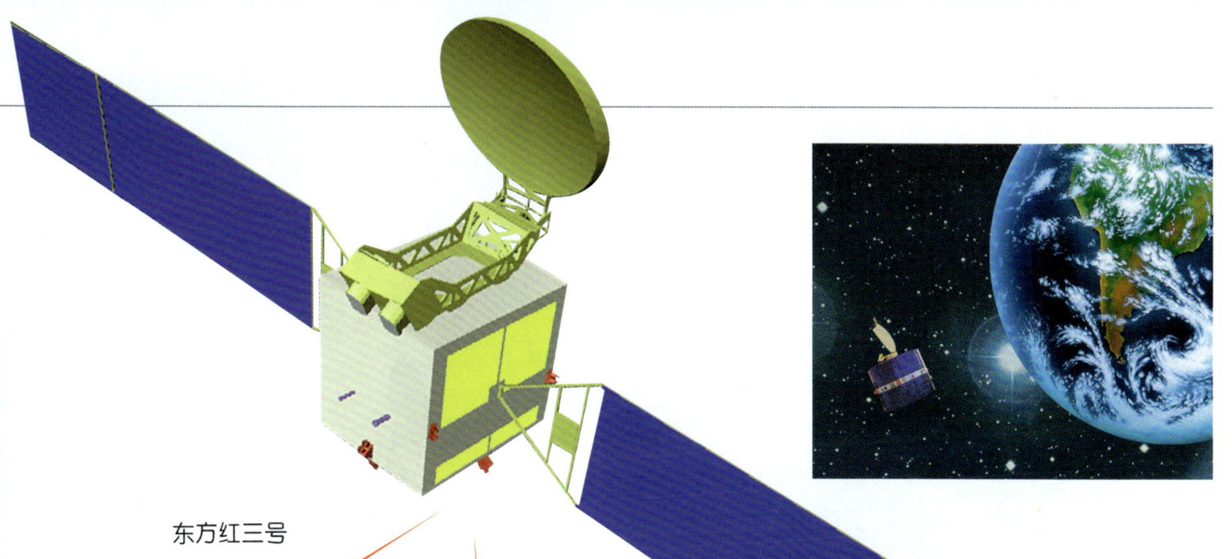

东方红三号

东方红三号是我国新研制的一种中容量广播通信卫星。卫星的本体为双翼六面体，双翼展开后长度为18米，重2260千克，采用三轴稳定姿态控制系统，星上发动机采用了先进的双组元液体推进剂系统，采用公用平台设计，是较先进的通信卫星。它有24个C波段转发器，6个电视和18个通信传输信道，可传输6套彩色电视节目和15000路电话或电报、传真、数据信号，工作寿命为8年。

通信卫星结构图

转发器的数量越多，卫星的通信能力也就越大，所以转发器的数量是衡量卫星先进与否的一个重要指标。通常，我们把星载转发器少于12个、功率小于1000瓦的通信卫星称为小容量通信卫星，把有24个转发器、功率在1000～3000瓦之间的卫星称为中容量通信卫星，有48个转发器、功率在3000～7000瓦之间的是大容量通信卫星，转发器多于48个，功率在7000瓦以上的是超大容量通信卫星。目前最大的通信卫星平台上可装150个转发器。

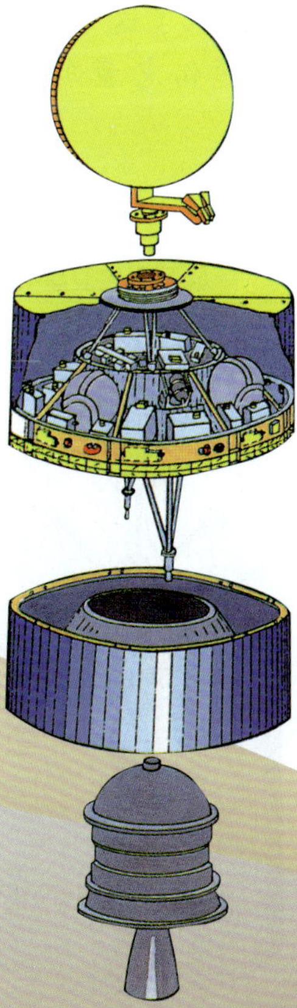

联通世界的国际通信卫星

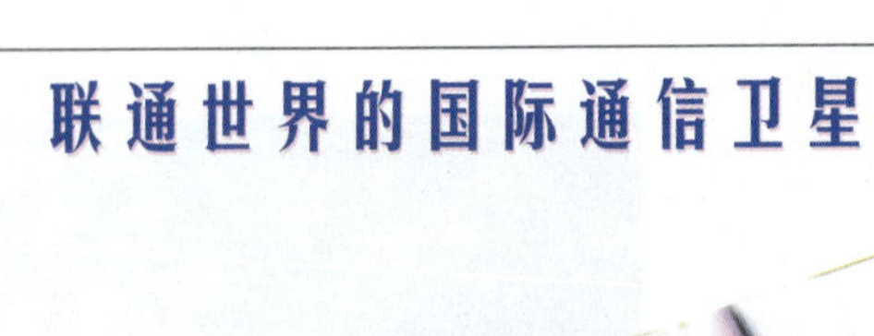

国际通信卫星

国际通信卫星7号

国际通信卫星3号

国际通信卫星1号

太空是没有国界的，它是全人类的宝贵资源。国际通信卫星充分利用了太空优势，专门用于国际间商用通信，是发展最早、应用最广的通信卫星。

国际通信卫星是国际通信卫星组织经营的，到目前为止已经发展到第8代，发射了60多颗。国际通信卫星组织是世界上最大的通信联盟，共有100多个国家和地区加入了这个组织，拥有世界商用通信总量的绝大部分。

国际通信卫星4号

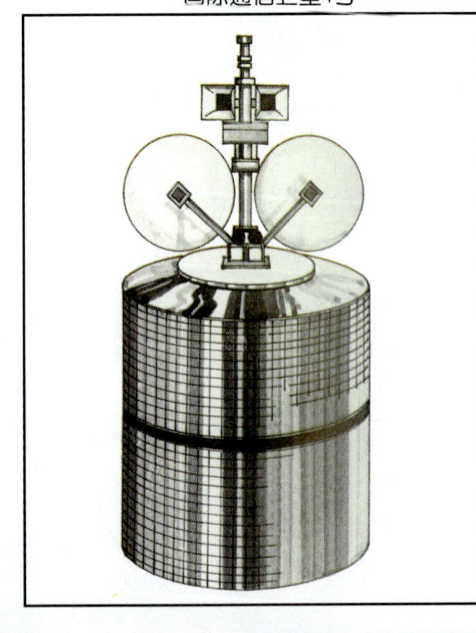

国际通信卫星6号

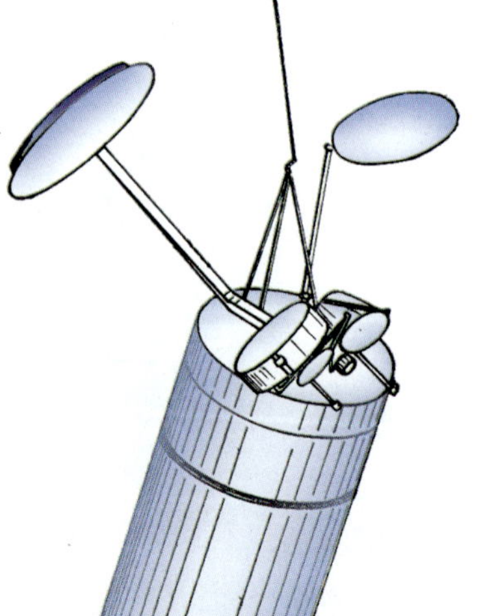

海事卫星

海事卫星是用于海上和陆地间无线电联络的通信卫星。海事卫星通信系统的海上用户，可以设置在航行的游轮、客轮、商船和海上浮动平台上。利用海事卫星，船舶可以实现与世界各地的相互联络，还可以担负起救援和导航的任务。

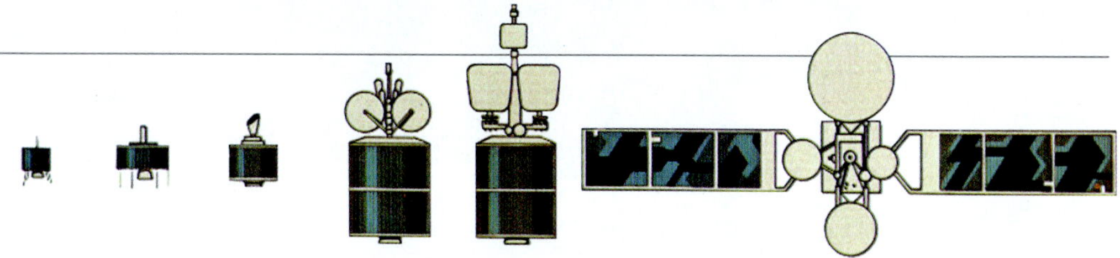

通信卫星的分类

通信卫星的种类有很多，按轨道分有静止轨道通信卫星、非静止轨道通信卫星；按用途分有广播电视直播卫星、跟踪与数据中继卫星、海事卫星和军用通信卫星等。人们将天上翱翔的通信卫星群和地面上的光纤通信网相结合，就可形成全球通信的最佳路径，构成天地一体化的全球信息高速公路。它与人们的生活息息相关，人们越来越离不开它了。

国际通信卫星4A

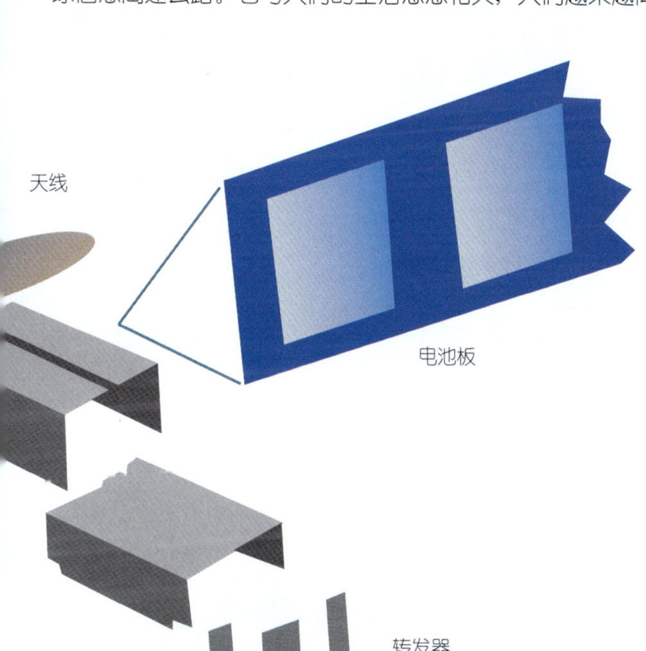

通信卫星结构图

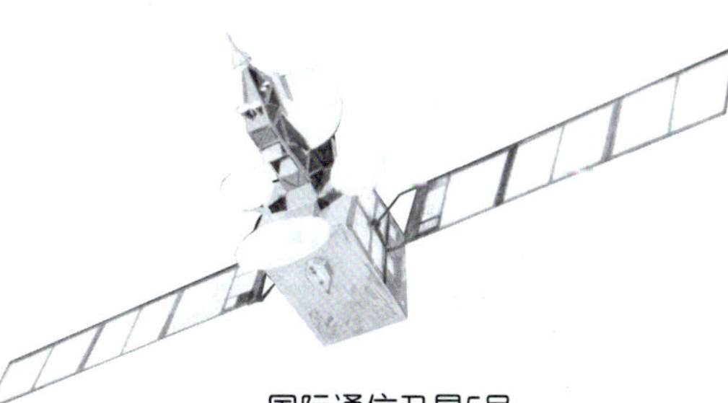

国际通信卫星5号

跟踪与数据中继卫星

跟踪与数据中继卫星是转发地面站对中低轨道航天器的跟踪、遥控信息和转发航天器发回地面的数据的通信卫星。由于地球曲率的影响和电波直线传播特性，使得地面测控站跟踪中低轨道航天器受到限制。跟踪与数据中继卫星相当于把地面上的测控站抬到了地球静止轨道高度，可以观测到绝大部分航天器，取代许多地面测控站，满足许多特殊的需要。

战神骄子——军用通信卫星

现代战争要求战场通信必须迅速、准确、保密、不间断。与民用通信卫星相比，现代军用通信卫星具有抗干扰性好、机动灵活性大、可靠性高、保密性和生存力强等突出优点。军用通信卫星的用途很广，既可以进行大规模固定台站之间的大容量通信，也可以在移动的台站，如战略轰炸机上进行可靠的通信，而且也可以在航海中的舰艇上使用卫星通信。

在1991年的海湾战争中，通信卫星出尽了风头，立下了赫赫战功。多国部队共动用了15颗通信卫星，为部队和指挥机构建立了全面而迅速的军事通信联络体系。美军的各军种之间的指挥和通信都依靠卫星进行。在部队中，也装备了小型终端，无论是陆军、海军、空军，还是空降兵，都可以利用卫星进行及时的联络。

军用通信卫星的发展趋势日趋明朗，主要有以下几个方面：通信频率将向更高频段发展，这样可以使卫星通信时减少信号被截和受干扰的可能，也可以使地面通信终端小型化，更机动灵活；通信方式向可变式发展，这样可以提高抗干扰能力和灵活性；卫星轨道位置可调整；卫星可采取抗电磁脉冲和核辐射的加固措施；卫星可采用能量更大的核电源等。另外，采用小卫星技术，也是发展的一个途径。

地面网络＋GPS系统＝战争的全球数字化

灵活快捷的卫星移动通信

如今，无论在汽车、轮船、火车上，还是在街头巷尾，都可以看见人们用手持电话机（俗称大哥大）在打电话。这种能够在任何地点随时进行通话的通信方式，称为移动通信。以前，它只能在一个城市的小范围内相互通话，即使漫游，也只能在有限的城市间进行联系，只是“岛上漫游”。通信卫星用于移动通信后，能够最有效地解决这个问题，真正实现全球范围内的漫游。

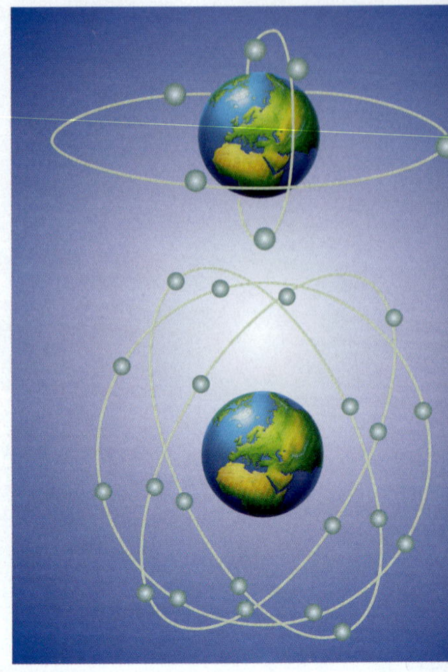

按照卫星轨道的不同，卫星移动通信系统可分为静止轨道卫星移动通信系统、中高轨道卫星移动通信系统和低轨道卫星移动通信系统。卫星移动电话的应用极其广泛，具有轻便、灵活、全球无死角、无时间和环境限制等优势，使全球真正成为“地球村”。

静止轨道卫星移动通信

静止轨道卫星移动通信已使用了10余年，目前已发展到第三代。其地面终端不断向小型化、数字化发展，最小的只有笔记本那么大，使用极为方便。

静止轨道卫星移动通信系统的最大优点是卫星的覆盖面大，理论上只需3颗卫星即可覆盖全球，投资最少。它的缺点也不少：一是卫星距地面太远，卫星信号传到地面时太弱，只能支持车载、机载、船载或便携式终端，而对手机不支持；二是信号传输时会有延迟问题；三是需要大型的地面设备，如巨型天线等。

中高轨道卫星移动通信

中高轨道卫星移动通信系统是近年来提出的。卫星的轨道高度约10000千米，由12颗卫星组成星座。中高轨道系统的优势在于：所需卫星比低轨道系统少，可提供大范围的覆盖区，信号传输时的衰减和时间延后比较小，投资比较少。目前，有ICO全球移动电话系统和德奥赛全球移动电话系统。

铱星

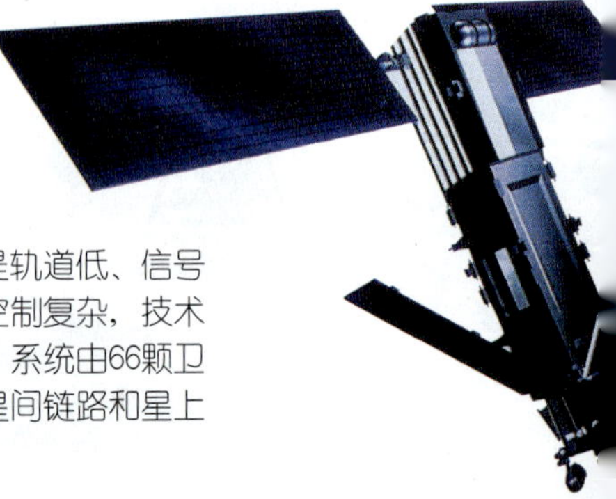

低轨道卫星移动通信

低轨道卫星移动通信系统在近年来发展迅速。低轨道系统的最大优点是轨道低、信号传输时的损耗时延最小，对手机最有利。其缺点是：卫星数量众多，系统控制复杂，技术风险大，投资也大。目前，“铱”系统星已经组网完毕，正在运行。“铱”系统由66颗卫星组成，分布在6个轨道面上，轨道高度为780千米。它的最大特点是拥有星间链路和星上处理功能，系统性能先进，但投资大。

拥挤的轨道

卫星的轨道有无数条，但是地球静止轨道只有一条，很多种卫星都要在上面安营扎寨，因为它是通信、气象、导航、预警等卫星的最佳轨道，所以这个空间资源也就显得更加宝贵。

这条静止轨道长为24.5万千米，一颗卫星的直径只有几米，似乎应该能够容纳足够数量的卫星在此工作。但是，卫星必须与地面保持联系，以便传送和接收无线电信号，如果相互间离得过近，就会产生干扰而妨碍工作，因此卫星之间必须相隔一定的距离。目前，国际上规定这个距离为1400千米。这样，星位只有200个，而且许多位置还位于大洋上空，使用价值不大。

为了尽可能地提高轨道利用率，人们在同一星位上安排几颗工作频率不同的卫星一起工作。尽管如此，轨道上还是“星满为患”。现在，拥挤的轨道上有700多颗卫星，其中正在工作的有近200颗。到2010年左右，总数将达到1000颗左右。

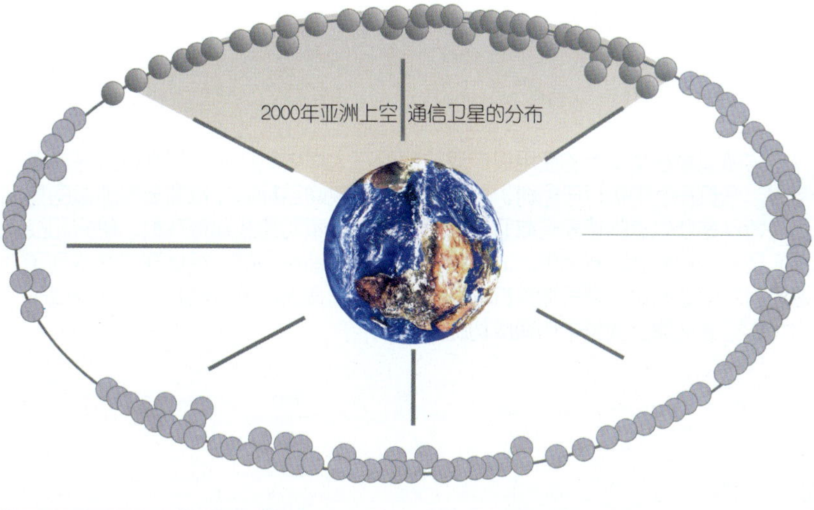

目前亚洲上空通信卫星的分布

2000年亚洲上空通信卫星的分布

空中航标灯——导航卫星

导航卫星是设在太空中的无线电导航台，不受昼夜和气象条件的限制，可以为飞机、船舶、车辆、卫星和导弹进行导航。导航卫星网由数颗至数十颗卫星组成，也称导航卫星星座，具有全球和近地空间的立体覆盖能力。

导航卫星星座

导航卫星按导航方式不同可分为多普勒测速和时间测距导航卫星，根据轨道高度可以分为低轨道、中高轨道和地球同步轨道导航卫星。在低轨道上，一般用4~5颗多普勒测速导航卫星组成空间导航卫星星座，保证全球用户能在1小时左右利用卫星定位一次。在中高轨道和同步轨道上，一般用十几颗到二十几颗组成导航星座，保证全球任何地方或近地空间的用户在任何时间都能同时看到6颗以上的卫星，从中选择4颗星进行连续、实时的三维定位和测速。导航卫星多采用L频段或甚高频无线电波进行联络。

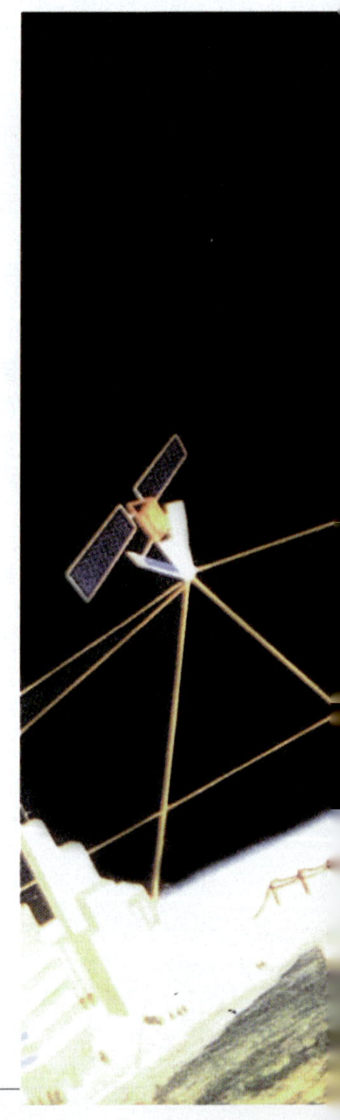

导航卫星在军事上的应用很广泛。舰船在大洋中航行时，军队行进在沙漠中时，飞机在空中执行任务时，导弹在发射后飞向目标时，都需要导航星的指引。特别是低轨道的搜索营救卫星，可以用来搜索和营救遇难飞机、船只和战斗人员。当它接到呼救信息时，可以及时发回地面控制站，经处理后就得到了遇难者的位置信息，随后指挥机构就可以派出增援人员进行搭救，在海湾战争和北约空袭南联盟战争中均有成功的范例。

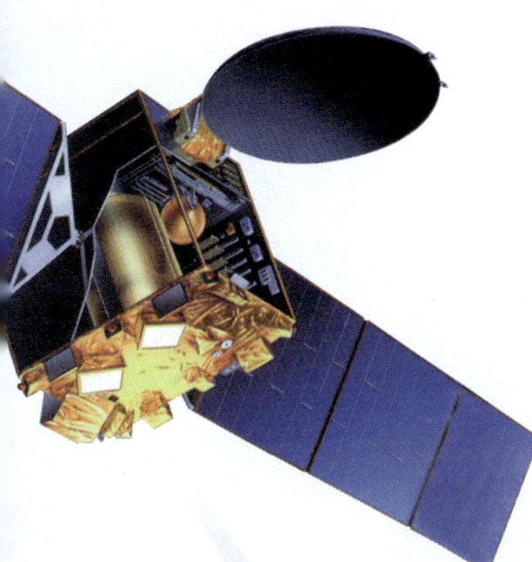

小卫星——现代技术发展的结晶

未来的卫星将会是什么样？这是一个很有意思的问题。很可能，卫星的个头越来越大，结构越来越复杂，功能也越来越多，也可能卫星变得越来越小，甚至小到可以置于掌上。

现代技术迅猛发展，已经出现了以微电子、微机械为代表的微型技术领域，它将极大地改变卫星工业的面貌。

小卫星的质量只有几十千克至几百千克，有的甚至才几千克。小卫星不仅成本低、体积小、技术含量高，组成星座后可以代替集中的大卫星，而且它抗毁能力强，可随时补充，对用户需求能作出快速反应。小卫星研制周期短，可以大批量生产，能够快速、机动、批量发射，在军事、民用方面都有很大的应用前景。每一颗卫星都有性能先进的数据处理设备，拥有很强的计算能力，并能与数十乃至数百颗类似的卫星相链接，在任何时候都能实现对地球的通信、侦察、天气预报、科学和资源观测的全球覆盖。对小卫星还能够实现目标管理，可以节省大量的地面建设费用。

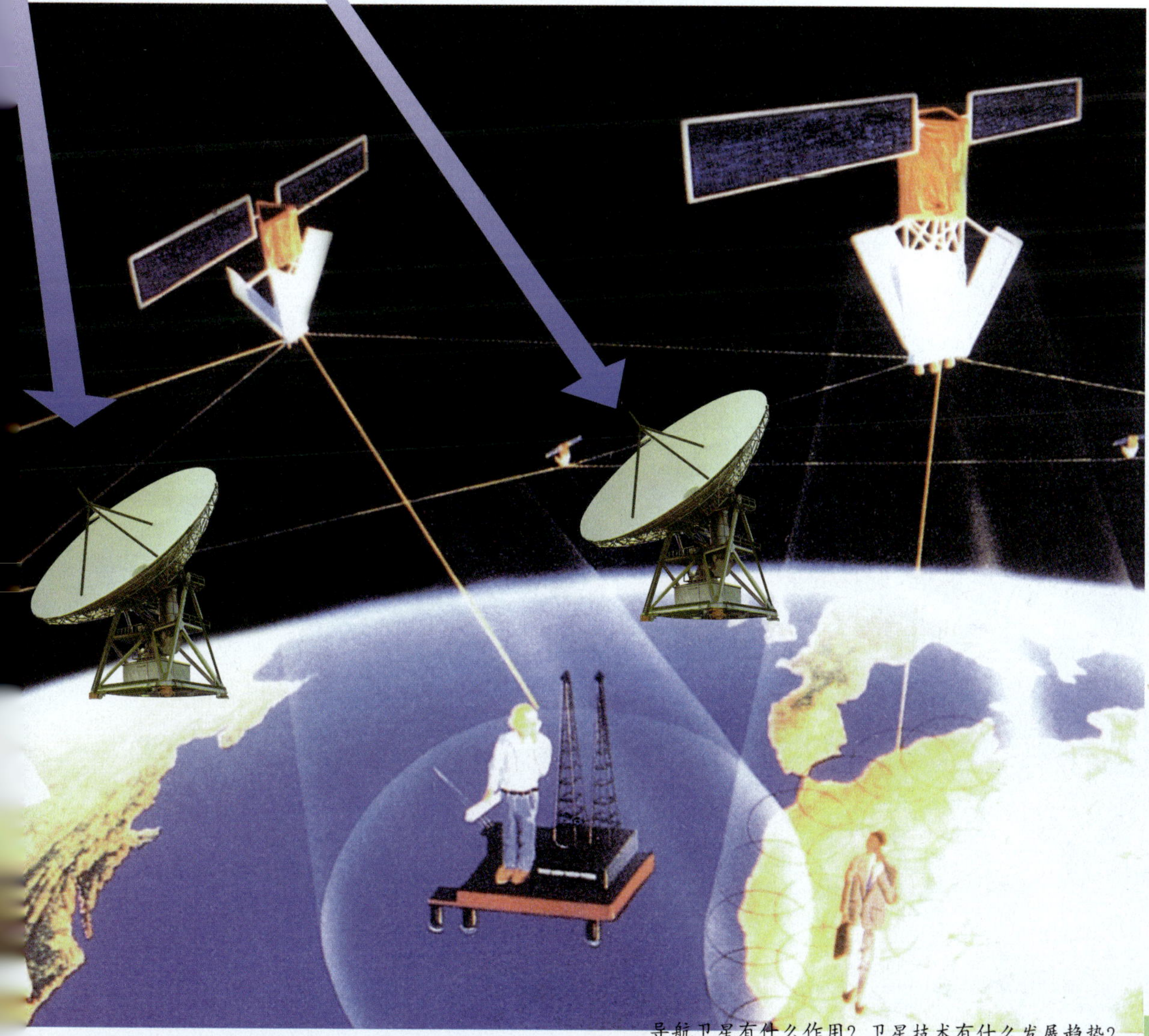

波澜壮阔的太空战

现在，太空武器已经出现，正在向成熟阶段发展。太空战场已经形成，正在向纵深扩大。航天技术、太空武器和天军（太空部队）的出现与发展，把战场制高点由空中升向更高的外层空间，对战场起着重要的控制和支配作用。

在以高技术为基本特征的现代战争中，遨游于太空中的各种侦察、预警、通信、气象卫星是集通信、指挥、控制和情报为一体的C^3I系统的核心，成为现代战争的神经中枢。传统的海陆空作战越来越依赖于太空战场的支援和保障。太空战场的出现，必然使未来战争的形式发生了史无前例的变化，使战争范围更广，持续时间更短，节奏更快，打击烈度更强。太空战中，利用技术优势可以把敌方变成“瞎子”、“聋子”、“哑巴”，变成被动挨打的“瘸子”，把太空变成制天权和太空威慑的战场，形成海地空天联合一体作战的新态势。

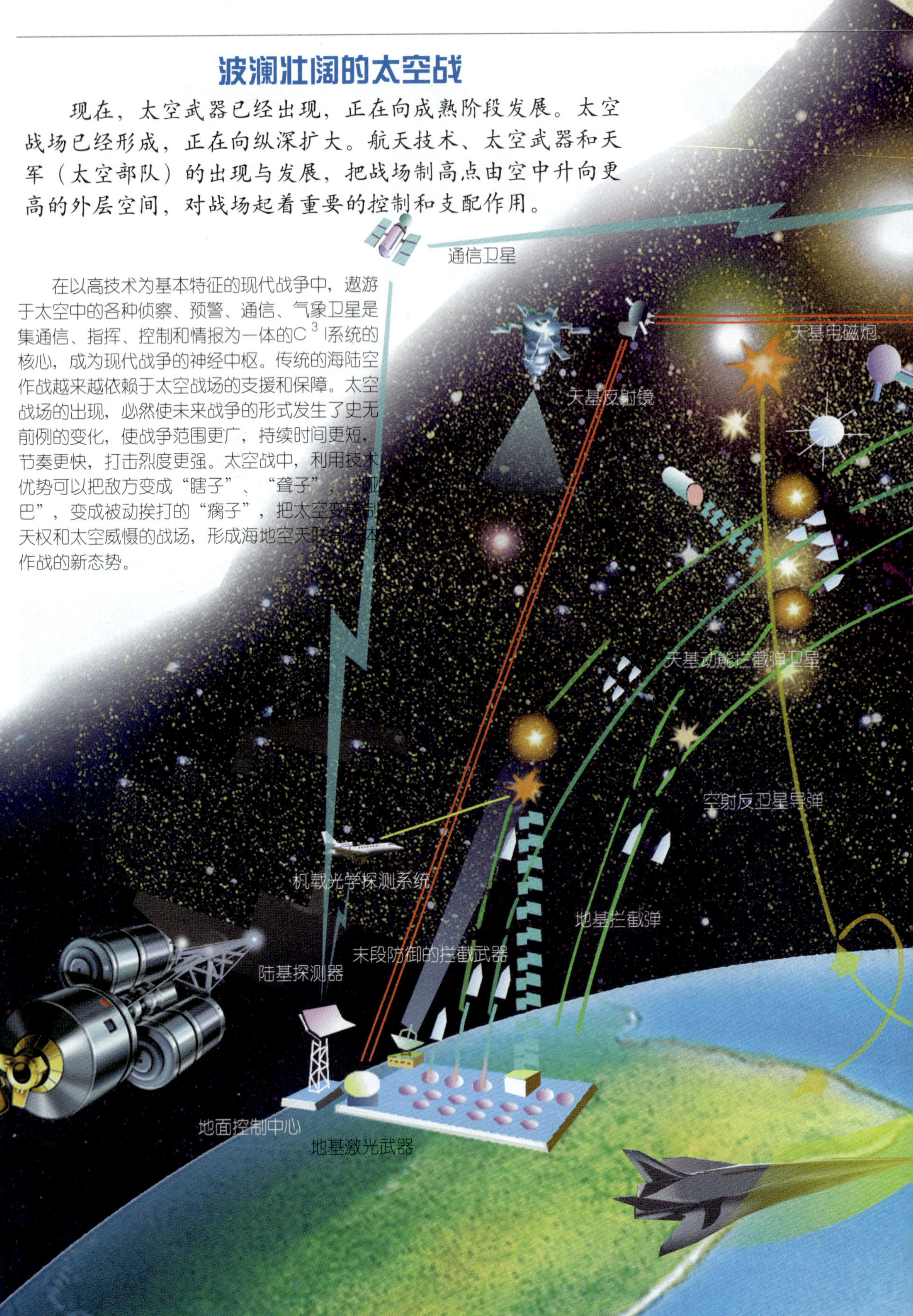

新概念武器

“新概念武器”主要是定向能武器和动能武器。

定向能武器是指通过强大能量的射束杀伤和摧毁目标的武器系统，其突出特点是速度快，射束可达到或接近光速，能在极短的时间内击毁数百千米外的目标。目前正在研制的主要有四种：高能激光武器、粒子束武器、等离子体炮和微波武器。动能武器是利用高速运动的弹丸撞击目标的武器系统。

太空在召唤

宇宙浩瀚无垠，资源丰富。人类要生存、要发展，就必须了解我们生存的地球以及太阳、太阳系、银河系，了解宇宙的结构、形状、起源、归宿。地球的资源是有限的，而无限的宇宙资源正等待着人类去开发。

航天的过去、现在和未来都是为了探索宇宙的奥秘，揭开宇宙之谜。正如齐奥尔科夫斯基所说：“地球是人类的摇篮，但是人类不能永远生活在摇篮之中。人类 将小心翼翼地穿过大气层，然后便会去征服整个太阳系。”

地球是宇宙中极渺小的一隅。要了解地球、要了解宇宙，不仅需要先进的科学仪器，而且需要人类亲身感知。只有进入太空才能完成开发和利用宇宙的夙愿，真正实现进军宇宙的梦想。

集高科技之大成的航天技术

航天技术是具有高度综合性的科学技术,其深度和广度都是普通学科所远远不及的。航天技术的理论基础是由数学、物理学、力学、天体力学、测绘学、生物学等学科所奠定的,它的技术保障是由无线电、自动化、微电子、计算机、喷气推进、真空、低温等技术组成的,它的生产手段涉及到机械、电子、冶金、化工、材料、能源等各个工业部门,因此航天技术名副其实是集当代科技之大成。发展航天技术既是对一个国家科学、技术、经济等综合国力的检验,又是促进科技发展的原动力、社会发展进步的助推器。航天技术对人类文明的促进,无论在深度上,还是在广度上,都超越了以往的科学技术而独占鳌头。

人类的立足点在地球,但自古以来人类又常常想离开地球飞向太空。可以说,自从有了人类,就有了对生存环境不懈的探求,人类的探险史与人类的历史一样漫长。人类的英雄已经踏入了太空,正在向宇宙的深处迈进。

神秘而美丽的太空在召唤。

人类太空探险第一步

1961年4月12日，苏联宇航员尤里·加加林乘坐东方号飞船首次进入太空，绕地球飞行108分钟后安全返回地面。这是人类第一次遨游太空，这一天永远值得人们纪念。从此，人类进入了航天新纪元，加加林也作为第一位进入太空的宇航员而名垂青史。

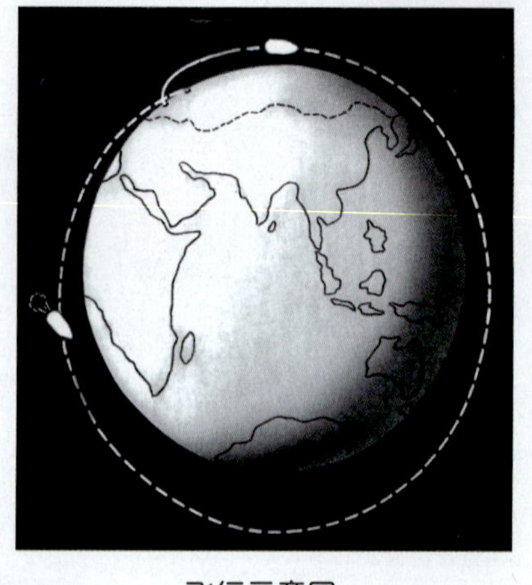

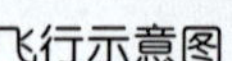

飞行示意图

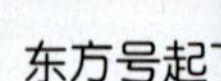

东方号起飞

加加林进入飞船前，在舷梯上与欢送的人群挥手道别。这真是一次“勇敢的再见”。

东方号飞船及其运载火箭全貌

第三级火箭

第二级火箭

第一级火箭

助推器

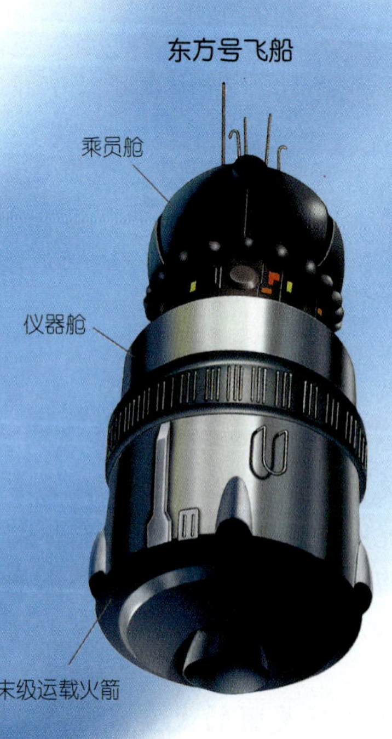

东方号飞船

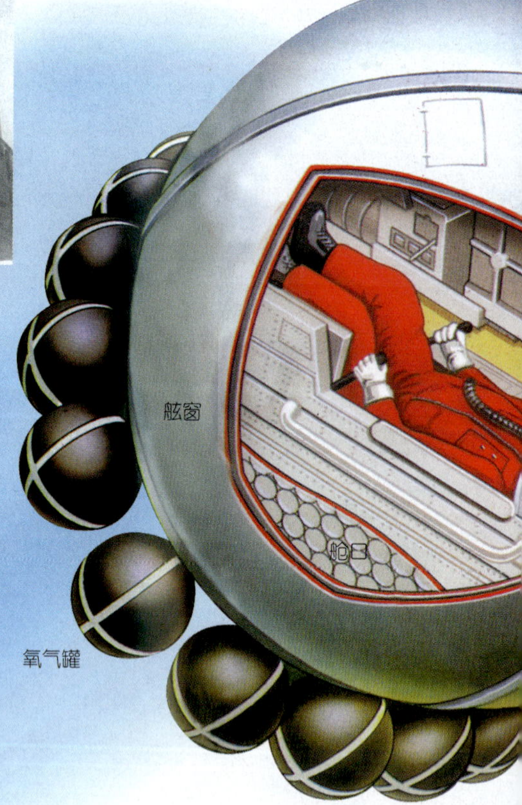

飞船由球形的乘员舱和圆柱形的仪器舱组成，是世界上第一个载人进入外层空间的航天器。球形乘员舱直径2.3米，能乘坐1名宇航员，舱壁上有3个舷窗，乘员舱内装有生命保障系统、弹射座椅以及其他设备。舱外表面覆盖一层防热材料。飞船在返回地面时先抛掉末级运载火箭和仪器舱，乘员舱单独进入大气层。当距地面约7千米时，宇航员弹出，用降落伞降落到地面。

美丽的地球

加加林是第一位从太空看到地球的人。太空虽然漆黑一片，但是太阳高悬天际，星光闪烁，地球环绕着淡蓝色的光带，呈现出一幅迷人的绚丽图景。加加林情不自禁,脱口喊道："多么美丽啊。"

尤里·加加林（1934.3.9～1968.3.27）

世界上第一名宇航员。他1957年成为飞行员，1960年被选为宇航员，1961年完成人类首次太空飞行。1968年因飞机失事遇难。

乘员舱结构图

谢尔盖·科罗廖夫（1906.12～1966.1）

科罗廖夫是苏联航天时代开创者的杰出代表。他幼年家境贫寒，以半工半读的形式读完了中学和大专。40年代初，他开始进行火箭研究，其后取得了许多标志性的成功，代表着当时航天技术最高水平。他主持研制的运载火箭把世界上第一颗人造地球卫星送上太空，以后发射成功的第一艘载人飞船、第一个月球探测器、金星探测器、火星探测器以及它们的运载火箭，都凝结着他的心血，都是他伟大功绩的标志。

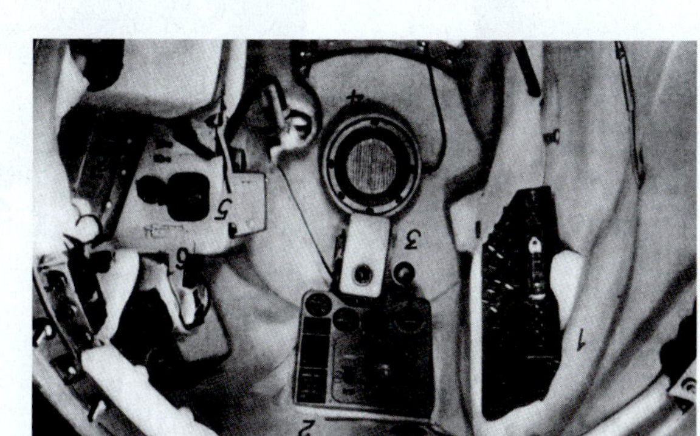

乘员舱仪表盘

从上升２号飞船第一次步入太空

世界上第一个在太空“行走”的宇航员——阿列克塞·列昂诺夫

1965年3月18日，上升2号宇宙飞船进入地球轨道，环绕地球飞行。格林威治时间8时30分，苏联宇航员列昂诺夫检查了自己特制的宇航服和安全带后，打开飞船密封舱，进入了太空。他身穿的桔黄色特制宇航服，有十几层厚，足以在太空中隔热和防辐射。他的头盔上还有通信设备，可以通话，一根５米长的脐带和安全带连在宇航服上。脐带可以输送氧气，记录宇航员的反应，安全带可以防止宇航员飘离。列昂诺夫悬浮在太空中，翻了几个空翻，又做了几个体操动作，完成得轻松自如，毫不费力。他在太空停留了24分钟，自由飘浮12分钟，完成了人类历史上第一次太空行走。

列昂诺夫还是一个优秀的太空画家。他的画色彩绚丽、结构清晰、形象逼真，极富艺术感染力。上图就是他绘制的自己进入太空时的情景。

太空探索第一人

1963年6月16日，苏联的瓦莲金娜·捷列什科娃独自一人驾驶东方6号宇宙飞船进入太空，同2天前发射的东方5号飞船共同完成了太空编队飞行任务。她在太空中生活了3天，围绕地球飞行48圈后，于6月19日安全返回地面。

在太空中，她还完成了生物医学和科学技术考察计划，证明妇女也能在太空正常工作，开创了妇女航天的历史。

1963年8月，她与另一位宇航员结婚，组成了世界上第一个宇航员家庭。

世界第一名女宇航员——瓦莲金娜·捷列什科娃

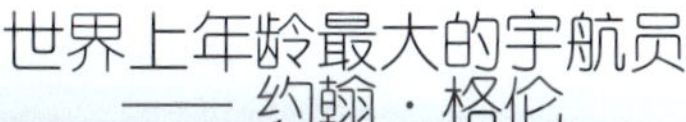
世界上年龄最大的宇航员——约翰·格伦

约翰·格伦是美国人实现太空之梦的英雄。1962年2月20日，他乘坐水星飞船环绕地球3圈，成为第一位进入太空的美国人。1998年10月29日，作为世界上年龄最大的宇航员，他在77岁高龄时乘坐发现号航天飞机重返太空，创造了航天史上的又一奇迹。

奇妙的太空生活

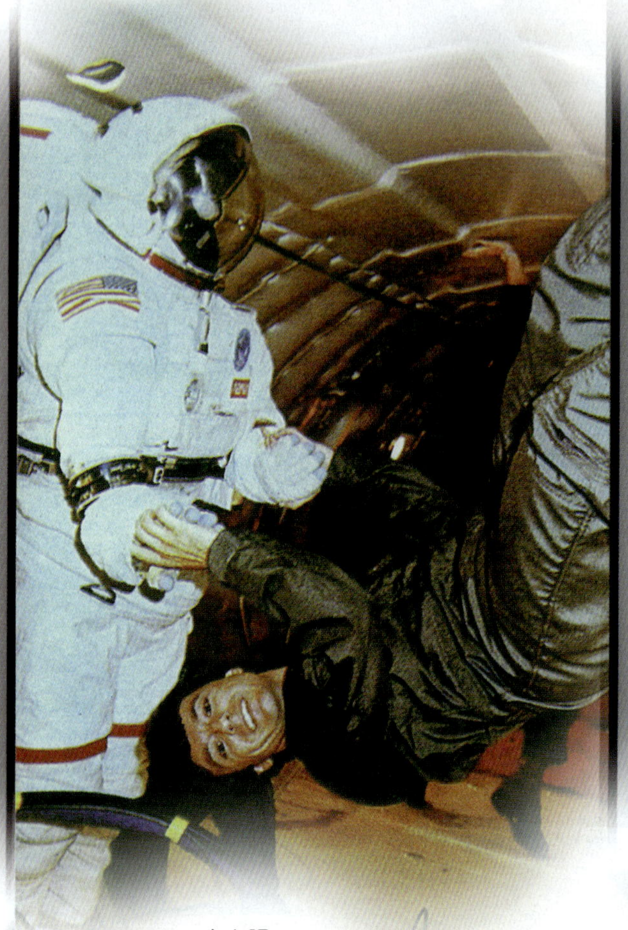

穿衣服

在太空中穿脱衣服十分困难，要花费比地面上多得多的时间。

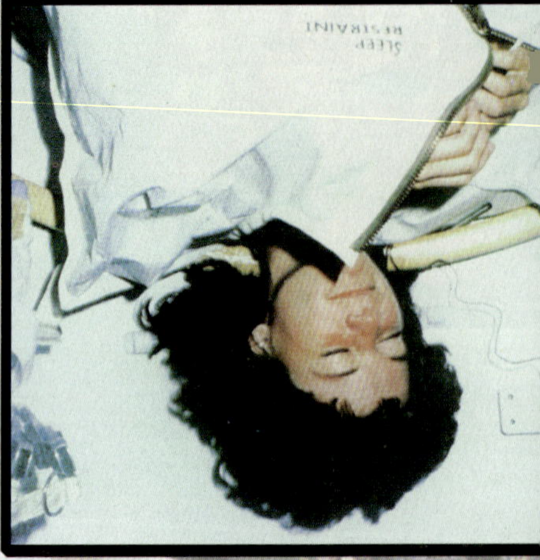

睡觉

在太空中怎么睡觉都是一样的。但是要用带子绑好，不然就会在飞船中飘来飘去。

太空生活既神秘，又有趣。由于环境的变化，在地面上生活惯了的人们在太空中需要改变许多生活习惯。

洗澡

在太空中洗澡要在密闭的浴室中，不然水就会四处飞扬。

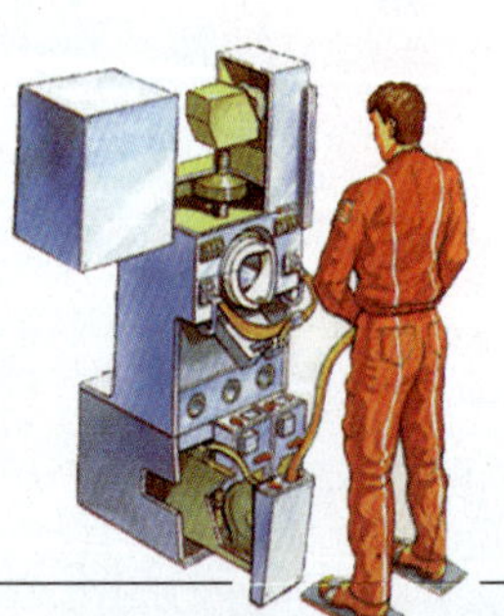

上厕所

在太空中上厕所要在特制的卫生间中进行，排泄物被吸走，并贮存在容器中。

做游戏

在太空中所有物体和人都失去了重量，人人都可以成为大力士。

吃饭

失重并不影响人的咀嚼和吞咽功能。但是，在太空中吃饭要十分注意，不然食物残渣会危及宇航员的安全。

科学考察

水泡在失重状态下漂浮。在太空中进行科学考察也是一件趣事。

精美的食品

在太空中，宇航员的食品很丰富，其类型和品种都越来越接近地面的膳食。

想一想，太空中还有什么新奇的游戏？

保护生命的绿洲
—— 载人航天生命保障系统

载人航天器必须维持密闭舱内的大气环境，保障宇航员能够安全地生活和工作。生命保障系统一般分为固定式和便携式两种。装在座舱内的为固定式，可以调温、调湿、调压、供氧、供食、净化大气等。便携式生命保障系统则供宇航员出舱活动和工作时使用。

宇航服

像人们根据天气变化换一样，宇航员也需要根据空环境的巨大变化而穿上特别衣服——宇航服，它能够抵太空环境中各种危害宇航员因素，如真空、无氧、高低交变、太阳辐射、微流星体宇宙粒子等。宇航服由头盔服装、手套和靴子组成。

内衬
冷却水管
内衬／外层
气囊
防裂衬层
隔热层
外壳

宇航服结构示意图

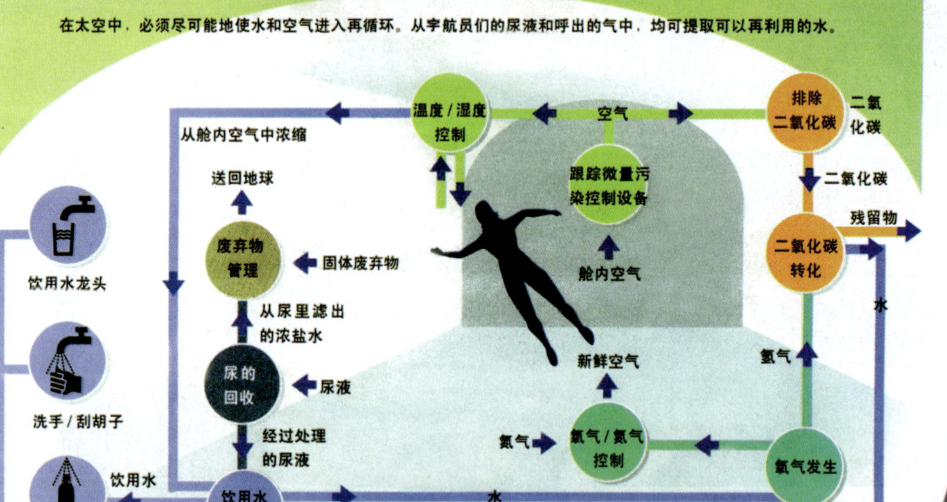

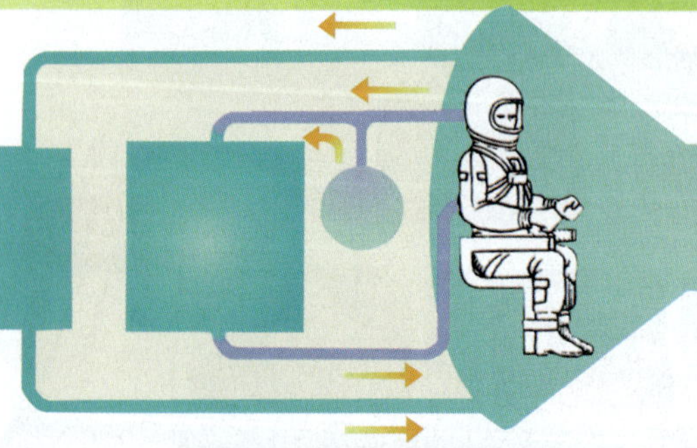

水和空气循环使用示意图

航天救生

像汽车、飞机一样，载人航天器也会出现故障，发生不可控制的事故，这时就需要使宇航员迅速撤离，安全返回地面或撤往另外的航天器暂避。

在发射时如果运载火箭发生故障，宇航员可以从类似于歼击机的弹射座椅上向斜上方弹出逃生，也可以躲在飞船顶端的救生塔中待机逃生。此外，还有应急逃逸系统，可以帮助宇航员在航天飞机上升和重返大气层遇到紧急情况时，从航天飞机脱身。

航天飞机上升时的应急逃逸

在轨道运行时，如果飞船发生故障，只能中断飞行，依靠备用的设备返回。如果飞船全部失灵，只有发射新的营救飞船和航天飞机进行修理或直接营救宇航员。

在返回着陆时，如果飞船发生故障，就需启动备份发动机进入大气层，用降落伞降落。宇航员也可以用弹射座椅单独着陆。地面上也需配备足够的人员和设备进行营救工作。

恼人的太空垃圾

太空垃圾是指以往发射的火箭和卫星散落在轨道上的残骸。由于它们的速度很快，达到每秒数千米，所以即使质量很小，也会给卫星和飞船乃至空间站造成极大的威胁。

人类永久的向往——月球

嫦娥奔月

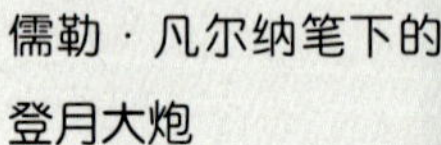

儒勒·凡尔纳笔下的登月大炮

地球的卫士和伴侣——月球

月球是地球唯一的天然卫星，也是距地球最近的天体，因此，它也成为人类要征服的第一个目标。月球距地球约38万千米，半径1740千米，是地球的1/4，质量是地球的1%，引力只有地球的1/6，逃逸速度只有2.4千米/秒。

在中国古代神话里，嫦娥奔月、玉兔捣药和吴刚伐桂树是脍炙人口的传说，被人们一代代地传颂。在西方，古希腊神话中的月神阿耳忒弥斯是一个性格刚强的女神。她身着猎装，奔波狩猎，夜间驾着银车穿过夜空，是地位很高的神。在现实的世界里，月亮也是人们寄托和抒发思乡、念友之情的对象。

近代，人类借助望远镜对月亮进行了观测，更好地认识了月球。月球上的“月海”、“月洋”、“山脉”尽现眼底，环形山峰峦起伏。现在，人们借助宇宙飞船和无人探测器，对月球进行了彻底的普查，使月球成为除了地球之外人类了解最多的星球。但是，月球上是否存在足够的水资源？移民月球的计划是否可行？这一切的谜底还有待于进一步揭开。

从阿波罗飞船上拍摄的地球全景照片。从太空望去，地球是多么美丽呀!

阿波罗 11 号的宇航员在月球上立下了一块牌子，上面写道：“公元 1969 年 7 月，来自行星地球的人首次登上月球，我们是全人类的代表，我们为和平而来。”

第一位踏上月球的宇航员
尼尔·阿姆斯特朗

人类留在月球上的第一个脚印

“对一个人来说，这只是一小步，但是对人类来说，这却是一大步。”阿姆斯特朗的名言至今萦绕在我们耳边。

在阿波罗11号宇航员踏上月球表面的一刹那，地面控制中心的工作人员摒住呼吸，观看这历史性的一刻。

阿波罗 11 号机组成员

指令舱、服务舱分离
指令舱调整方向
转向
二级分离
二级点火
再入大气层
地球
溅落海洋
一级分离
三级点火
指令舱转向
对接

20世纪60年代末，人类终于实现了登月的梦想，第一次站到了地球以外的天体上。实现这一夙愿的，是史无前例的航天工程——阿波罗计划。阿波罗计划的目的是实现载人登月飞行，对月球进行实地考察，为人类飞向更远的星球进行准备。

阿波罗计划始于1961年5月，于1972年12月宣告胜利结束，历时约11年，耗资200多亿美元。阿波罗飞船6次成功登月，将12名宇航员送上月球进行考察，带回386.9千克的月球岩石和土壤标本，在月面上建立了5个科学实验站，向地球传回了大量资料。这一震憾世界的壮举，是人类航天史上一座伟大的里程碑。

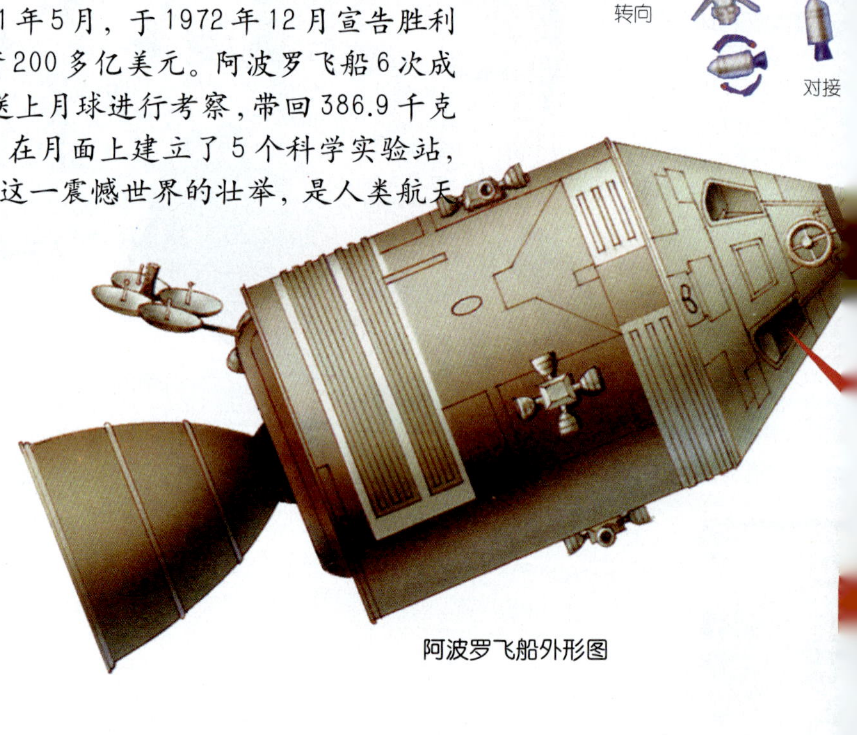

阿波罗飞船外形图

发射阿波罗飞船的土星5号运载火箭

登月舱

登月舱的形状像一只蜘蛛。它把两名宇航员从月球轨道上送到月球表面，完成任务后，再把宇航员送回等候在月球轨道上的指令舱。

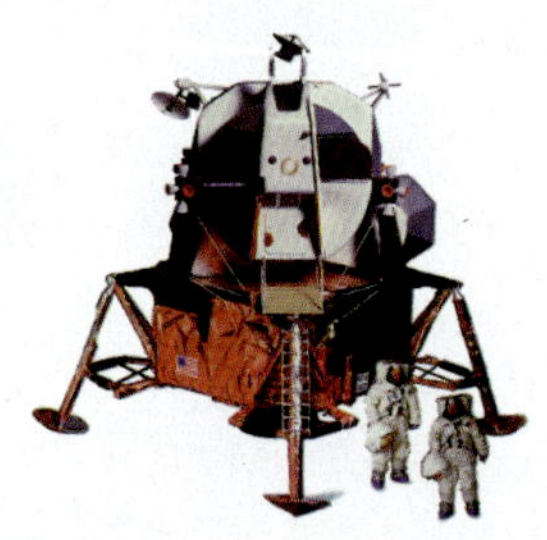

震撼世界的壮举——阿波罗登月计划

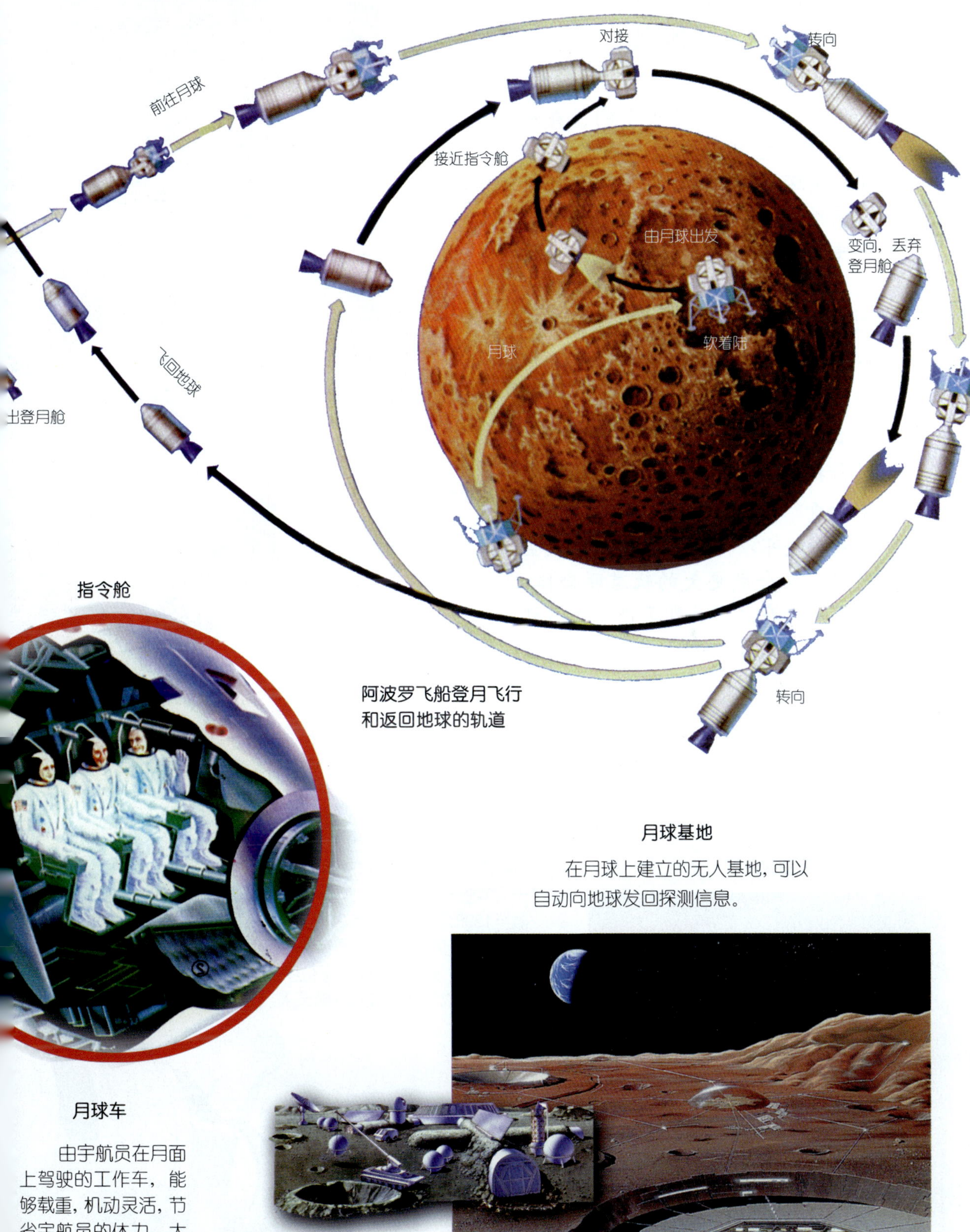

阿波罗飞船登月飞行和返回地球的轨道

指令舱

月球基地

在月球上建立的无人基地，可以自动向地球发回探测信息。

月球车

由宇航员在月面上驾驶的工作车，能够载重，机动灵活，节省宇航员的体力，大大提高工作效率。

建在宇宙空间的实验室——空间站

空间站是一个大型的、载人的、在太空能长期运行的人造卫星，是环绕地球运动的半永久性空间基地。空间站是整个航天体系中的重要组成部分。它可以接送来往的人员和物资并担负通信任务；可以对其他航天器进行后勤保障、维修与保养；可以作为发射平台，把新的人造天体送入太空；也可以利用太空的特殊环境从事科学研究，进行材料加工，完成对地监测、资源勘查、天气预报以及天文观测等任务；还可以与其他航天器在太空对接，组合成更大的轨道联合体，为宇航员在太空长期工作和生活创造良好的条件。

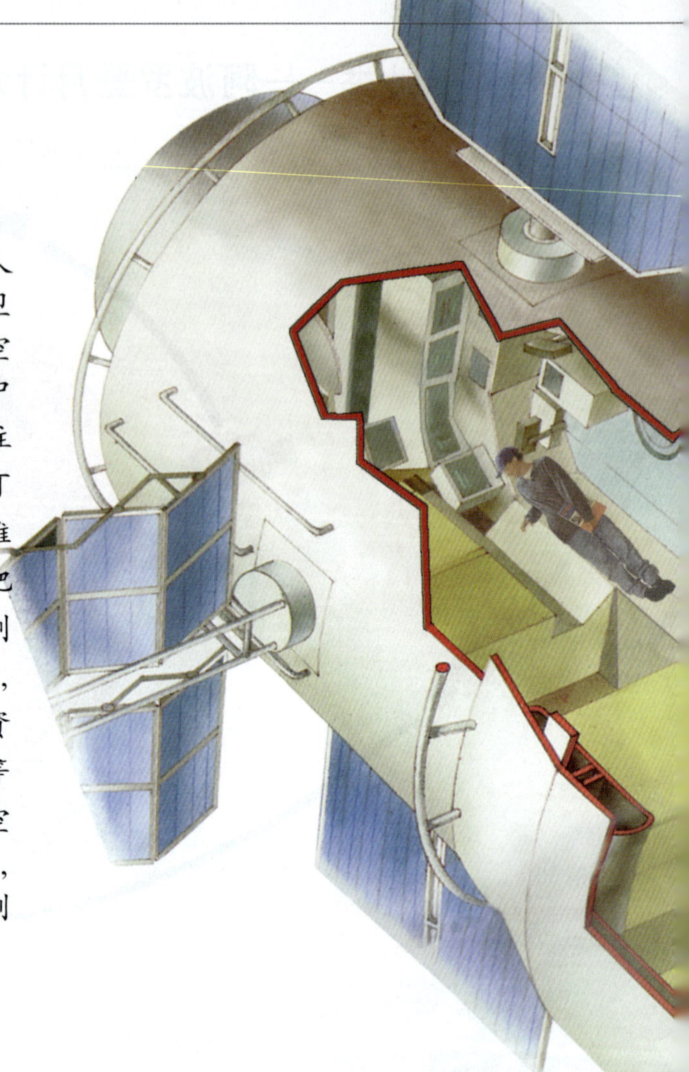

空间站用途很广，鉴于太空中的高真空、高纯净、微重力和高位置，它在科学研究、国民经济和军事上都有重大价值。

1971年，苏联首先将世界上第一个空间站——礼炮1号送上了轨道。不甘落后的美国也在1973年发射了天空实验室空间站。

截至1998年底，已经有9个空间站先后在太空遨游，它们当中目前只剩下俄罗斯和平号还在工作，其余的都已陨落。先后已有190多位宇航员在空间站上生活和工作，成为名副其实的航天人。

天空实验室

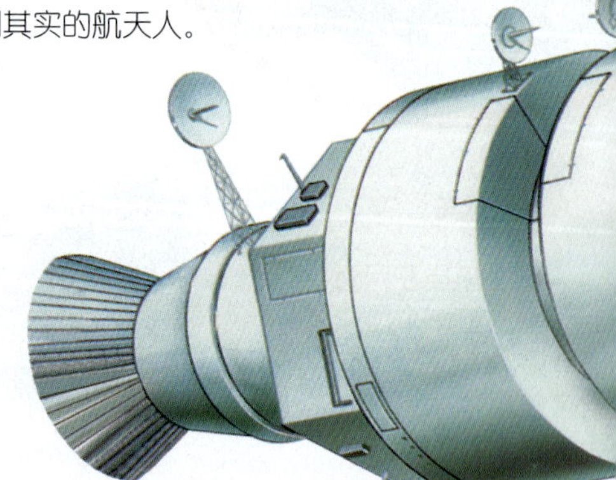

和平号空间站是苏联/俄罗斯的第三代空间站，长13米，最大直径4.2米，重21吨，有6个对接口，1986年2月20日发射。经过10年，它的6个对接口全部对接了专业舱。由和平号核心舱、联盟号载人飞船、进步号货运飞船、量子一号、量子二号、晶体号、光谱号、自然号实验舱组成的大型轨道联合体，总长达50多米，总重达123吨。在10年的运行中，平均每月进行30项科学试验。截至1997年8月，它接待宇航员76人次到站上工作，创造了航天史上的许多记录。

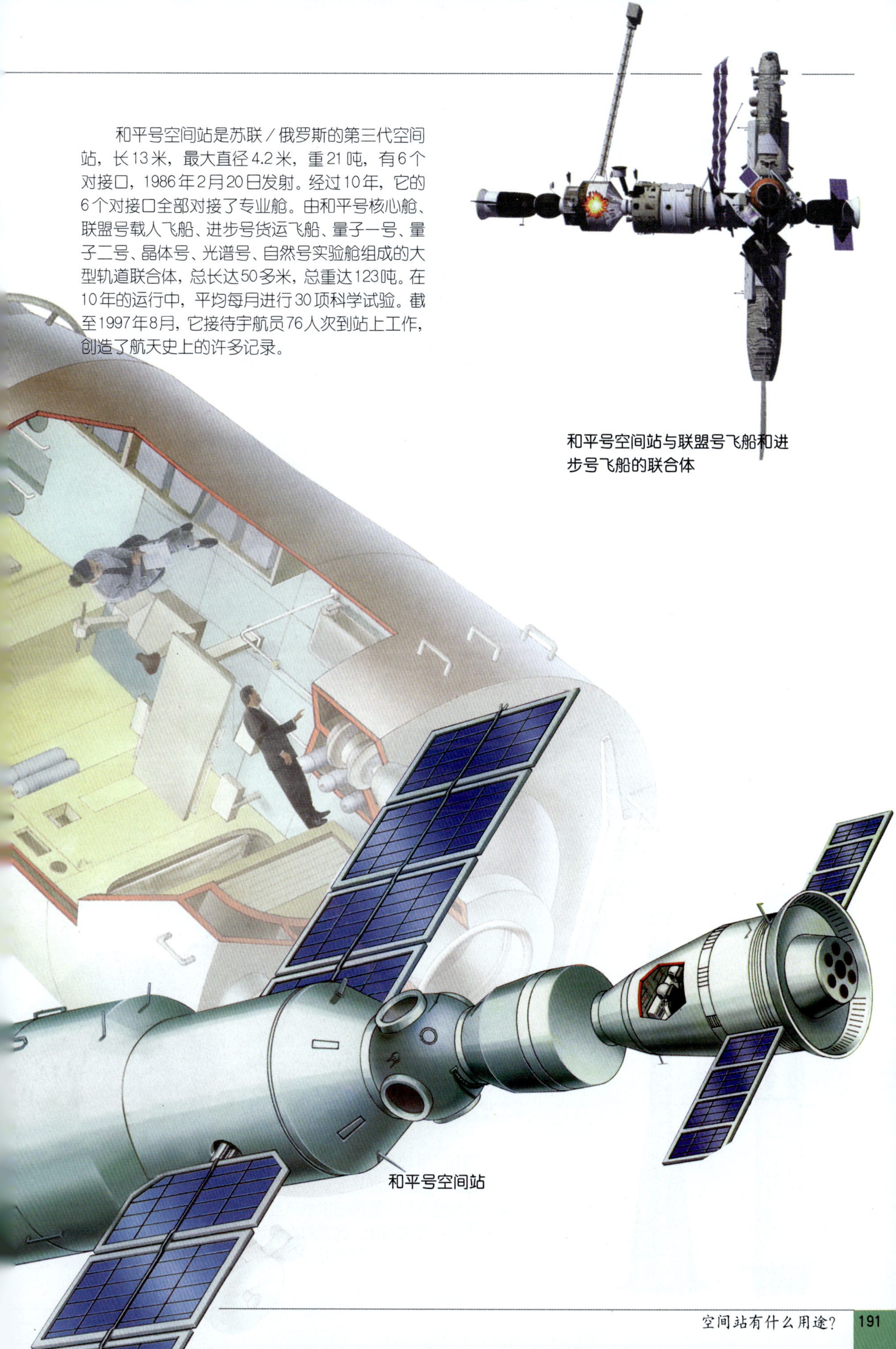

和平号空间站与联盟号飞船和进步号飞船的联合体

和平号空间站

太空握手——交会和对接

交会是指一个航天器与另一个航天器在同一时间以相同速度到达同一空间位置，即两个航天器会合在一起。航天器在轨道上交会的过程分为三个阶段：远程导引阶段、近程导引阶段和停靠阶段。

对接是指受控航天器通过对接装置与对接航天器相互接触，并通过对接机构将二者连接为一个整体的过程。

人们掌握了这项技术，就可以把巨大而沉重的物体分批送入太空，再组装起来，像搭积木一样把一个个的舱体组合成一个大的整体。

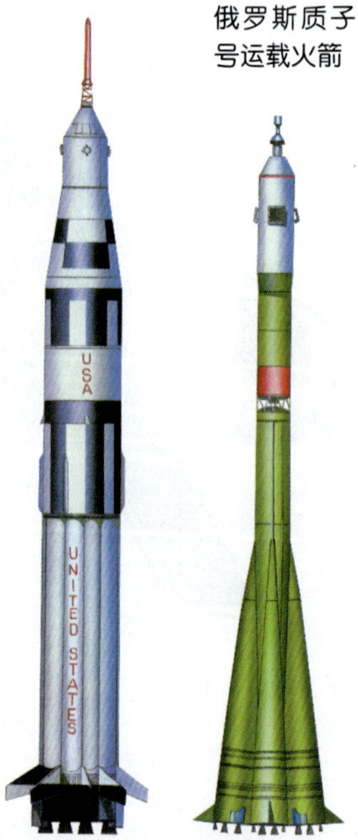

美国土星5号运载火箭

俄罗斯质子号运载火箭

阿波罗飞船与联盟号飞船对接

1975年7月18日，美国阿波罗飞船与苏联的联盟号飞船在大西洋上空对接成功，进行第一次联合飞行。两国的宇航员互相访问对方的飞船，互致问候。这次对接成功表明国际合作开发太空时代的来临。

太空救援

1985 年由于无线电通信设备出现了故障，导致礼炮 7 号空间站与地面的联系中断，只有宇航员上天才能恢复空间站的正常功能。1985 年 6 月，联盟 T13 飞船载着 2 名宇航员进入太空。经过几天的工作，宇航员用手控把飞船引入正确位置，实现对接，并成功地进入空间站内，恢复了对空间站的控制。这次任务的完成对载人航天飞行的发展具有重大的意义。

量子舱、联盟号飞船与和平号空间站轨道联合体

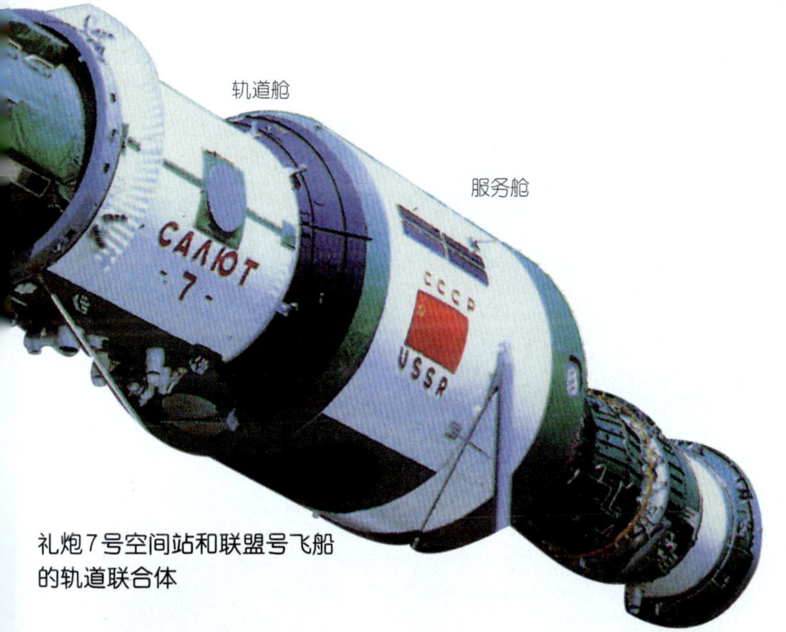

礼炮 7 号空间站和联盟号飞船的轨道联合体

分离返回过程

宇航员在完成任务后返回地球时，需要进行一系列的操作。分离返回程序为：安全分离、返回等待、离轨返回、降落着陆等。

美俄航天器太空大对接

1995 年 6 月 29 日至 7 月 4 日，美俄两国载人航天器在太空实现对接并共同飞行。美国阿特兰蒂斯号航天飞机进入轨道开始追逐俄罗斯和平号空间站，经过 41 个小时飞行进入对接距离之内。当距离缩短到 82 米时，阿特兰蒂斯号驾驶员操纵航天飞机以 3 厘米 / 秒的速度慢慢靠近和平号空间站的对接处，不久，这两个以相对于地面 2.8 万千米 / 小时速度运行的航天器对接成功。

阿波罗飞船与联盟号飞船对接装置示意图

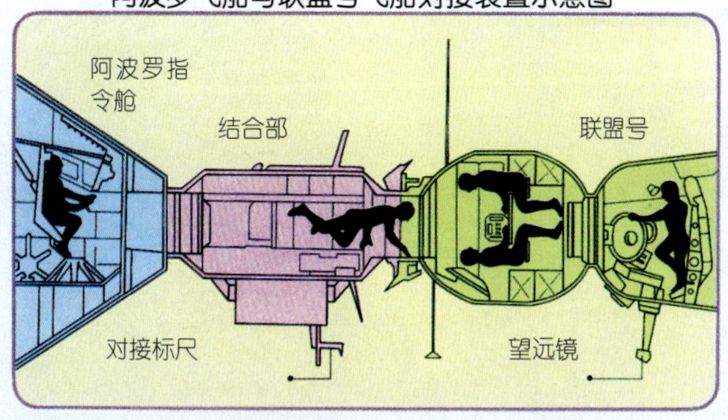

太空飞梭——航天飞机

航天飞机是可以重复使用的、往返天地间的有翼式载人航天器，外形类似于普通飞机，垂直起飞，在一般机场滑翔降落。它在起飞到入轨的上升段使用火箭技术，轨道飞行段运用了航天器技术，而再入大气层后的滑翔飞行和水平着陆段则采用典型的航空技术。由此可见，航天飞机集火箭、航天器和航空器技术于一体。

试验中的苏联暴风雪号航天飞机轨道器

航天飞机通常飞行在1000千米以下的近地轨道上，可以经常机动灵活地变换轨道。航天飞机一般由轨道器、助推器、外贮箱三部分组成。助推器是两枚固体火箭。外贮箱用于贮藏燃料，与火箭的贮箱相类似。轨道器是进入轨道和返回地球的部分，与普通飞机类似，但增加了特殊的表面防热瓦，可抵御数千摄氏度的高温，可以多次重复使用。当今，美国航天飞机轨道器长约37米，翼展宽约23米，重68吨，体积与大型喷气客机相仿。轨道器的前部是驾驶舱，可乘3～7人。中段是运载舱，即货舱，长18米，直径4.6米，可装载30吨的货物，包括卫星、科学仪器、航天武器、宇航员等。后段装有尾翼、3台主发动机、轨道发动机、姿态控制发动机系统等，可以控制轨道器飞行。

航天飞机上装备有各种设备，不仅具有包括卫星、货运飞船、载人飞船和小型载人空间站在内的许多航天器所具备的各种功能，还可以完成一般航天器不能完成的任务，如：向近地轨道施放卫星，向高轨道发射卫星，在轨道上捕捉、维修和回收卫星等。

航天飞机的起飞和返回过程

太空取宝——太空工作站

宇航员们乘坐航天飞机进入太空，或者乘坐载人飞船进入空间站后，可以在地球轨道上进行各种科学实验和各种太空作业。最常见的任务有：天体物理学观测和实验，航天医学、生物学研究，地球考察，失重条件下的技术测试，发射、修理、回收卫星等。

宇宙飞船是载人或载货的太空飞行器，除少数货运飞船外，多数飞船在运行一段时间完成预定任务后，还要再入大气层重返地面。载人飞船上除具备一般人造卫星的基本设施外，还备有生命保障系统、再入返回系统、应急逃逸系统、回收着陆系统。宇宙飞船能够保障宇航员在外层空间短期生活，开展预定的科学试验，进行太空作业。飞船与载人空间站能够对接飞行，可以完成应急救援等任务。目前使用最多的是俄罗斯的联盟号载人飞船和进步号货运飞船。

发射卫星

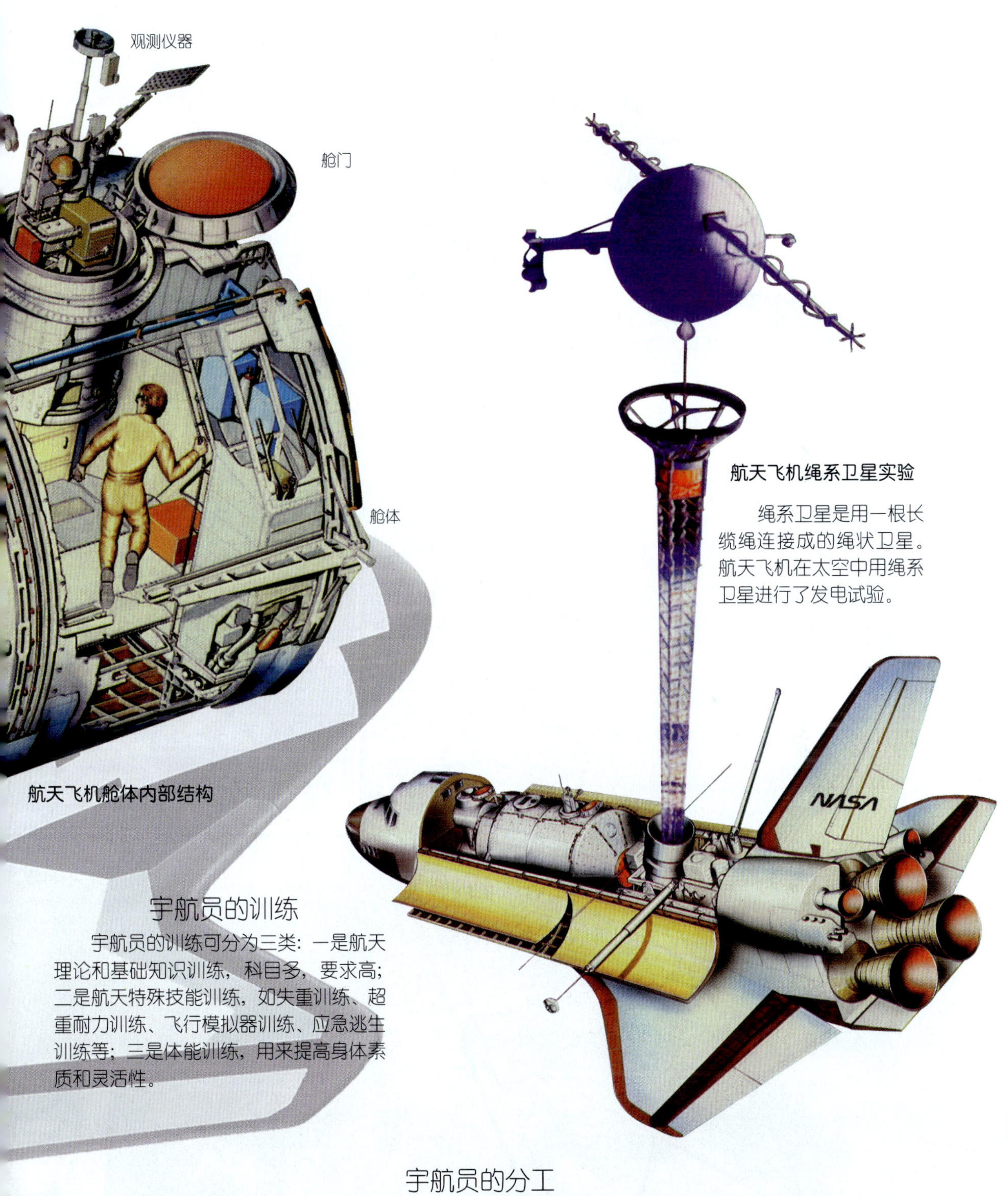

航天飞机绳系卫星实验

绳系卫星是用一根长缆绳连接成的绳状卫星。航天飞机在太空中用绳系卫星进行了发电试验。

宇航员的训练

宇航员的训练可分为三类：一是航天理论和基础知识训练，科目多，要求高；二是航天特殊技能训练，如失重训练、超重耐力训练、飞行模拟器训练、应急逃生训练等；三是体能训练，用来提高身体素质和灵活性。

宇航员的分工

在载人航天初期，宇航员的任务比较简单，所以分工并不明确。随着载人航天活动的不断发展，任务不断增多，宇航员之间就有了分工。宇航员一般分三类：一是操纵航天器的驾驶员；二是飞行任务专家，负责进行各种航天活动，如维修、保养、回收航天器，舱外活动等；三是载荷专家，即到太空进行各项科学实验的科学家和工程师。

今后，还有进入太空旅游和休息的游客，他们是进入太空的特殊“宇航员”。

宇航员练习桁架安装，为
修建太空建筑作准备

宇航员在援救失效卫星

宇航员在太空安装仪器

太空飞人创奇迹
——太空作业

宇航员穿上宇航服后，可以进入太空，从事复杂的太空作业。虽然利用机器人也可以代替人进行科学考察和科学实验，而且它们比人更适应恶劣的太空环境。但是，机器人无法从根本上代替人的作用。人具有创造力、应变能力和适应能力，有预见性，能够处理各种意外事件。

步入太空，要干和想干的事太多太多——从事科学研究，组装空间站，建设太空城，施放、回收、修理及捕捉航天器，开发宇宙资源等等。

进入太空作业，只是人类了解宇宙，探知宇宙奥秘的第一步。经过不断的探索，人类可以扩大视野，增长知识，跨入整个宇宙空间。

3名宇航员同时出舱徒手捕获卫星

茫茫太空修"哈勃"

哈勃空间望远镜是最先进的天文望远镜，重12吨，运行在高587千米的地球轨道上。在1990年送人太空后发现由于制造失误，导致望远镜的成像模糊，太阳能电池板也有故障，使得哈勃空间望远镜不能充分发挥作用。1993年12月2日至13日，美国奋进号航天飞机上的7名宇航员进行了艰难的太空操作，成功地修复了哈勃空间望远镜。

宇航员操纵航天飞机上的机械臂，将"哈勃"拉进货舱，并固定住。修复"哈勃"是在敞开的货舱中进行的，需要宇航员以太空行走来完成。宇航员分成两组轮流到平台上工作，为"哈勃"更换了11个部件，共在太空中行走了5次，在开放的空间共逗留35小时28分钟，创造了航天史上的新纪录。

这次行动开创了人类在太空修复大型航天器的先例，对于远征火星或其他航天活动来说，在太空中修复和组装航天器具有特殊的作用，在航天技术上具有重要意义。

即将面世的航天飞机和空天飞机

日本霍普号航天飞机

在人们心目中，航天飞机已经很先进了。但是，更方便、更舒适、更廉价的需求，驱使人们又把目光瞄准了空天飞机。

空天飞机同时携带用于大气层外的火箭发动机和用于大气层内的喷气发动机，集航天器和运载器双重功能于一体，是既能够执行航空任务又能够执行航天任务的有人驾驶超高声速飞行器。

美国东方快车号空天飞机

俄罗斯马可斯号空天飞机

空天飞机能够水平起飞、水平着
、完全重复使用。它以更高的速度
大气层上层和近地宇宙空间机动飞
，大大缩短了远距离运输的时间。

与原来的飞船和航天飞机相比，
天飞机在重复使用性、机场水平起
能力、利用大气层能源、灵活机动
、发射操作费用、可维修性和飞行
隔等方面都大为改善。

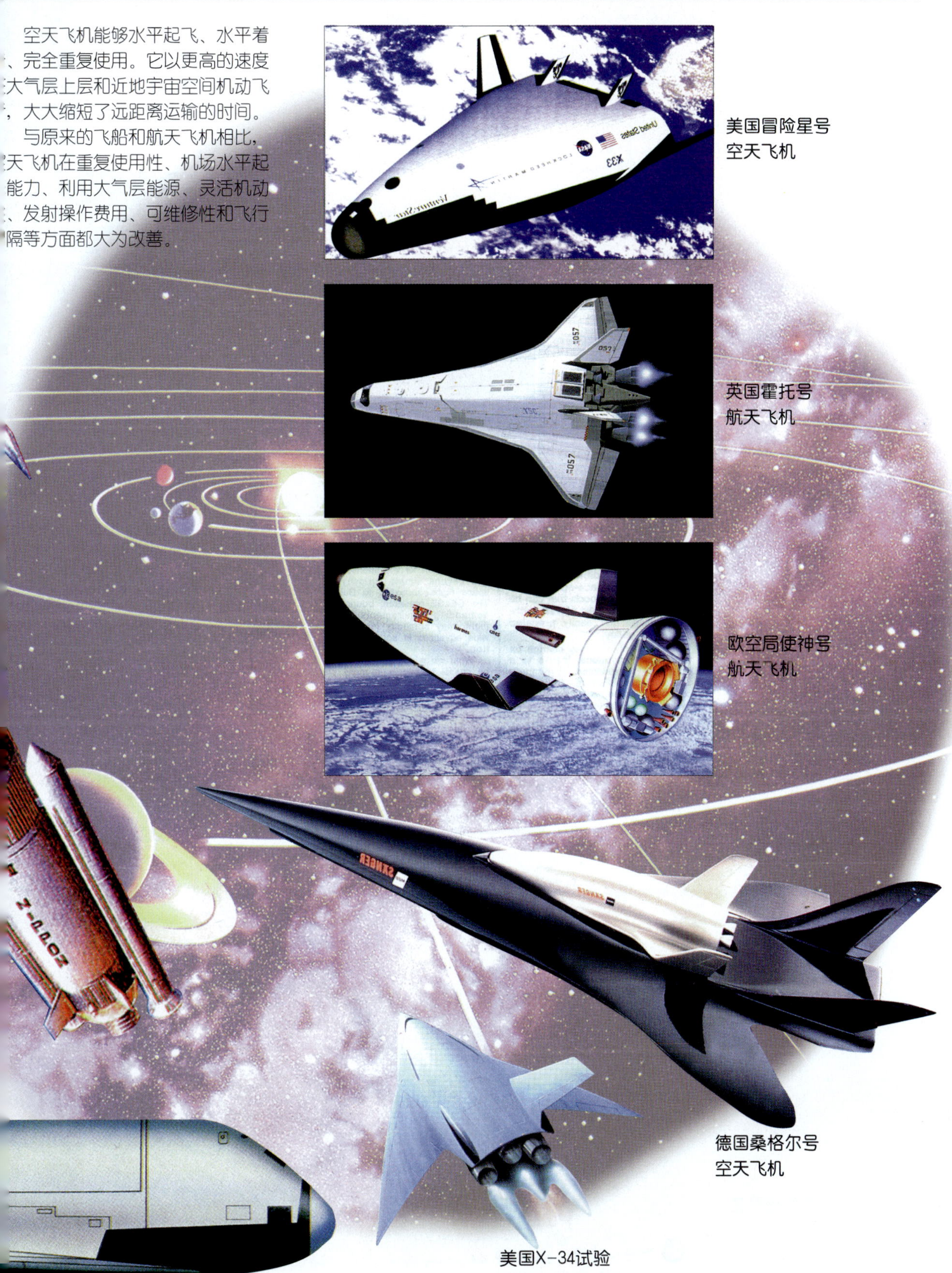

美国冒险星号空天飞机

英国霍托号航天飞机

欧空局使神号航天飞机

德国桑格尔号空天飞机

美国X-34试验空天飞机

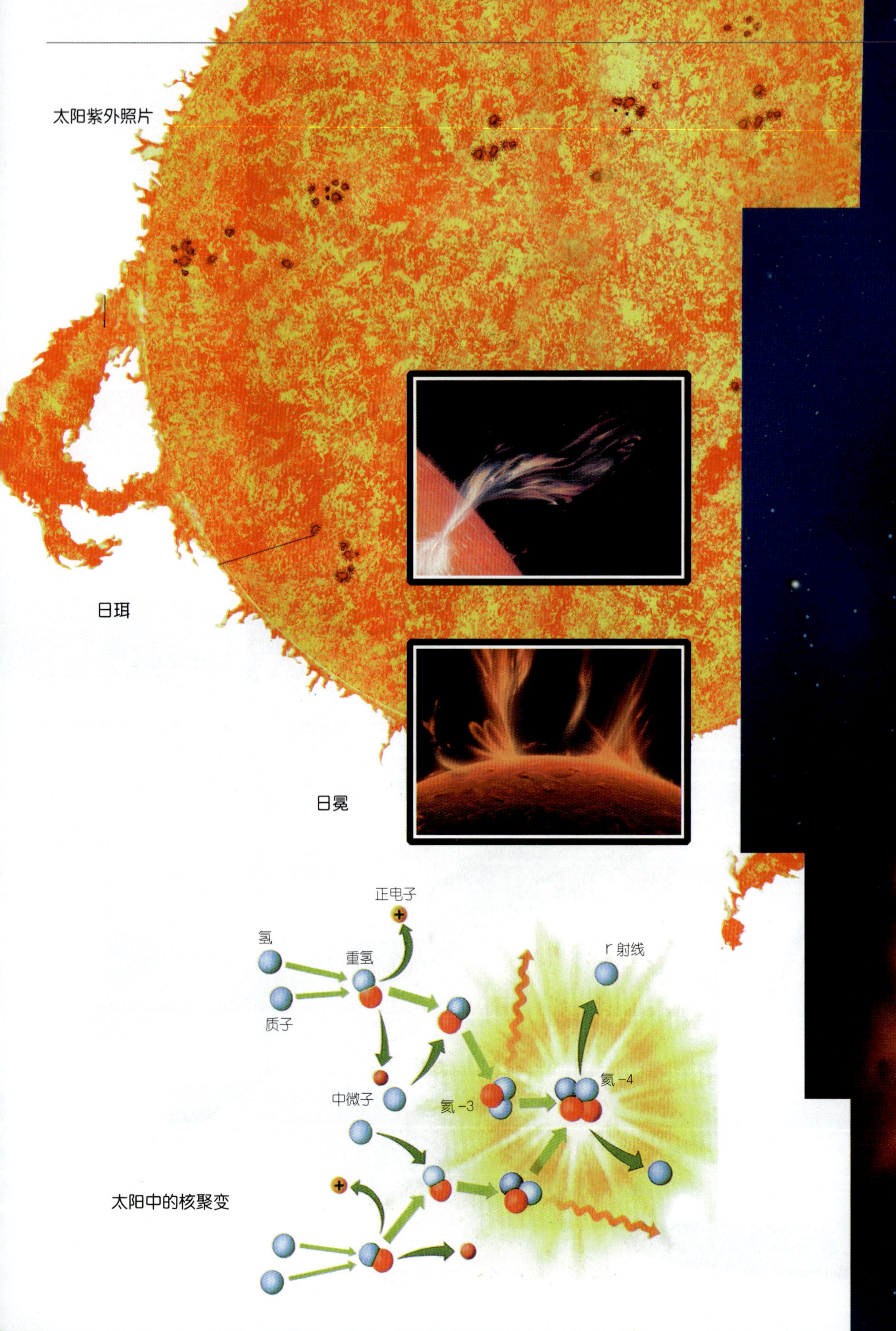
太阳紫外照片
日珥
日冕
正电子
氢
重氢
质子
r 射线
中微子
氦 -3
氦 -4
太阳中的核聚变

观察太阳的先锋

太阳是太阳系的生命之源，它的一举一动都对人类有巨大的影响，向来是人类天文研究的重点。但是，在地球上不能看到太阳两极的全景。30多年来，人类发射了几十个环绕地球飞行和两个环绕太阳飞行的人造卫星和探测器，对太阳进行科学考察，而这些飞行器也只能观察太阳赤道面附近的太阳图像。“尤利西斯”是第一个全面考察太阳两极的观测器。

尤利西斯号探测器重380千克，载有核能发动机。1990年10月6日，由发现者号航天飞机送入太空。“尤利西斯”的科学考察任务有：测量各种质量的宇宙尘埃；探测宇宙射线和太阳粒子；测定行星际离子的成分；测量低能离子和低能电子；观测太阳风离子的成分、温度和速度；观测太阳耀斑等。

要考察太阳的两极，空间探测器必须飞出地球的公转轨道，这需要巨大的推力。“尤利西斯”的发射轨道借鉴了以往太空飞行的经验，它发射后先背向太阳朝太阳系外飞去，飞临木星时，利用木星的巨大引力，加大速度，并且改变飞行方向和轨道倾角，沿着与地球公转轨道面垂直的轨道，折返太阳系内围，飞向太阳。经过4年的轨道飞行，“尤利西斯”飞抵太阳南极上空，正式开展了科学考察。

尤利西斯号探测器对太阳的科学考察获得了大量的数据，取得了丰硕的成果，为人类研究了解太阳立下了头功。

日食是观察太阳的最好时机

关注与地球最相似的星球

火星与地球最为相似，它是在地球轨道之外最靠近地球的一颗行星。火星的直径为6796千米，约为地球的1/2，质量是地球的1/10，火星的自转周期为24小时37分钟，公转周期为687日。火星上的一天与地球大致相同，而一年等于地球的两年。火星周围有大气，但很稀薄。火星上也有一定量的水，只是温度比地球上低得多。火星上存在许多干涸的河床,有好几千条，曾被人们认为是火星人开凿的运河。由于火星的大小和环境与地球最相近，适合人类移民，所以备受人类关注。

火星地貌

中继天

电视摄像机

生物实验仪

苏联和美国从60年代开始发射了火星号和水手号探测器，对火星进行了考察。以后，又发射了海盗号、火卫号、火星观察者、火星环球勘探者、火星96和火星探路者等一系列探测器。

箭头所指是火星探路者重点考察的几块火星岩石

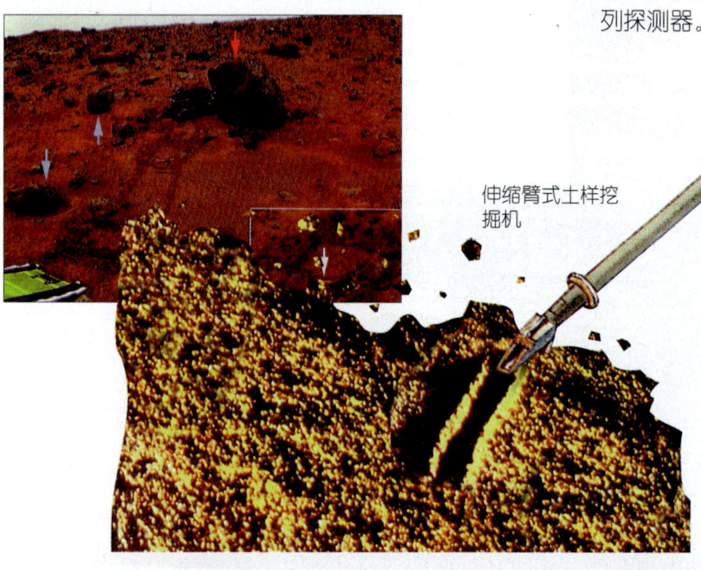

伸缩臂式土样挖掘机

火星探路者

取土探测

海盗号带有一个着陆舱，在火星表面软着陆，可以自动取土进行检验生命的试验，但它没有发现生命存在的痕迹。

火星探路者号在巨大的气囊保护下，在火星表面着陆，释放一个带6个轮子、重10千克的机器人——火星漫游车。它采集和分析了火星表面的土壤和岩石样品，寻找火星上曾经存在生命的证据，研究火星大气层，了解火星的地质和资源情况，发回了大量的图片。

地球与火星

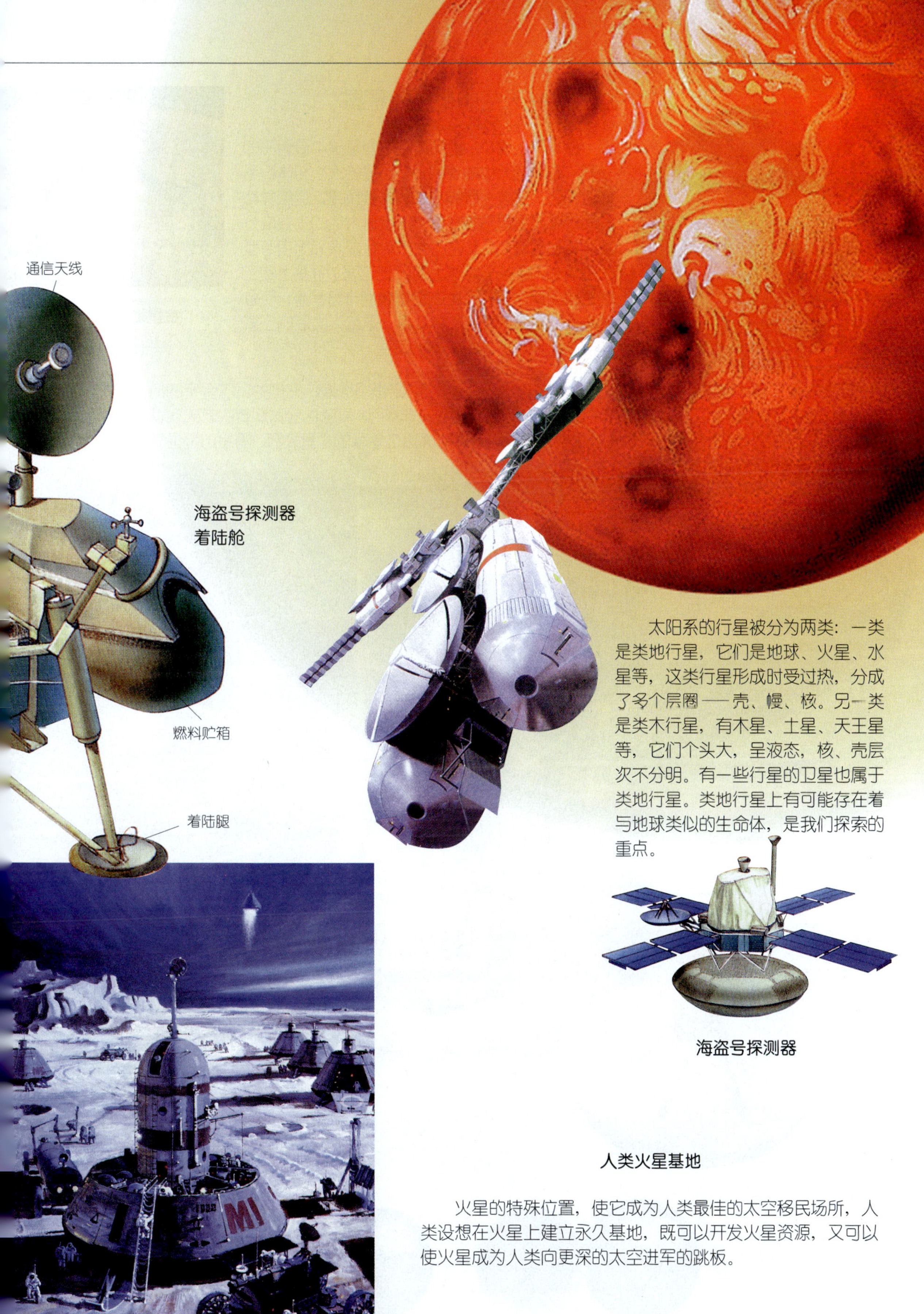

太阳系的行星被分为两类：一类是类地行星，它们是地球、火星、水星等，这类行星形成时受过热，分成了多个层圈——壳、幔、核。另一类是类木行星，有木星、土星、天王星等，它们个头大，呈液态，核、壳层次不分明。有一些行星的卫星也属于类地行星。类地行星上有可能存在着与地球类似的生命体，是我们探索的重点。

海盗号探测器

人类火星基地

火星的特殊位置，使它成为人类最佳的太空移民场所，人类设想在火星上建立永久基地，既可以开发火星资源，又可以使火星成为人类向更深的太空进军的跳板。

金星——天空中最亮的星星

金星

从地球上看，金星是天空所有星星中最明亮的一颗，有时白天也能看得见。金星的大小和体积与地球相仿。它被一层神秘的面纱包围着，这层神秘的面纱就是金星浓密的大气。金星大气的主要成分是二氧化碳，又浓又密的大气对金星表面施加着巨大的压力，相当于地球上的90倍之多。金星上的二氧化碳如此之多，产生的温室效应十分严重，使金星表面的温度高达480摄氏度。这给人类敲响了警钟：防止地球上的温室效应发生。

金星地貌

苏联发射了16个金星探测器，美国也发射了6个探测金星的水手号探测器。它们拍下了金星的地貌照片，测定了金星大气的化学成分和温度、压力等情况。1989年5月，麦哲伦号探测器由航天飞机发射，去拜访金星。麦哲伦号携带了先进的电视摄像系统，能够透过厚厚的金星大气，测绘出金星表面的形状，分辨距离可达200米。

地球
天线
电视摄像机
太陽
金星
紫外光度计
水手10号探测器
抛物面定向天线

地球与金星

地球与水星

揭开神秘的面纱

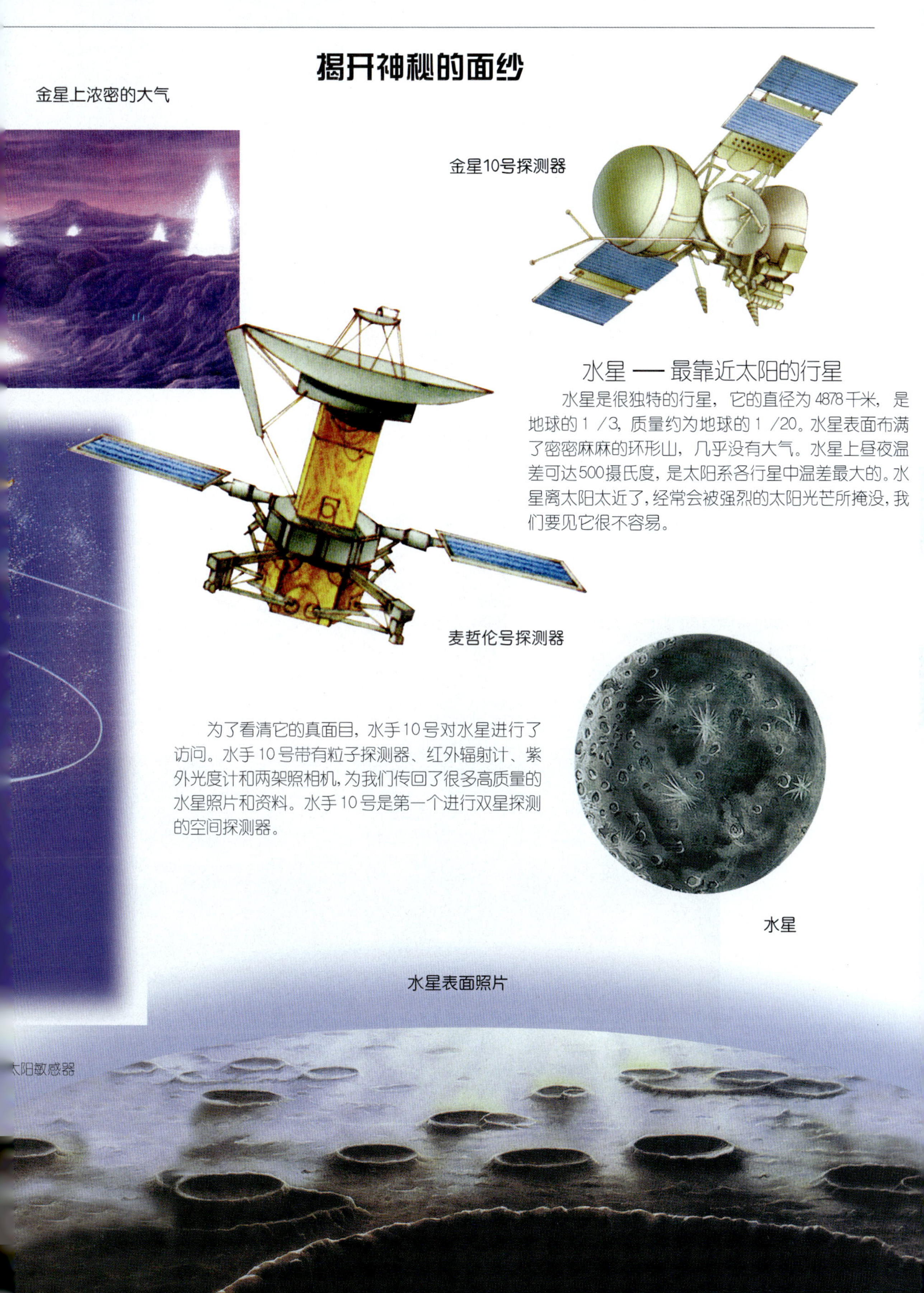

金星上浓密的大气

金星10号探测器

麦哲伦号探测器

水星 —— 最靠近太阳的行星

水星是很独特的行星，它的直径为4878千米，是地球的1/3，质量约为地球的1/20。水星表面布满了密密麻麻的环形山，几乎没有大气。水星上昼夜温差可达500摄氏度，是太阳系各行星中温差最大的。水星离太阳太近了，经常会被强烈的太阳光芒所掩没，我们要见它很不容易。

为了看清它的真面目，水手10号对水星进行了访问。水手10号带有粒子探测器、红外辐射计、紫外光度计和两架照相机，为我们传回了很多高质量的水星照片和资料。水手10号是第一个进行双星探测的空间探测器。

水星

水星表面照片

土星——最美丽的星球

土星与众不同的外貌，引起了人们的注意。它的直径12万千米，体积是地球的745倍，质量却只有地球的95倍，它的平均密度只有0.7克/立方厘米，是9大行星中密度最小的一个。它带有宽大明亮的光环，有着浓密的大气，是一个液体行星。它有23颗卫星，是太阳系中卫星最多的行星。

旅行者1号探测器在飞掠土星时，向地球发回了18000张关于土星及其光环和卫星的彩色照片和各种数据，发现土星的光环极为复杂，有成百上千条，一环套一环，犹如唱片的纹道。

土星与地球

木星与地球

木星上的大红斑

木星表面所看到的大红斑，它是木星大气中的强烈风暴。

探寻巨行星之谜

木星——魁梧的巨人

从木星的直径、体积、质量来说，它是行星家族中的巨无霸。它的直径14.38万千米，质量为地球的318倍，相当于太阳系其余8颗行星质量总和的2.5倍。木星是一个液体星球，主要由氢组成。木星有着厚厚的大气层，大气活动十分强烈。木星表面有许多平行于赤道的明暗相间的条纹，结构很复杂，这是由木星大气中浓密的云形成的。

先驱者10号、11号探测器对木星进行了各项科学考察后，1989年10月，伽利略号探测器飞入太空，对木星及其16个卫星进行考察。经过6年的长途跋涉，伽利略号抵达木星附近，开始了考察活动。它拍摄到了木星及其卫星的许多照片，获得了大量的探测成果。

土星美丽的光环

土星的光环是由尘埃、冰块组成的，其大小在几厘米至几米之间。

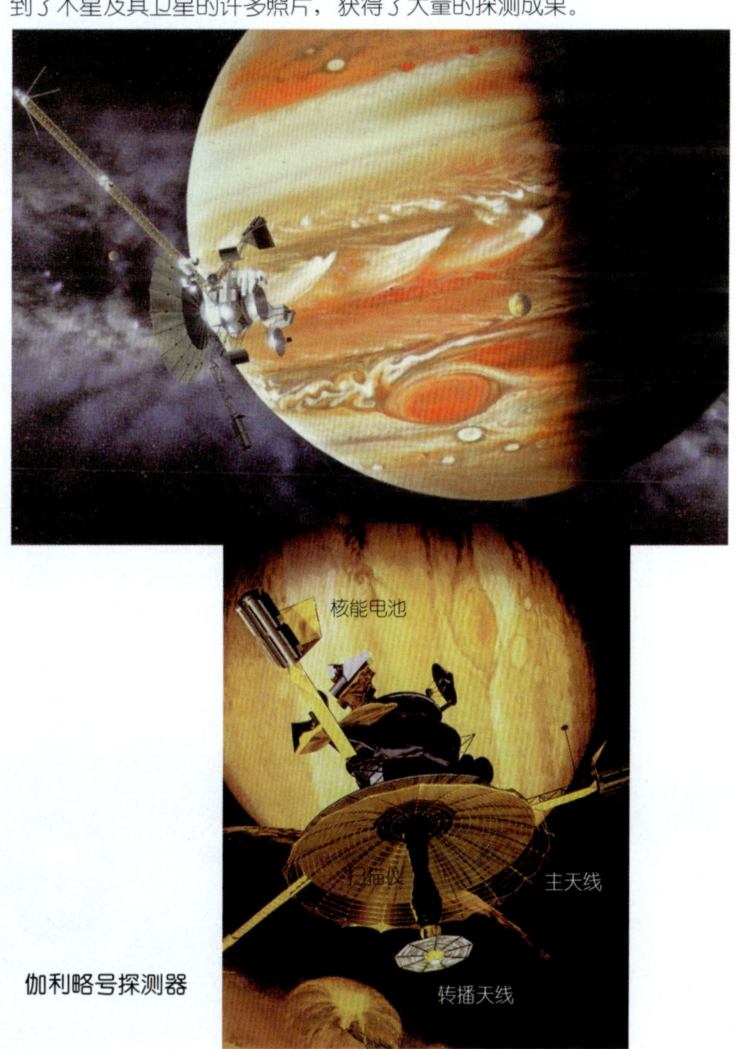

伽利略号探测器

拜访遥远的朋友

天王星 — 躺在轨道上的行星

天王星是在1781年被发现的。天王星的发现是天文学史上的一个重要事件，它扩展了人类的眼界，解放了人们的思想。天王星的自转轴和它的公转轨道轴近乎垂直，等于是“躺”在轨道上，边自转边公转，这在9大行星中是独有的。天王星的直径约5万千米，质量约为地球的14.5倍，与太阳的平均距离为28.7亿千米。

1986年1月，旅行者2号探测器从离天王星约10万千米的地方掠过。这是飞越天王星的第一个探测器。它发回了天王星大气、自转周期、磁场、光环和卫星的大量图像和数据。

远眺海王星

海王星 — 蔚蓝色的星球

海王星是天文学家在笔尖上算出来的行星，后来被观测发现，这是万有引力定律普遍适用性的生动写照。海王星直径约5万千米，与太阳平均距离45亿千米。海王星有包含氢和甲烷的大气。甲烷吸收红光，使海王星看起来是一个漂亮的蔚蓝色天体。海王星也有磁场，大气活动十分剧烈。

旅行者2号探测器于1989年8月飞过海王星，探测到了大量的数据。

天王星光环

天文学家曾经在飞机上观测天王星附近的星球，发现该星的光有5次明灭闪动，而且这种现象还会再度发生，于是发现了天王星有5条光环。

天王星与地球　　海王星与地球　　地球与冥王星及其伴星

近观冥王星

冥王星及其伴星——孪生兄弟

冥王星是人类目前已知的太阳系内距太阳最远的行星。它的伴星是天文学家近些年才发现的。

旅行者2号探测器

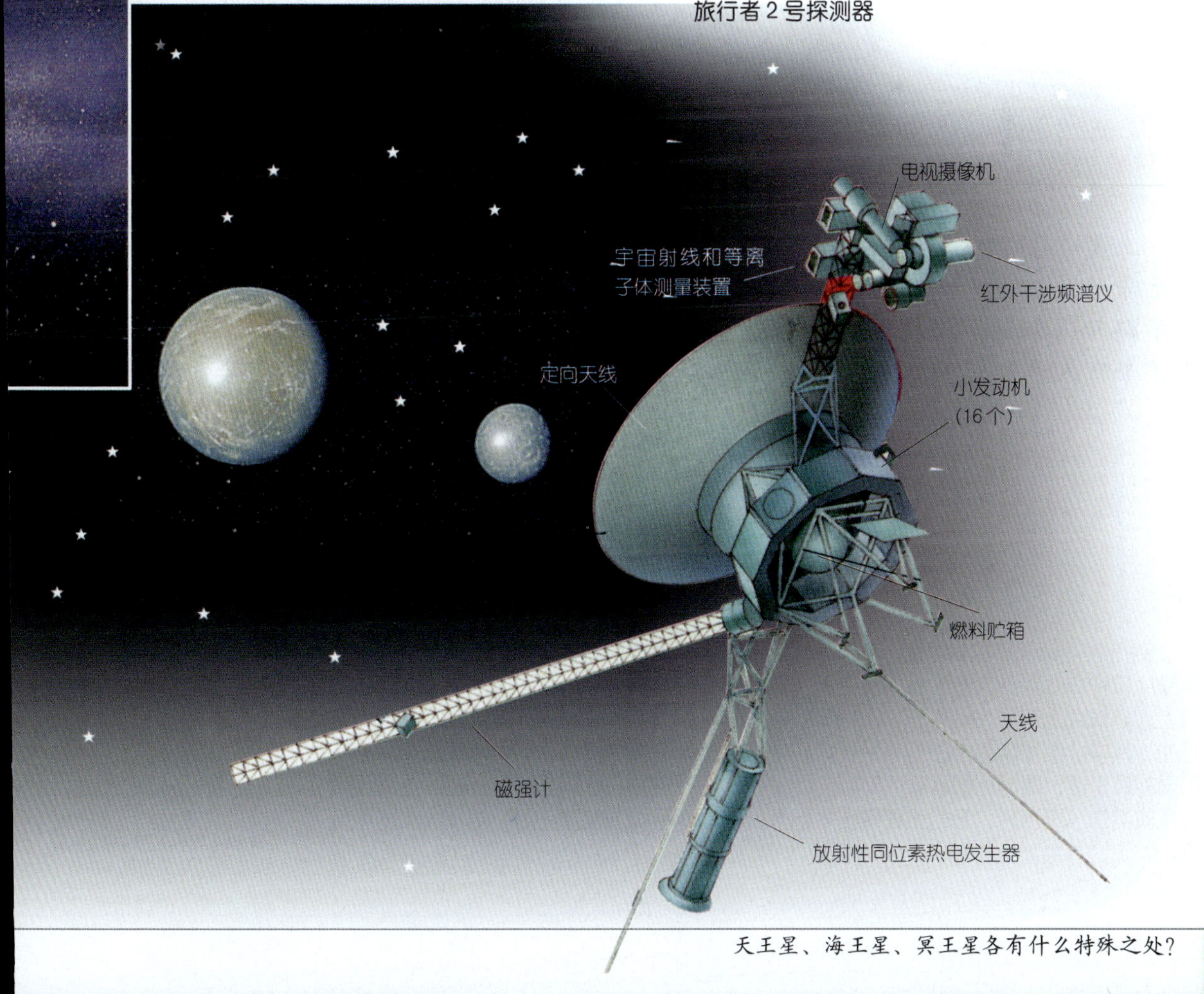

电视摄像机
宇宙射线和等离子体测量装置
红外干涉频谱仪
定向天线
小发动机（16个）
燃料贮箱
天线
磁强计
放射性同位素热电发生器

发往太空的信息

地球的名片

先驱者10号和11号探测器上，各自携带着一张特殊的地球名片。它们是一块22.5厘米长、15厘米宽的镀金铝板。名片左半部有两个小圆圈，表示氢分子的结构，放射线表示14个快速旋转脉冲星的位置，下面的一个大圆圈和九个小圆圈代表着太阳系和地球的位置；右半部一男一女的人像，代表我们地球人类，男人右手举起表示向地球以外智慧生命的致意。

人类在宇宙中是孤独的吗？寻找外星生命的历史和人类的历史一样漫长。为了解开这个谜，人们向茫茫的太空发出了带有人类印记的信息。

地球之音

旅行者1号和2号探测器上，各自携带了一张镀金声像片和一枚金钢石唱针。这张声像片被称作“地球之音”，上面录制了丰富的地球信息，可以在宇宙中保存10亿年以上。声像片上有115幅照片和图表、35种各类声音、55种语言的问候语和27首世界名曲。其中，图片中有中国的万里长城和中国人吃年夜饭的情景；55种问候语中，有中国的广东话、厦门话和客家话3种方言；27首世界名曲中，有中国的古乐曲——用古琴演奏的《流水》。它们正在飞出太阳系，向银河系中的星球问好，寻找人类的朋友。

太阳系
先驱者10号探测器
旅行者1号探测器

哈勃空间望远镜是一座结构复杂、设备先进的空间天文台，全长12.8米，镜筒直径4.27米，总质量12吨，主镜口径2.4米，副镜口径0.3米，是目前最大的空间望远镜。它能观测到140亿光年距离的天体，比地面最好的望远镜远7倍；能观测到的宇宙空间比地面探测到的要大350倍；能观测到29等暗弱天体，相当于能观测到500千米之外的烛光，比地面上最好的望远镜能力高160多倍；分辨率达到0.1角秒，是地面上最好望远镜的10倍；图像清晰度比地面上最好的望远镜高10倍。

蟹状星云

行星观测

哈勃空间望远镜

宇宙的起源到现在还是一个科学难题，目前比较公认的是“大爆炸宇宙论”。科学家观测到的宇宙背景辐射第一次证实了这个学说。此后，航天飞机上装载的各种仪器和哈勃号空间望远镜又陆续发现了其他证据，如黑洞的存在，宇宙中充满的暗物质等。

彗核

尤加号彗星探测器

彗尾

电视摄像机

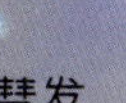

彗发

电池板

近观彗星

彗星是一种奇特的天体，有一条长长的尾巴拖曳在后边，像一把倒挂着的扫帚。彗星上保留着太阳系生成时的原始物质，是人类认识宇宙的活标本，具有极高的研究价值。

人类发射了各种探测器，近观哈雷彗星的面貌。探测器从不同距离、角度，用不同观测手段剖视了哈雷彗星，得到了完整的、立体的哈雷彗星图像，发现哈雷彗星由冰、尘埃和各种气团组成，长15千米，宽8~9千米，外表像个烧焦的土豆，是太阳系最暗的天体。

国际空间站建成后，可以为人类提供一个前所未有的科研场所，进行一系列的研究，揭开许多未解之谜。

生物技术。在微重力条件下生长的细胞和蛋白质、酶和病毒体，更为纯净和天然，可以研究出更好的药物和生命的基本构造。

材料科学。熔融金属可揭示出其基本构造和其他物理性质。

燃烧科学。在已进行的研究中发现，没有重力的情况下，由于没有对流现象，火的燃烧也不同，这样可以研究燃烧过程。

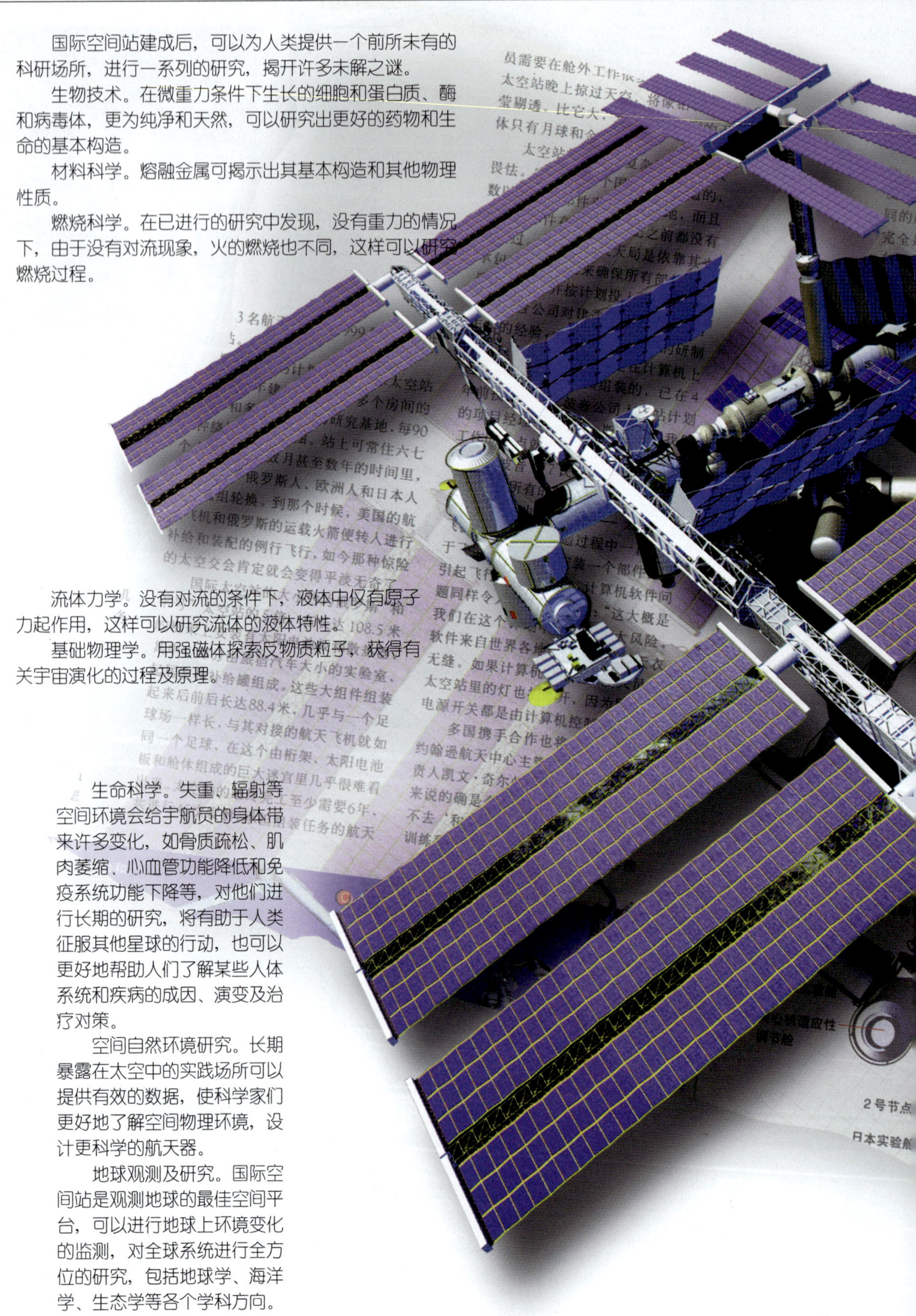

流体力学。没有对流的条件下，液体中仅有原子力起作用，这样可以研究流体的液体特性。

基础物理学。用强磁体探索反物质粒子，获得有关宇宙演化的过程及原理。

生命科学。失重、辐射等空间环境会给宇航员的身体带来许多变化，如骨质疏松、肌肉萎缩、心血管功能降低和免疫系统功能下降等，对他们进行长期的研究，将有助于人类征服其他星球的行动，也可以更好地帮助人们了解某些人体系统和疾病的成因、演变及治疗对策。

空间自然环境研究。长期暴露在太空中的实践场所可以提供有效的数据，使科学家们更好地了解空间物理环境，设计更科学的航天器。

地球观测及研究。国际空间站是观测地球的最佳空间平台，可以进行地球上环境变化的监测，对全球系统进行全方位的研究，包括地球学、海洋学、生态学等各个学科方向。

航天巨作——国际空间站

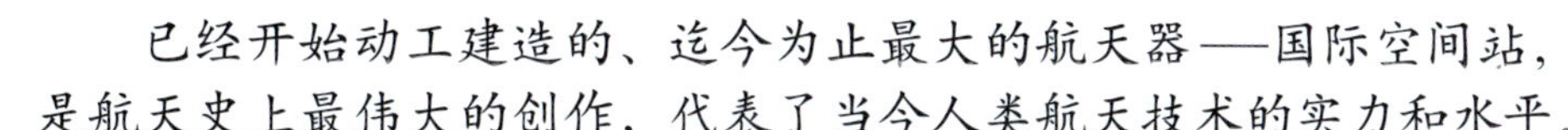

已经开始动工建造的、迄今为止最大的航天器——国际空间站，是航天史上最伟大的创作，代表了当今人类航天技术的实力和水平。

国际空间站采用桁架式结构，其结构之复杂和规模之大令人咋舌。它在长达108.5米的桁架上安装有太阳能电池帆板和散热器，其中心部分是居住舱、实验舱，它们是由美国制造的。此外，还有俄罗斯制造的服务舱、研究舱和太阳能电池帆板，日本的实验舱、欧空局的哥伦布轨道设施和加拿大的移动服务系统。空间站宽度达88.4米，几乎有足球场那么大，相比之下，与其对接的航天飞机犹如一个足球。国际空间站重472吨，太阳能电池帆板面积为4000平方米，覆盖的面积超过两个足球场，当它划过夜空时，将像钻石般晶莹剔透，可以用肉眼直接看到。

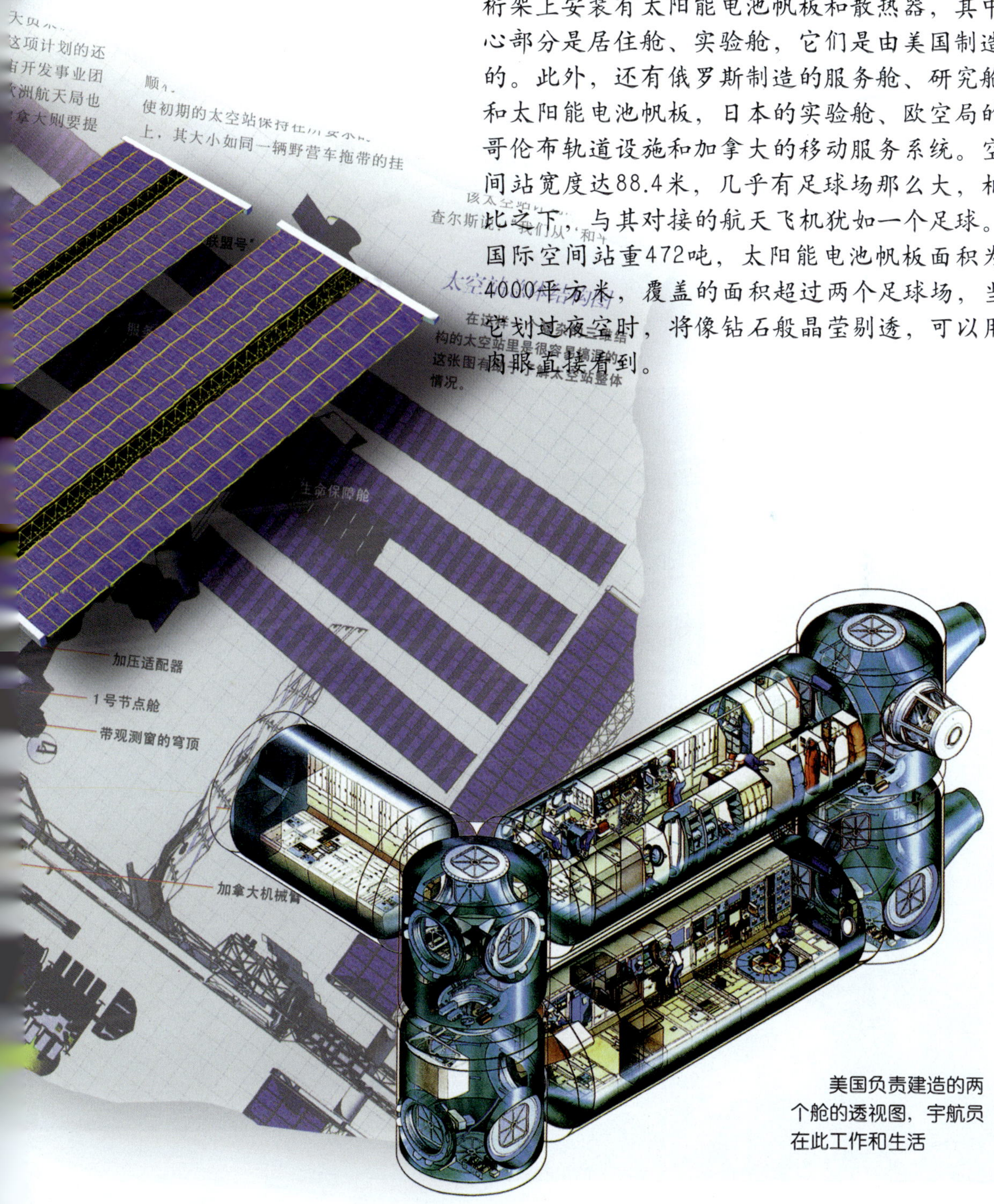

美国负责建造的两个舱的透视图，宇航员在此工作和生活

建造天宫谈何易

服务舱

服务舱带有整个空间站的环境控制和生命保障系统，还有一个主要对接口，以及用于姿态控制和提升轨道的发动机和燃料。服务舱中有供宇航员用的卧室、餐厅和盥洗室。

联盟号飞船

与空间站始终对接在一起，可用作紧急情况下的救生工具。

国际空间站的部件有100多个，需要多次发射升空，并在太空将它们组装起来。预计美国航天飞机和俄罗斯运载火箭共需发射45次，宇航员要进行舱外活动1100小时，其技术难度和风险是巨大的。建成后，空间站上可居住6～7名宇航员，可以在太空运行10年。它的轨道平均高度为350千米，运行时速为2.8万千米，绕地球一圈只用90分钟，运行期间可看到地球总表面积的85%。

国际空间站的建站计划长达10年，分为三个阶段。1994年到1998年6月为第一阶段，主要是完成技术攻关和建站的一系列准备工作。1998年6月至1999年6月为第二阶段（现在已推迟），进行主要装置的发射，建成核心部分，可具备3名宇航员在轨工作、开展科学研究的能力。此阶段共需进行15次发射。从1999年7月到2003年12月为第三阶段，这阶段将全面完成所有装配任务，将美、俄、加、欧空局、日制造的各种舱段和桁架结构按顺序发射并组装起来，还能具备6～7名宇航员在轨工作的能力。此阶段共需发射30次。

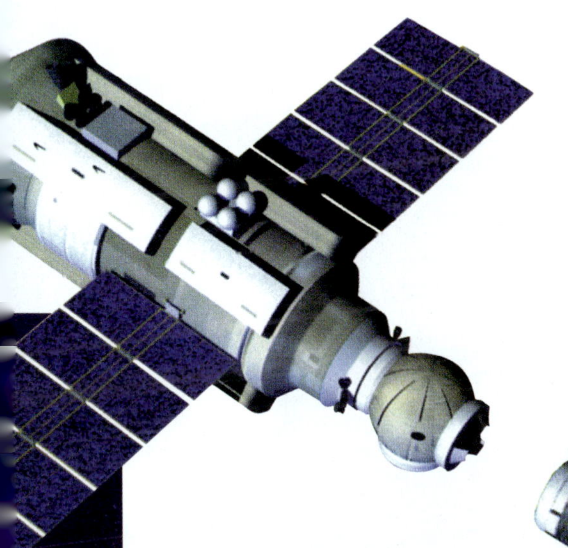

功能货舱（1998年11月发射）

这是发射的第一个大型组件，重20吨，是多用途电力供应和推进舱，在罐状舱体的两端都有对接口。

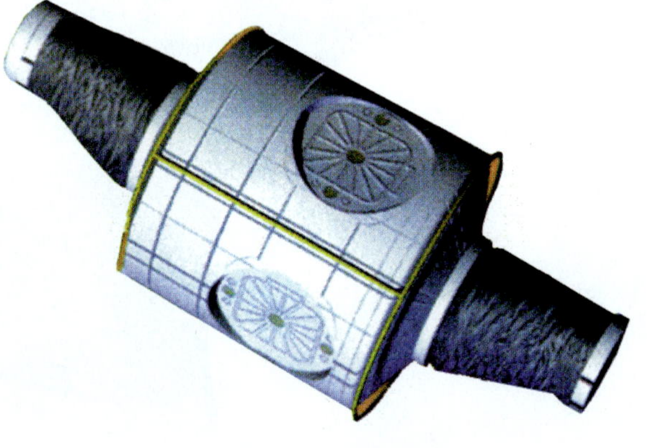

1号节点舱（1998年12月发射）

这是一个加压舱，用作连接美国舱体和俄罗斯舱体的通道构件，有6个对接口，两端各一个，侧面4个。

未来的新能源火箭

核能火箭就是利用铀、钚等重元素的核裂变反应产生的热量来加热推进剂，使它高速喷出，以产生推力。目前，人类还在研究可控核聚变反应，将来用于火箭，会产生更大的推力。核能火箭的推力大、质效比高，是很有前途的一种火箭。

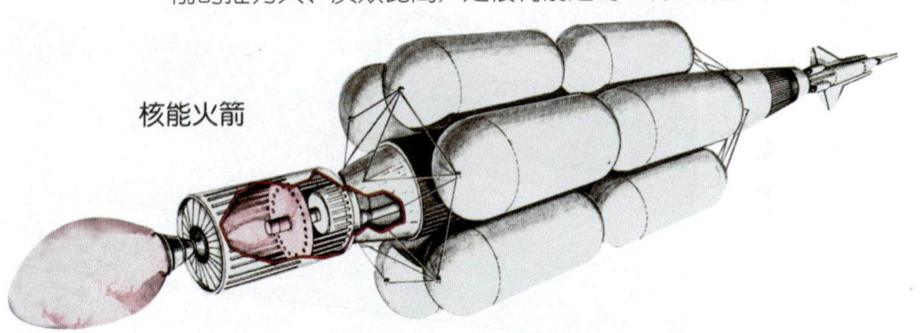

核能火箭

在向太空进军的征途上，人类遇到的最大问题就是如何得到和利用动力。传统的化学能火箭利用推进剂在燃烧室中燃烧产生化学反应，生成高温、高压燃气，通过喷管膨胀后高速喷出，产生推力。除此之外，人们还设想利用其它能量的火箭，如电火箭、核能火箭、激光火箭、光子火箭等，甚至还有人设想利用反物质作为火箭动力。如果人们能够发明引力屏蔽装置，就可以在宇宙空间自由遨游了。

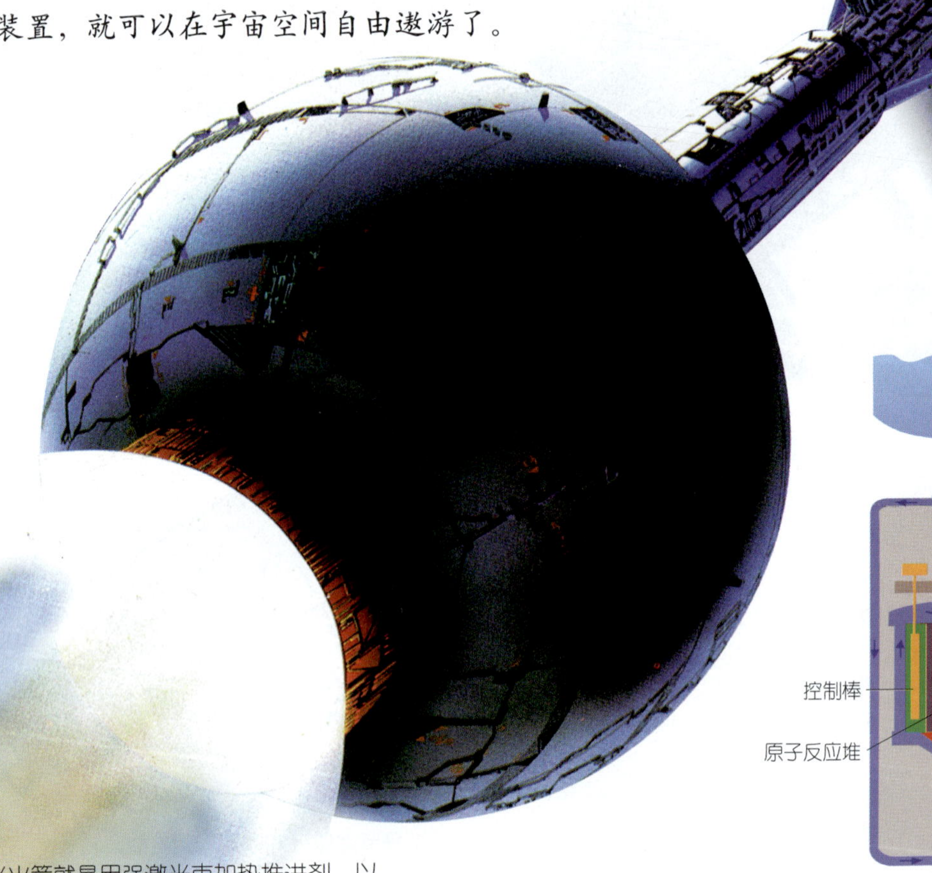

激光火箭就是用强激光束加热推进剂，以产生推力。激光火箭所需要的推进剂很少，成本低廉，构造简单，适合连续地、大规模地运送物资的需要。

液氢

控制棒

原子反应堆

喷嘴

核能火箭发动

电火箭用电场或电磁场将推进剂电离成粒子，并使它们高速喷出，产生推力。电火箭推力很小，一般只能用作太空动力，如修正航天器的轨道偏差和姿态偏差等。由于电火箭的比冲高，寿命长，作为空间动力比化学能火箭优越。

阳光火箭就是用反射镜将太阳光聚焦在火箭燃烧室，将推进剂加热，生成的气体通过喷管喷出，产生推力。阳光火箭的推力很小，只能用作太空动力，但作用时间长，可使航天器慢慢加速。

光子火箭

光子火箭是喷射出光子，利用其反作用力来飞行的火箭，速度极快。

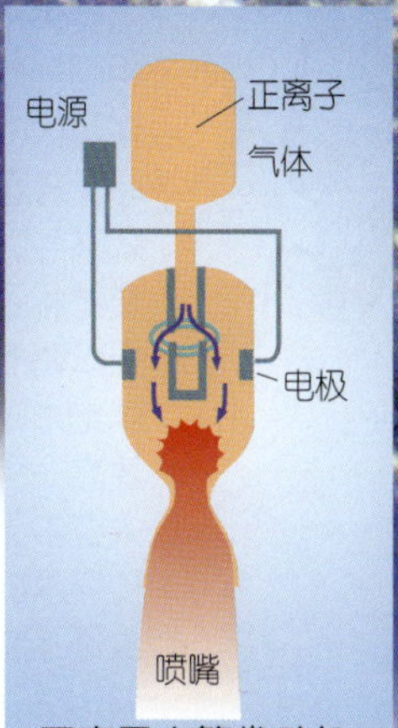

正离子火箭发动机

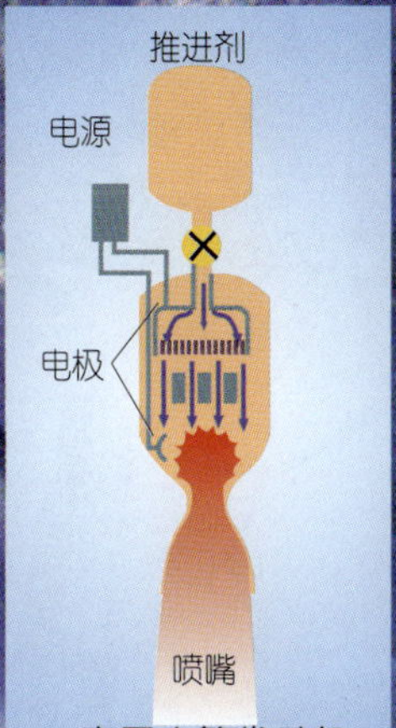

离子火箭发动机

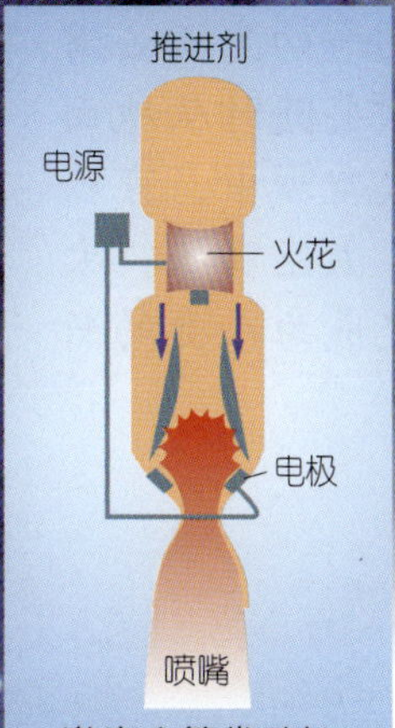

激光火箭发动机

混合式火箭发动机

开辟太空新家园

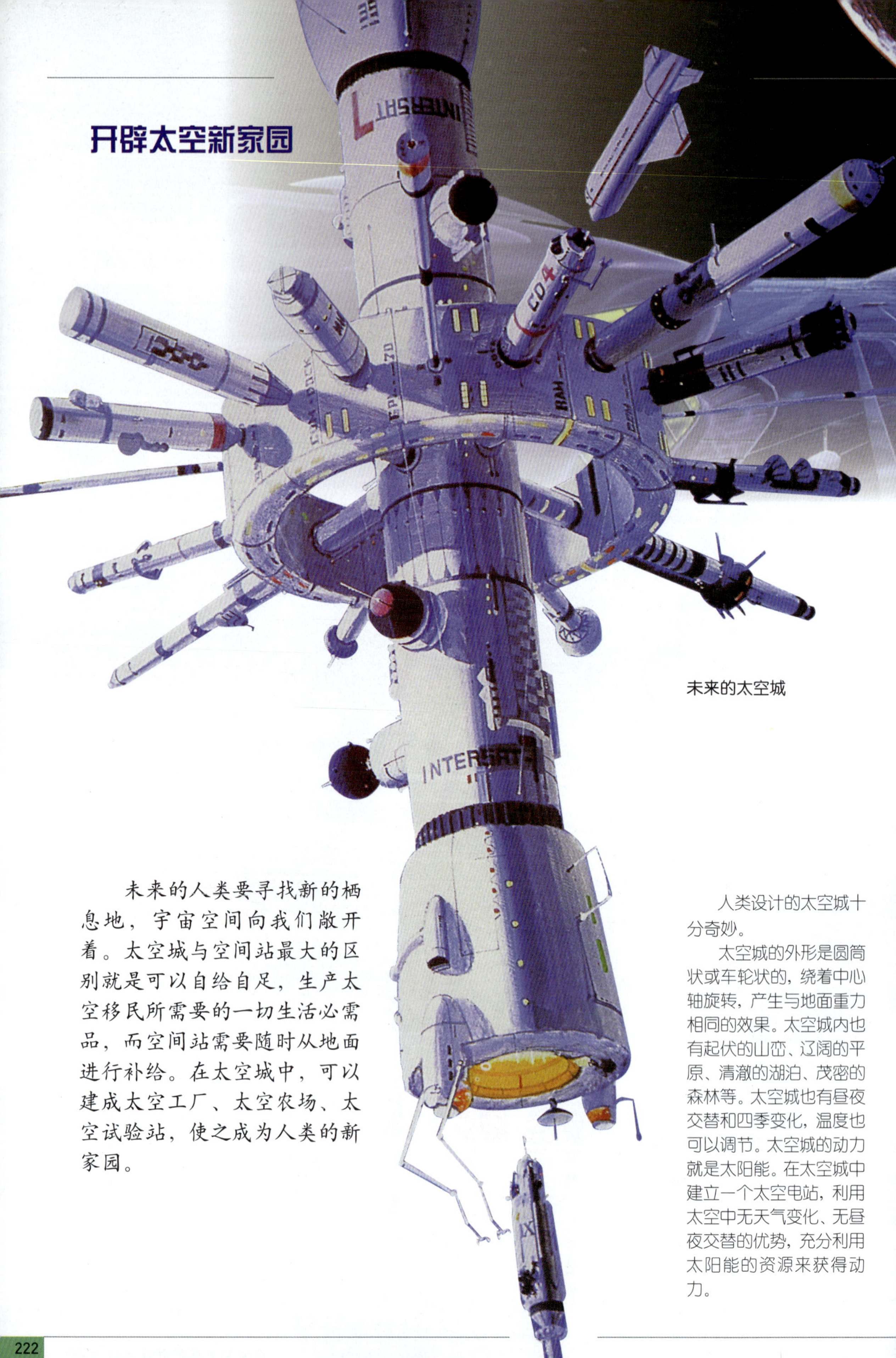

未来的太空城

未来的人类要寻找新的栖息地，宇宙空间向我们敞开着。太空城与空间站最大的区别就是可以自给自足，生产太空移民所需要的一切生活必需品，而空间站需要随时从地面进行补给。在太空城中，可以建成太空工厂、太空农场、太空试验站，使之成为人类的新家园。

人类设计的太空城十分奇妙。

太空城的外形是圆筒状或车轮状的，绕着中心轴旋转，产生与地面重力相同的效果。太空城内也有起伏的山峦、辽阔的平原、清澈的湖泊、茂密的森林等。太空城也有昼夜交替和四季变化，温度也可以调节。太空城的动力就是太阳能。在太空城中建立一个太空电站，利用太空中无天气变化、无昼夜交替的优势，充分利用太阳能的资源来获得动力。

航空、航天和航宇

航空是指航空器在地球大气层内的航行。我国著名科学家钱学森指出，宇宙航行应划分为两个阶段。第一阶段为航天，即冲出地球大气层，在太阳系的范围内活动；第二阶段为航宇，即冲出太阳系，到银河系和河外星系等更为广阔的宇宙空间活动。现在人类已经进入了航天时代，但是航宇活动需要人类科学技术的重大飞跃，不能一蹴而就。

向太空移民时，在中途建立中转站，可以节约大量的能源，方便操作。

移民岛

太空旅馆

在太空建立太空旅馆，可以接待地球上的人们去旅游、休息。

太空轮渡——空间拖船

空间拖船是在空间站之间运送货物和人员的飞行器。它可以重复使用，以空间站为基地停靠、维修，是空间运输系统的组成部分之一。

神舟

江泽民

中共中央总书记、国家主席、中央军委主席江泽民为我国第一艘载人航天试验飞船题写命名“神舟”号。

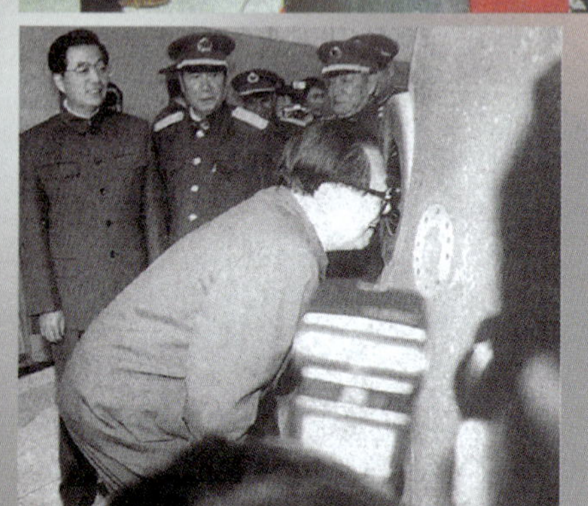

11月24日下午，江泽民主席等军委领导同志来到位于北京西北郊的航天城，视察“神舟”号飞船返回舱。

江泽民主席全神贯注，透过返回舱舷窗仔细观察舱内设施，赞叹说：“非常完美！”

“神舟”遨游九天 神州大地生辉

北京时间1999年11月20日6时30分，我国一枚新型运载火箭在酒泉卫星发射中心起飞，成功地将中国第一艘载人航天试验飞船送入太空。在进行了预定的科学实验后，飞船返回舱顺利返回，于11月21日3时41分在内蒙古中部地区成功着陆。

“神舟”号飞船返回舱

我国载人航天工程的首次飞行试验成功是中华民族航天史上的又一个里程碑。此前仅有俄罗斯与美国两家成员、显得颇为寂寞的载人太空俱乐部大门现正徐徐开启，吹响了迎接新成员——中华人民共和国的号角。

1992年，以江泽民同志为核心的党中央果断决策，实施我国载人航天工程。8年来，在这一工程的实施中，有关载人航天的大量关键技术被攻克，我国航天技术的整体水平大大提高，而且带动了相关科学技术的发展。

进行不载人飞船试验性飞行是载航天工程必不可少的一个环节。已掌了载人航天技术的俄罗斯和美国，当在把宇航员送上太空之前都曾多次进不载人飞船发射试验。其中俄罗斯(在联时期)进行过5次，美国进行过8我国首次不载人飞船试验飞行成功之计划还要进行几次不载人飞行试验，保宇航员上天“万无一失”。

我国载人航天工程第一次飞行试验成功

中共中央国务院中央军委致电热烈祝贺

中共中央
国务院
中央军委
1999年11月21日

中共中央、国务院、中央军委致电热烈祝贺，称我国载人航天工程第一次飞行试验获得圆满成功“标志着我国航天事业的发展跨上了一个新的台阶，对推进我国高科技事业的发展，鼓舞全国各族人民，具有重大的意义。”

1999年11月20日6时30分，随着指挥员一声令下，火箭发动机喷出的烈焰映红了巴丹吉林沙漠深处的酒泉航天发射场。专用于发射载人飞船的新型运载火箭从这里起飞，将“神舟”号成功送入太空。

北宋大文学家苏东坡曾在《水调歌头》词中咏登月云："我欲乘风归去，又恐琼楼玉宇，高处不胜寒。"

江泽民有感于"神舟"号飞行试验成功，兴奋地将原词略作改动——意境却大不相同——曰："我欲乘风归去，不怕琼楼玉宇，高处不胜寒。"

飞船由运载火箭发射升空。约10分钟时，飞船与运载火箭分离，进入预定轨道环绕地球飞行。飞行到最后一圈时，根据指令，飞船要调整姿态；然后推进舱与轨道舱先后分离出去，留在轨道上，只有返回舱穿过大气层，重返地面。和返回式卫星一样，飞船返回舱要覆盖以防烧蚀材料，接近地面时要用降落伞和着陆缓冲发动机减速，以确保平稳、安全地回到大地母亲的怀抱。

整个试验飞船由三个舱段组成。从下到上，第一段为推进舱，为飞船提供动力；中间段为返回舱，既是宇航员的座舱，也是飞船的控制和通信中心；最上面是轨道舱，配备了多种科学实验和对地观测的仪器。

分布在太平洋、印度洋和大西洋上的远望一号、二号、三号和四号航天测量船执行了对试验飞船的测控任务。指挥飞船返回的命令由北京航天指挥测控中心发至南太平洋上的远望三号，再由远望三号将一系列返回指令发至试验飞船。

载人航天工程首次飞行试验成功，再次向全世界昭示：创业伊始就立足于"独立自主，自力更生"的中国航天科技工业，完全有能力靠自己的努力奋斗跻身世界高科技前列。

据美国《时代》周刊（加拿大版）12月20日报道，《时代》周刊已将美国加州共和党众议员考克斯炮制的、对中国国防科技实力极尽造谣污蔑之能事的《考克斯报告》出笼评为1999年世界头号丑闻。

"神舟"号载人航天试验飞船由哪几部分组成？返回地面的是哪一部分？

我国在航天技术领域已经取得了巨大成就，有些方面达到了国际先进水平，为载人航天奠定了坚实的基础。中国把自己的载人飞船送上太空，实现万户飞天梦想的日子，已为期不远了。

当中国的宇航员进入太空时，请你在这张图片上填上他（她）的名字。他（她）——中华民族的骄傲——可能就是你们当中的一员。

中华民族的骄傲 中国航天的未来

亲爱的读者，现在你们一定明白了，社会的进步、人类的命运、地球的未来，是与航天事业密切相关的。航天事业的发展需要想象力，更需要脚踏实地的探索，它们是通往未知世界的桥梁。

我们中国人富有智慧，勇于献身，正在探索宇宙奥秘的科学大道上疾行。愿本书能够激发起你对航天事业的无比热情，成为航天事业的支持者、赞助者、参与者。愿更多的青少年朋友成为未来航天事业的开拓者、创造者。祖国航天事业的未来，正在向你们招手。

出版者的话

在国庆50周年前夕，我们向读者奉献《国防科技知识普及丛书》，以表达我们对伟大祖国的一片赤诚之心。

《国防科技知识普及丛书》的编写和出版，是在国防科工委主任刘积斌、副主任兼国家航天局局长栾恩杰、副主任于宗林的领导下，由国防科工委科技与质量司具体组织实施的。

在《国防科技知识普及丛书·航天》卷编写和出版过程中，中国航天科技集团公司和中国航天机电集团公司给予了极大的支持和指导。主审王礼恒总经理、夏国洪总经理，副主审中国航天科技集团公司办公厅王俊峰主任，技术顾问陈德仁院士、中国航天科技集团公司副总经理张庆伟研究员、刘承熙研究员，以及中国航天科技集团公司系统工程部部长白敬武、航天报社石磊总编辑等均在百忙之中抽出时间认真审查本卷稿样，提出了许多宝贵意见，在此，谨向他们表示衷心的感谢。

在本卷的编写过程中，参考了《世界航天运载器大全》、《世界导弹大全》、《航天技术概论》、《中国航天史话》、《中国航天揽胜》、《中国大百科全书·航空航天》以及《科学的历程》等许多书刊资料，本卷采用的许多图片来自航天系统的有关研究院。由于时间紧迫、经验缺乏、水平有限等主客观因素，均使本卷难免有不妥之处，敬请读者批评指正。

- 本卷中之“苏联”均指前苏联。
- 由于历史原因本卷中保留少数非法定计量单位。

致　　谢

在庆祝中华人民共和国50周年之际，经过全体编、审、出版人员的努力，《国防科技知识普及丛书》和读者见面了。在此，我们要感谢对本书给予大力支持的单位。没有他们对国防科普工作的鼎力相助，本书是不可能顺利问世的。这些单位是：

中国航天科技集团公司
中国航天机电集团公司
中国新时代集团
中国核工业集团公司
中国航空工业第一集团公司
中国运载火箭技术研究院
中国空间技术研究院
中国航空工业第二集团公司
中国兵器工业集团公司
中国兵器装备集团公司
中国船舶工业集团公司
中国船舶重工集团公司
中国核工业建设集团公司

图书在版编目(CIP)数据

航天/栾恩杰总主编.-北京:宇航出版社,1999.9
(国防科技知识普及丛书)
ISBN 7-80144-280-6

Ⅰ.航…　Ⅱ.栾…　Ⅲ.航天-技术-基本知识-画册　Ⅳ.V52-64

中国版本图书馆 CIP 数据核字(1999)第 39593 号

宇航出版社出版发行
北京市和平里滨河路 1 号(100013)
发行部地址:北京阜成路 8 号(100830)
零售书店(北京宇航文苑)地址:北京海淀大街 31 号(100080)
北京通天印刷厂印刷
新华书店经销

1999 年 9 月第 1 版　2000 年 1 月第 2 次印刷
开本:787 × 1092　1/16　印张:14.75　字数:120 千字
印数:6001 ~ 14000 册　定价:50.00 元